データサイエンスのための統計学入門

第2版

予測、分類、統計モデリング、統計的機械学習とR/Pythonプログラミング

Peter Bruce
Andrew Bruce　著
Peter Gedeck

黒川 利明　訳
大橋 真也　技術監修

O'REILLY®
オライリー・ジャパン

SECOND EDITION

Practical Statistics for Data Scientists

50+ Essential Concepts Using R and Python

Peter Bruce, Andrew Bruce, and Peter Gedeck

Beijing • Boston • Farnham • Sebastopol • Tokyo O'REILLY®

Peter BruceとAndrew Bruceは、本書を、数学と科学への情熱を植え付けてくれた両親Victor G. BruceとNancy C. Bruce、および統計への道を進むよう励ましてくれた若き日のメンターJohn W. TukeyとJulian Simon、そして生涯の友であるGeoff Watsonに捧げる。

Peter Gedeckは、本書を、科学を共にする友人、Tim ClarkとChristian Kramerに厚い感謝とともに捧げる。

日本語版まえがき

現在のビッグデータ時代において、ビッグデータ分析の価値をもたらすのが、統計手法だ。新たな「データ・エコノミー」に属する企業も従来の伝統的企業もあらゆる企業が、膨大なデータフローから幸運にも価値を引き出したり、手痛い損失を被ったりしている。データに統計手法を適用して、成果の予測、業績予報、顧客行動の洞察などが得られる。

日本は、統計学者や専門家にとっては、特別な場所だ。半世紀以上前の統計革命の震源地は日本だった。デミング博士は、シューハートの統計的プロセス制御の成果をさらに推し進めたのだが、米国産業界は受け入れなかった。敗戦後に再建された日本の産業界は、デミング博士の成果を誠意をもって受け入れ、統計手法が日本の優れた製造プロセスの中核となった。

私たちは、デマンドサイドでもサプライサイドでも次の統計革命の真っ只中にいる。デマンドサイドでは、ビッグデータから価値を得るために企業や組織が統計手法を使っている。サプライサイドでは、計算能力の進歩が従来の統計理論や公式から、アルゴリズムへの移行を進めている。本書の初版は、アナリスト、マネージャ、ソフトウェア開発者というデータサイエンスの世界にいる人たちに好評を博した。初版では、統計分析とプログラミングに広く使われているオープンソースのR言語を用いた。その後、Pythonがその強力なデータ処理や管理ツールに統計的学習および機械学習ツールを追加充実させてきた。Pythonは、データサイエンスのパイプラインにおいて、開発、実施、管理の主要言語として使われており、また、多くのアナリストが統計的学習および機械学習モデルにPythonを使っている。この第2版において、Pythonを追加したのは、ごく自然なステップだった。

日本の読者の皆さんに本書が役立つことを願ってやまない。

ピーター・ブルース、アンドリュー・ブルース、ピーター・ゲデック

訳者まえがき

第2版と初版との主な違い

題名からわかるように、一番大きな違いは、Pythonのプログラム例が追加されたことであり、次に、Peter Gedeckが参加して著者が3人になったことだ。章構成は変わらないが、項目数は2つ増えて52になった。本文中には、細かい追加・削除・変更が加えられている。

本書の内容

まえがきに本書の目標として「データサイエンスに関連する統計の基本概念を説明する」そして「データサイエンスの観点から、どの概念が重要で役立つか、どの概念がそれほどでもないかを説明する」とある。しかし、概念や用語が7章52項目に散らばっている。目次を見れば各章がどのような内容かはある程度推察できると思うが、念のために各章の内容をここでまとめておく。どこから手を着けるのがよいかの参考にしていただきたい。

1章　探索的データ分析

1章では、データサイエンスの中核である探索的データ分析（EDA）とは何か、扱うデータの構造、データの特徴を、相関も含めてどのように把握するかとい基本的な事柄を学ぶ。同時に、統計学およびR/Pythonにおける基本的なデータについて学ぶ。統計学の初歩の復習を兼ねている。

2章　データと標本の分布

ビッグデータ時代になりサンプルの重要性は高まっている。2章では、統計学の復習としてのバイアスの問題、信頼区間や各種の分布について学ぶ。第2

版では、カイ二乗分布、F分布が追加された。コンピュータの導入で重要性が増したブートストラップや、ロングテールの分布についても学ぶ。

3章　統計実験と有意性検定

統計的な実験設計と有意性検定という従来の統計学においてもデータサイエンスにおいても重要な内容を扱う。データサイエンスで重要となるA/Bテスト、リサンプリング、多腕バンディットアルゴリズムなどを扱う。従来の統計学ではさまざまな公式が使われるが、データサイエンスではそれよりもリサンプリング手法を駆使してEDAを推進することに重点が置かれる。

4章　回帰と予測

予測のための回帰という技法は、従来の統計学においてもデータサイエンスでも基本的で重要なものだ。4章では、単回帰だけでなく、重回帰やスプライン回帰を学ぶ。異常検出については、回帰診断を学ぶ。

5章　分類

データサイエンスでは、分類が意思決定支援に欠かせない。5章では、ナイーブベイズ、判別分析、ロジスティック回帰、分類モデル評価、不均衡データという基本を学ぶ。

6章　統計的機械学習

機械学習はデータサイエンスの予測モデルに欠かせないものとなってきている。6章は、基本的なモデルと技法を、k近傍法、木モデル、バギング、ランダムフォレスト、ブースティングなどで学ぶ。

7章　教師なし学習

リアルタイムでの意思決定支援に教師なし学習は欠かせない。主成分分析、k平均クラスタリング、階層クラスタリング、モデルベースクラスタリングなどの基本的な技法とともに、スケーリング技法を学ぶ。

以上が各章の概要であり、基本的には、1章から順に統計の復習を兼ねて学ぶことを前提としているが、丁寧な参照が付けてあるので、必ずしも順を追う必要はないだろう。業務上、あるいは、興味のある部分から手を付けても、参照をたどれば関連する事項をきちんと学ぶことができる。

また、全52節に基本用語と基本概念がまとめてあるので、復習を兼ねてこれらだけをチェックすれば、既にに知っている部分をスキップすることも、手早く学習内容をチェックすることもできる。読者の便宜のために、原書にはなかったが、通し番号を振っておいた。

本書の特長

本書の特長をまとめると次のようになる。

豊富なデータ例

人口構成や飛行機の発着情報などお決まりのデータ以外に、ソーシャルレンディングの個人ローンデータや、不動産取引情報などが扱われている。

R/Pythonによるプログラム例

データサイエンス技法をR/Pythonによるプログラムとその実行例を使って説明している。実行例は、コードとその実行結果はJupyter NotebookとしてGitHubで公開されている。これらは学習にも、応用にも役立つ。

実績のある項目と内容

4章から7章までは、原注にある通り、著者らのInstitute for Statistical Educationでの教材に基づいている。手慣れた内容で手堅く学ぶことができる。

基本用語と基本概念のまとめ

本書全体で52節あるが、それぞれ、基本用語と基本概念のまとめが付いており、復習も容易であり、内容をチェックすることができる。

本書は、基本的には、統計学の基本を学んだ人が実践的なデータサイエンス技法を身に付けるという構成になっている。これから現場でデータサイエンスに従事するという人には最適だ。

逆に、ディープラーニングなど機械学習を使ったりして現場で作業している人にとっては、もう一度、統計学とR/Pythonのライブラリや技法を見直す役に立つだろう。

一方で、これからデータサイエンスを勉強しようという人にとっては、データサイエンスのいわば基礎とも言うべき統計学ではどうなのかを同時に学ぶいい機会となるだろう。

さらに学ぶために

本書は統計学の基本概念、技法をベースにして、データサイエンスの技法を学ぶ。Rをベースにして、データサイエンスの技法を学ぶには、本書でも度々紹介されているHadley Wickham & Garrett Grolemundの『Rではじめるデータサイエンス』（黒川訳、オライリー・ジャパン、2017）がお薦めだ。Rの初心者でも問題なく学習できる。これは、もう少しデータサイエンス関連のRの技術や知識を高めたいという人に最適だ。

Pythonについては、データサイエンスパッケージのpandasと機械学習パッケージのscikit-learnが中心になる。pandasについては、作者のWes McKinneyによる『Pythonによるデータ分析入門第2版』（瀬戸山他訳、オライリー・ジャパン、2018）とTheodore Petrou『pandasクックブック』（黒川訳、朝倉書店、2019）を挙げておく。機械学習についてはYuxi Liu『事例とベストプラクティス Python機械学習』（黒川訳、朝倉書店、2020）を挙げておく。

データサイエンスの最初の関門がデータにあることは本書でも強調されている。そのデータをどのように集めればよいのかということについては次の2冊を挙げる。

Sarah Boslaugh『統計クイックリファレンス第2版』（黒川他訳、オライリー・ジャパン、2015）の「17章　データ管理」がコードブックを含めて細かい話が載っている。本書は、統計学の復習にも役立つ。

現在のデータ収集は、ウェブを活用したウェブスクレイピングが主体になっている。ロボットを使って手軽にスクレイピングする環境が整っていない場合、自分でプログラムを書いてスクレイピングすることになる。Ryan Mitchell『PythonによるWebスクレイピング第2版』（黒川訳、オライリー・ジャパン、2019）はデータを収集するさまざまな方法を示すだけでなく、法律面で合法か違法かという線がどう引かれているかの解説まで載せていて参考になる。データサイエンスは、現在発展しつつある分野なので、学ぶことはまだまだ多い。原著者のPeter BruceさんとPeter Gedeckさんに、もっとデータサイエンスを学ぼうという人に役立つ本を挙げてほしいとお願いしたら、参考文献の『*Modern Data Science with R*』[Baumer-2017]、『*An Introduction to Statistical Learning: with Applications in R*』[James-2013]、『*Data Mining for Business Analytics*』[Shmueli-2020]、Aurélien Géron『scikit-learnとTensorFlowによる実践機械学習第2版』（長尾訳、オライリー・ジャパン、2018）、Alan J. Izenman『*Modern Multivariate Statistical Techniques: Regression, Classification, and Manifold Learning*』（Springer 2013）の5冊を挙げられた。1冊を除いて未訳だが英語に自信のある人は読んでほしい。

謝辞

翻訳中の質問に丁寧に答えてくれて、日本語版へのまえがきを書き、プログラムとデータを更新してくれた原著者、Peter GedeckさんとPeter Bruceさんに感謝する。千葉県立千葉高等学校の大橋真也先生には初版に引き続き今回も技術監修をお願いした。徳島大学の石田基広先生、電通コンサルティングの川島浩誉博士にも初版に引き続き原稿の査読をいただいた。鈴木駿さん、藤村行俊さんにも査読に協力いただいた。オライリー・ジャパン編集部の赤池さんは、相変わらず細かいところまでサポートしてくれた。妻の黒川容子にはいつものように生活面で世話になっている。読者のみなさんも含めて改めて感謝します。

まえがき

本書は、プログラミング言語RまたはPythonを一通り知っていて、統計学も（一応は、あるいは断片的に）知っているデータサイエンティストを対象にしている。著者のうちの2人は、統計学の世界からデータサイエンスの世界へと入ってきたので、データサイエンスの技法に統計学がどれだけ貢献してきたかよく理解している。伝統的な統計教育の限界もよく理解しているつもりだ。同時に、統計学という学問分野が一世紀半の歴史を背負っており、ほとんどの統計学の教科書やコースは、外洋の大型船舶なみの慣性に従わざるを得ない（したがって、データサイエンスへの取り組みが疎かになっている）ということも理解している。本書で示すすべての手法は、歴史的にも方法論的にも統計学の基本的な手法と何らかの関わりがある。ニューラルネットワークのような主としてコンピュータサイエンスから発展してきた手法は本書では扱っていない。

本書では、次の2つのことを目標とする。

- 理解しやすく、簡単に調べられると同時に、さまざまなことを探求できる形式で、データサイエンスに関連する統計学の基本概念を説明する。
- データサイエンスの観点から、どの概念が重要で役立つか、一方で、どの概念がそれほどでもないかを、その理由とともに説明する。

本書の表記法

本書では次の表記法を使う。

ゴシック（sample）

新しい用語や強調に使う。

イタリック（*sample*）

欧文書籍や映画のタイトル、数式で使う。

等幅文字（`sample`）

プログラムリストに加えて、本文中で変数名や関数名、データベース、データ型、環境変数、構文、キーワードなどのプログラム要素に使う。

等幅太文字（`sample`）

ユーザがそのまま入力する必要があるコマンド、またはその他のテキストを示す。

> **基本用語0：データサイエンス**
>
> データサイエンスは、統計学、コンピュータサイエンス、情報技術、各種の専門領域にわたる複合領域である。結果として、異なる用語が1つの概念を表すために使われることがある。

ヒントや提案を示す。

一般的なメモを示す。

警告、注意を示す。

コード例の使用

コード例をまずRで次にPythonで示す。不要な繰り返しを避けるために、Rでの出力と図だけを示す。また、必要なパッケージやデータセットをロードするコードも省いている。完全なコード例とデータセットはhttps://github.com/gedeck/practicalstatistics-for-data-scientistsからダウンロードできる*1。

本書は、読者の仕事の実現を手助けするためのものだ。一般に、本書のコードを読者のプログラムやドキュメントで使用できる。コードの大部分を複製しない限り、O'Reillyの許可を得る必要はない。例えば、本書のコードの一部をいくつか使用するプログラムを書くのに許可は必要ない。O'Reillyの書籍のサンプルを含むCD-ROMの販売や配布には許可が必要となる。本書を引き合いに出し、サンプルコードを引用して質問に答えるのには許可は必要ない。本書のサンプルコードの大部分を製品のマニュアルに記載する場合は許可が必要となる。

出典を明らかにするのはありがたいが、必須ではない。出典を示す際は、通常、題名、著者、出版社、ISBNを入れてほしい。例えば、『*Practical Statistics for Data Scientists Second Edition*』(Peter Bruce、Andrew Bruce、Peter Gedeck著、O'Reilly、Copyright 2020 Peter Bruce, Andrew Bruce, and Peter Gedeck、ISBN978-1-492-07294-2)、日本語版『データサイエンスのための統計学入門 第2版 ― 予測、分類、統計モデリング、統計的機械学習とRプログラミング』(オライリー・ジャパン、ISBN978-4-87311-828-4)のようになる。

コード例の使用が、公正な使用や上記に示した許可の範囲外であると感じたら、遠慮なくpermissions@oreilly.comに連絡してほしい。

連絡先

本書に関するコメントや質問については下記に送ってほしい。

株式会社オライリー・ジャパン
電子メール japan@oreilly.co.jp

本書には、正誤表、サンプルコード、追加情報を掲載したWebページが用意されている。

https://oreil.ly/practicalStats_dataSci_2e (原書)
https://www.oreilly.co.jp/books/9784873119267/ (日本語)

本書についてのコメントや、技術的な質問については、bookquestions@oreilly.comに電子メールを送信してほしい。

---

*1 訳注：GitHubのサンプルコードと本書掲載のサンプルコードは異なる場合がある。

本、コース、カンファレンス、ニュースの詳細については、当社のWebサイト（https://www.oreilly.com）を参照してほしい

Facebookは以下の通り。

https://facebook.com/oreilly

Twitterは以下でフォローできる。

https://twitter.com/oreillymedia

YouTubeで見るには、以下にアクセスしてほしい。

https://www.youtube.com/oreillymedia

謝辞

著者らは、本書作成に協力いただいた多数の人々に本当に感謝している。

データマイニングのElder Research社CEOのGerhard Pilcherは本書の草稿を読んで詳細かつ有用な訂正やコメントをくれた。SASの統計学者Anya McGuirkとWei Xiao、O'Reillyの同じく著者であるJay Hilfigerも同様に本書の草稿に有用なフィードバックをくれた。初版の訳者Toshiaki Kurokawaは、全体をレビューして修正点を指摘してくれた。Aaron SchumacherとWalter Paczkowskiは第2版をレビューして多数の助言や有益な示唆をくれた。言うまでもないが、本書の誤りの責任は著者らにある。

O'Reilly社に関しては、Shannon Cuttが励ましと適切な注意をくれながら、出版を無事終えられるまで面倒を見てくれた。Kristen Brownのおかげで無駄なく出版にこぎつけることができた。Rachel MonaghanとEliahu Sussmanは注意と忍耐をもって私たちの文章を校正し、良くしてくれた。Ellen Troutman-Zaigは索引を作ってくれた。Nicole Tacheは第2版の手綱を取ってプロセスを効果的に進めながら本書の広範な読者にとってより読みやすくなるよう編集上の示唆を与えてくれた。本書のプロジェクトを進めてくれたMarie Beaugureau、O'Reilly社を紹介してくれたstatistics.comインストラクターでO'Reillyの著者であるBen Bengfortにも感謝している。

私たちと本書は、他の本でも協力したGalit Shmueliとの長年にわたるやりとりから多大の利益を蒙っている。

最後になるが、Elizabeth BruceとDeborah Donnellに特に感謝を捧げたい。2人の忍耐と支えがあって、本書を世に出すことができた。

目次

1章
探索的データ分析

本章では、あらゆるデータサイエンスプロジェクトが最初に行う、データ探索に焦点を絞る。

古典的な統計学は、少数の標本から大きな母集団についての結論を引き出す**推定**に焦点を絞っていた。1962年テューキー（**図1-1**、https://ja.wikipedia.org/wiki/ジョン・テューキー）は画期的な論文「The Future of Data Analysis」[Tukey-1962] において統計学の改革を訴え、**データ分析**という新たな科学分野を提唱した。そこでは、従来の統計的推測は1構成要素にすぎない。テューキーは、工学とコンピュータサイエンスとの架け橋を構築した（彼は**ビット**や**ソフトウェア**という用語を創った）。彼の主張には驚くべきほど先見の明があり、現在のデータサイエンスの中核を形成する。探索的データ分析は、1977年に出版されたテューキーの古典的著作『*Exploratory Data Analysis*』[Tukey-1977] で確立された。テューキーは、箱ひげ図や散布図などの簡単なプロットと平均値、中央値、分位数などの要約統計量を使って、データセットの特性や状態などのありさまを説明した。

コンピュータの計算能力と高機能なデータ分析ソフトウェアがすぐに使えるようになったので、探索的データ分析はもともと考えられていた範囲を超えて発展している。原動力は、急速な技術開発、大量のデータ、さまざまな分野における定量分析の活用だ。テューキーの元学生でスタンフォード大学の統計学の教授であるデビッド・ドナホーは、テューキーの生誕百周年記念ワークショップで素晴らしい論文「50 Years of Data Science」[Donoho-2015] を発表している。ドナホーによると、データサイエンスの起源は、テューキーが開拓したデータ分析に関する諸業績に遡る。

図1-1 著名な統計学者ジョン・テューキー。50年以上も前に彼が開発したアイデアがデータサイエンスの基礎となっている。

1.1 構造化データの諸要素

データはさまざまなところ、例えば計測センサー、イベント、テキスト、画像、ビデオなどから得られる。IoT (Internet of Things) からは情報が絶え間なくもたらされる。これらの多くは非構造化データだ。画像はピクセルの集まりで、ピクセルはRGB (赤緑青) 色情報を持つ。テキストは、単語とそれ以外の文字の集まりで、節や小節に分けられている。クリックストリームは、アプリやWebページでユーザが行った操作のシーケンスだ。実際、データサイエンスの主要課題とは、この生データのストリームをどのように操作可能な情報にするかということだ。本書で学ぶ統計概念を適用できるように、生の非構造化データを、関係データベースなどから得られる、調査研究に適するような構造化された形式に変換処理しなければならない。構造化データの最も一般的な形式は行と列とからなる表形式で、関係データベースや収集調査から得られる。

構造化データには2つの基本型、数量データとカテゴリデータがある。数量データには2つの形式がある。風速や時間のような連続データと事象の回数のような離散データだ。カテゴリデータは、TV画面の種類 (プラズマ、液晶、LEDなど) や州の名前 (アラバマ、アラスカなど)のように、決まった値の集合から得られる値をとる。二値データは、カテゴリデータの中でも、0/1、yes/no、真/偽のように二値のどちらかしかとらない重要な特別な場合である。他の種類のカテゴリデータでよく使われるのが、数値評価(1, 2, 3, 4, 5) のような順序のあるカテゴリによる**順序尺度**データだ。

このようなデータ型の分類に意味があるのかと思うかもしれないが、データの分析予測モデル作成においては、どのような可視化表現、データ分析、統計モデルを使うかの決定にデータ型が重要な役割を果たす。実際、RやPythonのようなデータサイエンスソフトウェアでは、計算性能がデータ型で決まる。さらに、変数のデータ型によって、ソフトウェアがどのように計算をするかが決まる。

基本用語1：データ型

数量データ（numeric）

数値的な尺度で表されるデータ

連続データ（continuous）

区間内の任意の値をとれるデータ

（関連語：区間、浮動小数点数、数値データ）

離散データ（discrete）

回数のような整数値だけをとるデータ

（関連語：整数、カウント）

カテゴリデータ（categorical）

カテゴリを表す定まった値だけをとるデータ

（関連語：enum、列挙、ファクタ、名義尺度）

二値データ（binary）

カテゴリの値が2つ（0/1、真/偽）しかない特別なカテゴリデータ

（関連語：二値、論理データ、指標変数、ブール値）

順序尺度データ（ordinal）

明示的な順序があるカテゴリデータ

（関連語：順序付きファクタ）

名義尺度データ（nominal）

個々のデータ要素を他のデータ要素と区別するために名前を付けたデータ

ソフトウェアエンジニアやデータベースプログラマによっては、データ分析で、なぜ**カテゴリデータ**や**順序尺度データ**まで考える必要があるのか、カテゴリはテキスト（あ

るいは数値）の集まりにすぎないから、データベースが自動的に内部表現に変換するからそれでよいのではないかと思う人もいるだろう。データをテキストとしてではなく、カテゴリデータとして明示的に区別することには次のような利点がある。

- データがカテゴリデータとわかっていると、グラフを書いたりモデルに適合させたりする統計的手続きで、処理の手順を適切に指示できる。特に、順序尺度データは、Rでは`ordered.factor`として表現でき、グラフ、表、モデルにおいてユーザ定義の順序を保持できる。Pythonでは、`scikit-learn`が`sklearn.preprocessing.OrdinalEncoder`で順序尺度データを扱える。
- ストレージ容量やインデックス処理が（関係データベース同様）最適化できる。
- カテゴリ変数の取りうる値が、（enumのように）ソフトウェアで保証できる。

第3の利点は、予期せぬ振る舞いを招くこともある。Rのデータインポート関数（例：`read.csv`）は、カラムのテキスト値を自動的に`factor`に変換する。その後の操作では、そのカラムには元のインポートされた値しか許されないので、新たなテキスト値の挿入には警告が出され、`NA`（欠損値）となる。Pythonの`pandas`パッケージはそのような自動変換を行わないが、`read.csv`関数で明示的にカラムをカテゴリデータと指定できる。

基本事項1

- ■ データは通常、ソフトウェアの中では型で分類される。
- ■ データ型には、数量型（連続、離散）とカテゴリ型（二値、順序尺度、名義尺度）がある。
- ■ ソフトウェアの中での型は、そのデータの処理の方法を決定する。

1.1.1 さらに学ぶために

- データ型には重複があったり、1つのソフトウェアでの分類が他のソフトウェアでの分類と異なることがあるために、複雑でわかりにくいことがある。Rでの分類に関しては、Rチュートリアル Webサイト（http://www.r-tutor.com/r-introduction/basic-data-types）を見るとよい。Pythonのさまざまなデータ型とその扱い方についてはpandas公式ドキュメント（https://pandas.pydata.org/pandas-docs/stable/user_guide/basics.html#dtypes）がよい。

- データベースにおいては、精度のレベル、固定長や可変長フィールドなどを考慮するために、データ型の分類はさらに詳細になる。「W3School guide for SQL」(https://www.w3schools.com/sql/sql_datatypes_general.asp) を見るとよい。

1.2　テーブルデータ

データサイエンスの分析における一般的なデータ形式は、スプレッドシートやデータベースの表のようなテーブルデータオブジェクトだ。

テーブルデータは、基本的には2次元行列で、行がレコードを、列が特徴量（変数）を示す。RやPythonでは、データフレームという特別な形式になる。データは必ずしもこの形式と決まっているわけではない。非構造化データ（例：テキスト）を処理して、テーブルデータの特徴量集合として表して、操作できるようにしなければならない(**「1.1　構造化データの諸要素」**参照)。関係データベースのデータは、ほとんどのデータ分析やモデル化作業で1つの表として抽出しなければならない。

基本用語2：テーブルデータ

データフレーム (data frame)

スプレッドシートのようなテーブルデータであり、統計モデルや機械学習モデルにおいて基本的なデータ構造

特徴量 (feature)

表のカラム（列）は特徴量と呼ばれる（関連語：属性、入力、予測変数、変数）

目的変数 (outcome)

データサイエンスでは多くの場合、yes/noで成果を予測する（**表1-1**では、「競合するか」)。実験や調査での成果を予測するのには特徴量が使われる（関連語：依存変数、応答、目標、出力、成果）

レコード (record)

表の行は、レコードと呼ばれる
（関連語：ケース、事例：インスタンス、観測、パターン、サンプル）

表1-1 典型的なデータフレームの形式

カテゴリ	通貨	売り手の評価	期間	終了日	終値	始値	競合するか
音楽 / 映画 / ゲーム	US	3249	5	月曜	0.01	0.01	0
音楽 / 映画 / ゲーム	US	3249	5	月曜	0.01	0.01	0
自動車	US	3115	7	火曜	0.01	0.01	0
自動車	US	3115	7	火曜	0.01	0.01	0
自動車	US	3115	7	火曜	0.01	0.01	0
自動車	US	3115	7	火曜	0.01	0.01	0
自動車	US	3115	7	火曜	0.01	0.01	1
自動車	US	3115	7	火曜	0.01	0.01	1

表1-1には、数量データ（例：価格と期間）およびカテゴリデータ（例：カテゴリと通貨）とが混在している。既に述べたように、二値（0/1や真/偽）変数はカテゴリ変数の特別な形式であり、**表1-1**では右端の競合するかどうか（入札者が複数か）を示す指標変数となる。この指標変数は、シナリオがオークションで競合入札かどうかを予測する場合には目的変数となる。

1.2.1 データフレームとインデックス付け

伝統的なデータベースの表の列（カラム）には、本質的には行番号であるインデックスが付いている。これによって、SQLクエリの性能が大幅に向上する。Pythonのpandasライブラリでは、DataFrameオブジェクトが基本のテーブルデータ構造となる。デフォルトでは、DataFrameは行の順序に基づいて整数インデックスが自動的に作られる。pandasでは、ある種の演算の効率を向上させる多層/階層的インデックスも設定可能だ。

Rにおいて、基本的なテーブルデータ構造はdata.frameオブジェクトである。data.frameも行順序に基づいた暗黙の整数インデックスを持つ。row.names属性でインデックスを作れるのだが、Rの本来のdata.frameでは、ユーザ定義や多層のインデックスはサポートされない。data.tableとdplyrという2つのパッケージを使えば、この問題は解消される。両者とも多層インデックスを扱い、data.frameにおける顕著な速度の向上も期待できる。

用語の違い

テーブルデータについての用語には紛らわしいものがある。統計学者とデータサイエンティストで同じものに異なる用語を使うからだ。統計学者は、モデルの中で**応答変数**または**従属変数**を予測するのに**予測変数**という用語を用いる。データサイエンティストは、目標を予測するのに**特徴量**という用語を用いる。特に混乱を招くのは、サンプルだ。コンピュータサイエンティストは、テーブルデータの1つの行を**サンプル**と呼ぶが、統計学者は、行の集まりを**サンプル**（標本）と呼ぶ。

1.2.2　非テーブルデータ

テーブルデータ以外のデータ構造もある。

時系列データは、同じ変数を継続的に測定したレコードで、統計的予測手法の材料であり、IoTが生成するデータの主要な要素である。

地図や位置分析に用いられる空間データ構造は、テーブルデータ構造よりも複雑だ。オブジェクト表現では、データはオブジェクト（例：家屋）とその座標からなる。一方、フィールドビューでは、空間の小さな単位とそれに関連する値（例：ピクセル照度）からなる。

グラフ（ネットワーク）データ構造は、物理的、社会的、および抽象的関係を表現する。例えば、FacebookやLinkedInのようなソーシャルネットワークのグラフは人のつながりをネットワークで表す。道路で連結された物流ハブは物理ネットワークの例だ。グラフ構造は、ネットワーク最適化やレコメンデーションシステムなどの表現に役立つ。

これらのデータ型は、データサイエンスでも特定の方法論に従う。本書では、予測モデルの基本的な構成要素であるテーブルデータに焦点を絞っているため、これらは扱わない。

統計学におけるグラフ

コンピュータサイエンスや情報技術では、**グラフ**という用語は、エンティティ間の連結とその基礎となるデータ構造を指す。統計学では、**グラフ**という言葉は、データ構造ではなく各種のプロットや**可視化**だけを指し、エンティティ間の連結を意味しない。

基本事項2

- デー タサイエンスで基本となるデータ構造は、矩形行列であり、行がレコード、列が変数(特徴量)になる。
- 用語は紛らわしいこともある。データサイエンスに関する専門分野(統計学、コンピュータサイエンス、情報技術)によって、同じ概念に異なる用語が使われる。

1.2.3 さらに学ぶために

- Rのデータフレームのドキュメント(https://stat.ethz.ch/R-manual/R-devel/library/base/html/data.frame.html)
- Pythonのデータフレームのドキュメント(https://pandas.pydata.org/pandas-docs/stable/dsintro.html#dataframe)

1.3 位置の推定

測定データや離散データの変数は、何千もの異なる値をとる。データ探索の基本ステップは、各特徴量(変数)の「代表値」、すなわちほとんどのデータが位置するところ(中心傾向)の推定値を求めることから始まる。

基本用語3:位置の推定

平均値(mean)
値の総和を値の個数で割ったもの(関連語:average)

加重平均(weighted mean)
値に重みを掛けたものの総和を重みの総和で割ったもの(関連語:weighted average)

中央値(median)
その値の上と下にそれぞれデータの半分が位置するような値。メディアンともいう(関連語:50パーセンタイル)

パーセンタイル（percentile）
　データのPパーセントが下に位置するような値（関連語：分位数）

加重中央値（weighted median）
　整列されたデータにおいて重みの総和の半分がその上と下に位置する値

トリム平均（trimmed mean）
　一定個数の極端な値を除外した後の平均（関連語：刈り込み平均、調整平均）

頑健性（robust）
　極端な値に影響されにくいこと（関連語：抵抗性、ロバストネス）

外れ値（outlier）
　ほとんどのデータと大きく異なるデータ値（関連語：極端な値）

一見したところ、データを要約するのは簡単に思える。データの平均値をとればよいと。実際のところ、平均値は計算が簡単で使いやすいが、代表値として最良とは限らない。そのために、統計学者は、平均値に代わる推定値をいくつも開発してきた。

指標と推定値

統計学者は、**推定値**という用語を手元のデータから計算した値を指すのに使い、データから観測できることとその事柄の理論的な真実、正確な状態との違いを明らかにする。データサイエンティストやビジネスアナリストは、そのような値を**指標**と呼ぶことが多い。この用語の違いは、統計学とデータサイエンスとでアプローチが異なることを意味している。統計学においては、不確実性の評価が目的であるのに対して、データサイエンスでは、具体的なビジネスや組織的な目標に焦点を絞っている。よって、統計学者は推定を行い、データサイエンティストは、測定をする。

1.3.1 平均値

最も基本的な推定は平均値だ。平均値は、値の総和をその個数で割って求める。例えば$\{3,5,1,2\}$という数の集合を考えよう。平均値は、$(3+5+1+2)/4=11/4=2.75$となる。母集団の標本の平均を表すには、$\bar{x}$（エックスバーと読む）という記号を使う。n個の値$x_1, x_2, ..., x_n$の平均値は次の式で求める。

$$平均値 = \bar{x} = \frac{\sum_{i=1}^{n} x_i}{n}$$

N（またはn）は、レコードまたは観測の総数を表す。統計学では、母集団を指すときには大文字、母集団の標本を指すときには小文字を用いる。データサイエンスでは、この区別は重要ととらえていないため、両方が用いられる。

平均値には、値を整列して一定数の上下の端の値を取り除き、残りの値の平均をとる**トリム平均**もある。整列した値は、$x_{(1)}, x_{(2)}, ..., x_{(n)}$と表す。ここで、$x_{(1)}$は最小値、$x_{(n)}$は最大値であり、最も小さい値から$p$個と最も大きい値から$p$個を取り除いたトリム平均は、次の式で求められる。

$$トリム平均 = \bar{x} = \frac{\sum_{i=p+1}^{n-p} x_{(i)}}{n-2p}$$

トリム平均は、極端な値の影響を取り除く。例えば、水泳の飛込競技の国際大会の判定において、5人の審判の最高点と最低点は無視されて、残りの3人の審判の得点の平均が最終的な得点となる（https://ja.wikipedia.org/wiki/飛込競技）。これによって、審判が自国の選手に有利なように得点をごまかすことが難しくなる。トリム平均は広く使われており、多くの場合、通常の平均値に代わって用いられている。**「1.3.2　中央値と頑健推定」**でさらに詳しく説明する。

別の種類の平均に、**加重平均**がある。各データ値x_iに重みw_iを掛け、その総和を重みの総和で割って計算する。加重平均は次の式で求める。

$$加重平均 = \bar{x}_w = \frac{\sum_{i=1}^{n} w_i x_i}{\sum_{i=1}^{n} w_i}$$

加重平均を使うのは、主として次の2つの理由による。

- 値によっては、本質的に他よりも変動が大きいことがあり。そのような変動の大きい観測値には低い重みを与える。例えば、多数のセンサーデータの平均値をとるとき、1つのセンサーが不正確である場合、そのデータの重みを低くする。
- 収集されたデータが、測定対象のグループを等しく表していないことがある。例えば、オンライン実験の実施方法によっては、ユーザベースの全グループを正確に表すデータが得られないことがある。これを補正するために、対象者数の少ないグループの値の重みを大きくする。

1.3.2　中央値と頑健推定

中央値は、データを整列したときに、真ん中に来る値を指す。データ値の個数が偶数なら、真ん中の値というのは実際には存在しないので、真ん中の2つの値の平均値が中央値となる。すべての値を用いる平均値と違い、中央値は整列したデータの中央の値にしか依存しない。そのため、より多くのデータに応答している平均値の方が、中央値より良いと思うかもしれないが、中央値の方がデータのより良い指標となる場合が多い。シアトルのワシントン湖周辺の家庭の典型的な収入を調べたいとしよう。メディナ近郊とウィンダミア近郊とを比較すると、ビル・ゲイツがメディナに住んでいるために、平均値は大きく異なる。中央値を使うと、ビル・ゲイツがどんなに金持ちでも、中央の観測値は両方の地区で同じである。

加重平均を使う理由と同じ理由から**加重中央値**を計算して使うこともある。中央値同様、まずデータを整列するが、各データには重みが付いている。加重中央値では、整列されたリストの真ん中の数ではなく、重みの総和が上半分と下半分とで等しくなる位置の値を使う。加重中央値は中央値と同様、外れ値の影響を受けにくい。

1.3.2.1　外れ値

中央値は、結果を歪める（極端な場合の）**外れ値**の影響を受けないので、**頑健な**推定値と呼ばれる。外れ値とは、データセットの他の値から非常に離れた値だ。さまざまなデータ要約やプロットで、専用の表記法が使われている（**「1.5.1　パーセンタイルと箱ひげ図」**参照）が、外れ値の厳密な定義は主観に左右される。外れ値そのものが、データ値を不当にしたり、エラーにするわけではない（先ほどのビル・ゲイツの例参照）。それでも、異なる単位のデータを混入したり（kmとm）、センサーの読み取りエラーなどのデータエラーの結果から、外れ値がもたらされることが多い。外れ値がエラーによる場合、平均値は代表値の推定としてふさわしくないが、中央値には影響がない。いずれにせよ、外れ値は明確に識別されるべきであり、通常はさらに検討する価値がある。

異常検出

通常のデータ分析では、外れ値がときには重要な情報の手がかりともなることもあれば、邪魔な存在だけのこともある。対照的に、**異常検出**では外れ値が主な対象である。データの大部分は、異常を測定するための基準となる「正常」を定義するために用いられる。

中央値だけが、代表値の頑健な推定ではない。外れ値の影響を避けるためにトリム平均が広く使われている。実際、少数のデータの場合を除いて、全データの上下10％（通常の選択）を取り除いて、外れ値の影響を排除することが多い。トリム平均は、中央値と平均値との間をとった考え方であるとも言える。データの極端な値に対して頑健であり、代表値推定においてより多くのデータを使うからである。

別の頑健な位置の指標

統計学者は、平均値より頑健で、より効率的な（すなわち、データセット間のわずかな差異に対しても分別可能な）推定量を得るという目的のために、他の推定量を大量に開発してきた。これらの手法は小さなデータセットに役立つことはあるが、大きな、あるいは普通のサイズのデータセットでは役立たないことが多い。

1.3.3 例：人口と殺人事件発生率の代表値の推定

表1-2は、米国の州別人口と殺人事件発生率（年間の人口10万人当たり）のデータセットの先頭の数行を示す[*1]。

表1-2 州別人口と殺人事件発生率のdata.frameの最初の数行

	州	人口	殺人事件発生率	州の略称
1	Alabama	4,779,736	5.7	AL
2	Alaska	710,231	5.6	AK
3	Arizona	6,392,017	4.7	AZ
4	Arkansas	2,915,918	5.6	AR
5	California	37,253,956	4.4	CA

＊1 訳注：このデータの出典は2010年のFBIの資料https://ucr.fbi.gov/crime-in-the-u.s/2010/crime-in-the-u.s.-2010/tables/10tbl04.xlsによる。これそのものはdata.frameにはなっていないが、GitHubに加工処理済みのデータが用意されている。

	州	人口	殺人事件発生率	州の略称
6	Colorado	5,029,196	2.8	CO
7	Connecticut	3,574,097	2.4	CT
8	Delaware	897,934	5.8	DE

Rを使い、人口の平均値、トリム平均、中央値を計算する。

(R)
```
state <- read.csv('state.csv')
mean(state[['Population']])
[1] 6162876
mean(state[['Population']], trim=0.1)
[1] 4783697
median(state[['Population']])
[1] 4436370
```

Pythonで平均値と中央値を計算するには、データフレームのpandasメソッドを使う。トリム平均にはscipy.statsのtrim_mean関数が必要だ。

(Python)
```
state = pd.read_csv('state.csv')
state['Population'].mean()
trim_mean(state['Population'], 0.1)
state['Population'].median()
```

平均値はトリム平均より大きく、トリム平均は中央値より大きい。

トリム平均では、人口の最も多い5州と最も少ない5州を除外している（trim=0.1は両端からそれぞれ10%を取り除く）からだ。平均殺人事件発生率を計算しようとしたら、州ごとに人口が異なるので、加重平均や加重中央値が必要となる。Rの基本関数の中には、加重中央値の関数がないのでmatrixStatsのようなパッケージをインストールする必要がある。

(R)
```
weighted.mean(state[['Murder.Rate']], w=state[['Population']])
[1] 4.445834
library('matrixStats')
weightedMedian(state[['Murder.Rate']], w=state[['Population']])
[1] 4.4
```

Pythonでは、加重平均はNumPyに用意されている。加重中央値には、パッケージ`wquantiles`（https://pypi.org/project/wquantiles/）が使える。

（Python）
```
np.average(state['Murder.Rate'], weights=state['Population'])
wquantiles.median(state['Murder.Rate'], weights=state['Population'])
```

この場合には、加重平均と加重中央値はほぼ同じ値となる。

基本事項3

- 代表値の基本的な指標は平均値だが、極端な値（外れ値）の影響を受けやすい。
- 他の指標（中央値、トリム平均）の方が外れ値や異常な分布の影響を受けにくく、より頑健である。

1.3.4　さらに学ぶために

- Wikipediaのcentral tendency（https://en.wikipedia.org/wiki/Central_tendency）は、代表値に関するさまざまな指標を説明している。
- テューキーの古典的な『*Exploratory Data Analysis*』［Tukey-1977］はいまだに広く読まれている。

1.4　散らばりの推定

位置は、特徴量を要約する次元の1つにすぎない。第2の次元である**散らばり**は、**広がり**とも呼ばれるが、データ値がまとまっているか広がっているかを測る。散らばりは統計学の核心となる概念だ。散らばりを測定し、散らばりを縮小し、実際の散らばりからランダムな要素を区別し、実際の散らばりのさまざまな原因を特定し、散らばりがある中で意思決定する。

基本用語4：散らばりの推定

偏差（deviation）

観測値と推定値との差（関連語：誤差、残差）

分散（variance）

平均からの偏差の二乗の和を$n-1$で割ったもの。nはデータ値の個数（関連語：平均二乗誤差）

標準偏差（standard deviation）

分散の正の平方根

平均絶対偏差（mean absolute deviation）

平均からの偏差の絶対値の平均（関連語：L1ノルム、マンハッタン距離）

中央絶対偏差（median absolute deviation from the median：MAD）

中央値からの偏差の絶対値の中央値

範囲（range）

データセットの最大値と最小値の差

順序統計量（order statistics）

最小から最大へと整列したデータ値に基づく統計量（関連語：順位）

パーセンタイル（percentile）

値のうちのPパーセントがこの値以下で、$(100-P)$パーセントがこの値以上になる値（関連語：分位数）

四分位範囲（interquartile range：IRQ）

75パーセンタイルと25パーセンタイルの差

位置を測るのにさまざまな方法（平均値、中央値など）があるのと同様に、散らばりを測るのにもさまざまな方法がある。

1.4.1 標準偏差と関連推定値

最も広く使われている散らばりの推定量は、観測データと位置の推定との間の差、すなわち**偏差**に基づく。データセット{1, 4, 4}について、平均値は3で、中央値は4となる。平均値からの偏差は$1-3=-2$, $4-3=1$, $4-3=1$となる。これらの偏差から、データがどのように散らばっているかがわかる。

散らばりを測るには、これらの偏差の代表値を推定するとよい。しかし、偏差の平均は役に立たない。負の偏差と正の偏差が打ち消し合い、平均値からの偏差の総和はゼロになってしまうためだ。その代わりに、平均値からの偏差の絶対値に平均値を考えるのである。先ほどの例では、偏差の絶対値は{2 1 1}で、その平均値は(2 + 1 + 1) / 3 = 1.33となる。これは**平均絶対偏差**と呼ばれ、次の式で求められる。

$$\text{平均絶対偏差} = \frac{\sum_{i=1}^{n} |x_i - \bar{x}|}{n}$$

ただし、$\bar{x}$は標本の平均値。

最もよく知られた散らばりの推定値は、偏差の二乗に基づいた**分散**と**標準偏差**である。分散は偏差の二乗の平均値で、標準偏差は分散の正の平方根となる。

$$\text{分散} = s^2 = \frac{\sum_{i=1}^{n} (x_i - \bar{x})^2}{n-1}$$

$$\text{標準偏差} = s = \sqrt{\text{分散}}$$

標準偏差は、元のデータと同じ尺度になるので、分散よりも解釈が容易だ。標準偏差は平均絶対偏差と比べて、公式が複雑で直感的でないにもかかわらず、奇妙なことだが、統計学で好まれる。これは統計理論のおかげだ。数学的には、特に、統計モデルに関しては、絶対値よりも平方した値の方がはるかに便利だからだ。

自由度、そしてnか$n-1$か

統計学の本では、分散の公式でなぜ分母がnではなく$n-1$なのかについての議論が常になされており、その説明に**自由度**という概念が使われる。通常は、nが十分大きな値なので、nで割ろうが$n-1$で割ろうがほとんど差がないので、違いは重要ではない。それでも知りたいなら、教えよう。母集団についての推定を標本に基づいて行うという前提から来ている。

分散を求める公式でnを使うと、母集団の分散や標準偏差を真の値よりも低く推定することになる。これは、**偏った推定値**と呼ばれる。しかし、nの代わりに$n-1$で割ると、標準偏差は**不偏推定値**になる。

nを使うとなぜ偏った推定値になるかを完全に説明するには、推定値の計算の際に制約の個数を考慮に入れる自由度という概念が必要となる。この場合には、

制約が1つ、すなわち標準偏差が標本平均の計算に依存するので、自由度が$n-1$だ。たいていの問題では、自由度についてデータサイエンティストが心配する必要はない。

分散、標準偏差、平均絶対偏差のいずれもが外れ値や極端な値に対して影響を受けやすい（頑健な代表値推定については**「1.3.2　中央値と頑健推定」**参照）。分散と標準偏差は、偏差の平方に基づくため、外れ値に対して特に影響を受けやすい。

分散の頑健推定には、中央絶対偏差（MAD：Median Absolute Deviation from the median）を用いる。

$$\text{中央絶対偏差} = \text{中央値}\left(|x_1 - m|, |x_2 - m|, \ldots, |x_N - m|\right)$$

ただし、mを中央値とする。中央値同様、MADは極端な値に影響されない。トリム平均（**「1.3.1　平均値」**参照）と同様にしてトリム標準偏差を計算することもできる。

分散、標準偏差、平均絶対偏差、中央絶対偏差は、データが正規分布から得られた場合でも推定量として等しくはない。実際、標準偏差は、常に平均絶対偏差より大きく、平均絶対偏差は、中央絶対偏差より大きい。正規分布の場合には、中央絶対偏差に定数係数を掛けることによって、標準偏差と同じスケールになることがある。通常使われる係数1.4826は、正規分布の50％が±MAD（中央絶対偏差）の範囲になることを意味する（https://en.wikipedia.org/wiki/Median_absolute_deviation#Relation_to_standard_deviation参照）。

1.4.2 パーセンタイルに基づく推定値

散らばりを推定するには別の方法もある。整列したデータの広がりを使うものだ。整列（順位付け）データに基づく統計量は、**順序統計量**と呼ばれる。最も基本的な指標は、**範囲**、すなわち最大値と最小値との差だ。最大値や最小値も外れ値を特定するのに役立つが、範囲は、外れ値から特に影響を受けやすく、データの散らばりの一般的指標としては使えない。

外れ値の影響を受けないようにするには、両端の値を取り除いたデータの範囲を使う。形式的には、この種の推定は、2つの**パーセンタイル**間の値の差を基にする。データセットでは、Pパーセンタイルは、値の少なくともPパーセントがこの値以下で(100

$-P$)パーセントがこの値以上という値だ。例えば、80パーセンタイルを求めるには、データを整列し、最小値から始めて最大値までの80パーセントを求める。中央値が50パーセンタイルと同じである。パーセンタイルは本質的には、1以下の正の分数か小数でインデックス付けされる**分位数**と同じ（0.8分位数が80パーセンタイルと同じ）だ。

散らばりによく使われる指標は、25パーセンタイルと75パーセンタイル間の値の差で、**四分位範囲**（IQR：interquartile range）と呼ばれる。{3, 1, 5, 3, 6, 7, 2, 9}という簡単な例を考えよう。整列すると{1, 2, 3, 3, 5, 6, 7, 9}になる。25パーセンタイルは2.5、75パーセンタイルは6.5なので、四分位範囲は6.5 − 2.5 = 4となる。ソフトウェアによっては若干異なる方式をとるものがあり、答えが異なること（次のヒント「パーセンタイル：正確な定義」参照）があるが、通常、その差はわずかとなる。

非常に大きなデータセットの場合、正確なパーセンタイルの計算は、全データ値の整列処理を含むために、計算コストがかかる。機械学習や統計ソフトウェアでは、「A Fast Algorithm for Approximate Quantiles in High Speed Data Streams」［Zhang-2007］のような特別なアルゴリズムを用いて、ある程度の正確さが保証された非常に高速な計算をする。

パーセンタイル：正確な定義

データの個数（n）が偶数なら、パーセンタイルは先ほどの定義では曖昧だ。実際には、順序統計量$x_{(j)}$と$x_{(j+1)}$の間で、jが次を満たす任意の値を使う。

$$100 \times \frac{j}{n} \leqq P < 100 \times \frac{j+1}{n}$$

正式には、パーセンタイルは次の加重平均となる。

$$\text{パーセンタイル}(P) = (1-w)\,x_{(j)} + w x_{(j+1)}$$

ただし、wは0から1の間。統計ソフトウェアは、wの選択に異なる方法を使う。実際、R関数の`quantile`は分位数の計算に9種の方法を用意している。データセットが小さい場合を除いては、通常、パーセンタイルの正確な計算方法について心配する必要はない。Pythonの`numpy.quantile`や`pandas`でも、5種類の方法を用意して線形補間がデフォルトの方法になっている。

1.4.3　例：州別人口の散らばりの推定

表1-3（読者の便宜のために**表1-2**を再掲）は、米国の州別人口と殺人事件発生率を含むデータセットの先頭の数行を示す。

表1-3 州別人口と殺人事件発生率のdata.frameの最初の数行

	州	人口	殺人事件発生率	州の略称
1	Alabama	4,779,736	5.7	AL
2	Alaska	710,231	5.6	AK
3	Arizona	6,392,017	4.7	AZ
4	Arkansas	2,915,918	5.6	AR
5	California	37,253,956	4.4	CA
6	Colorado	5,029,196	2.8	CO
7	Connecticut	3,574,097	2.4	CT
8	Delaware	897,934	5.8	DE

標準偏差、四分位範囲（IQR）、中央絶対偏差（MAD）を求めるRの組み込み関数を使い、州別人口データの散らばりを評価できる。

(R)
```
sd(state[['Population']])
[1] 6848235
IQR(state[['Population']])
[1] 4847308
mad(state[['Population']])
[1] 3849870
```

pandasデータフレームには、標準偏差と四分位数を計算するメソッドがある。四分位数を使えば簡単にIQRが求まる。頑健な中央絶対偏差には、statsmodelsパッケージのrobust.scale.mad関数を使う。

(Python)
```
state['Population'].std()
state['Population'].quantile(0.75) - state['Population'].quantile(0.25)
robust.scale.mad(state['Population'])
```

標準偏差がMADの約2倍（Rでは、デフォルトでMADのスケールが平均値と同じになるよう調整済み）となっている。標準偏差が外れ値に影響されるので、これは驚くべきことではない。

基本事項4

- 分散と標準偏差は、散らばりの統計量として最も広く日常的に使われている。
- 分散と標準偏差は、外れ値に影響される。
- より頑健な指標には、平均絶対偏差、中央絶対偏差、パーセンタイル（分位数）がある。

1.4.4 さらに学ぶために

- David Laneのオンライン統計学には、パーセンタイルの項目（http://onlinestatbook.com/2/introduction/percentiles.html）がある。
- R-bloggersで中央値からの偏差とその頑健な性質についてKevin Davenportの投稿（https://www.r-bloggers.com/absolute-deviation-around-the-median/）が参考になる。

1.5 データ分布の探索

これまでに学んだ推定値は、データの位置や散らばりを1つの数値に要約した。データが全体としてどのように分布しているかは次のような可視化手法を使うとわかりやすくなる。

基本用語5：分布の探索

箱ひげ図（boxplot）
データの分布を手っ取り早く可視化する手法としてテューキーにより導入された（関連語：ボックスプロット）。

度数分布表（frequency table）
区間（ビン）集合の各々に相当する数値データの個数の集計。

ヒストグラム（histogram）
ビンをx軸に、個数（または割合）をy軸にとった度数分布表のプロット。見た目は似ているが、ヒストグラムを棒グラフと混同してはならない。相違についての説明は**「1.6 二値データとカテゴリデータの探索」**参照。

> **密度プロット（density plot）**
> ヒストグラムを滑らかにしたもの。しばしば**カーネル密度推定**に基づく。

1.5.1　パーセンタイルと箱ひげ図

「1.4.2　パーセンタイルに基づく推定値」では、パーセンタイルをどのように使ってデータの広がりを測定するかを探索した。パーセンタイルは、分布全体を要約するのにも役立つ。普通は四分位数（25、50、75パーセンタイル）と十分位数（10、20、…、90パーセンタイル）を使う。パーセンタイルは、分布の裾（外側の範囲）を要約するのに特に有効である。米国には、99パーセンタイルの位置の大富豪を指す「ワンパーセンターズ」という言葉がある。

州別の殺人事件発生率のパーセンタイルの一部を**表1-4**に示す。Rでは、quantile関数で次のように求める。

（R）
```
quantile(state[['Murder.Rate']], p=c(.05, .25, .5, .75, .95))
   5%    25%    50%    75%    95%
1.600 2.425 4.000 5.550 6.510
```

Pythonではpandasデータフレームメソッドquantileを使う。

（Python）
```
state['Murder.Rate'].quantile([0.05, 0.25, 0.5, 0.75, 0.95])
```

表1-4　州別の殺人事件発生率のパーセンタイル

5%	25%	50%	75%	95%
1.60	2.42	4.00	5.55	6.51

中央値は、人口10万人当たり殺人事件4件だが、かなりの散らばりがある。5パーセンタイルは1.6しかないのに、95パーセンタイルは6.51となる。

テューキーが導入した箱ひげ図［Tukey-1977］はパーセンタイルに基づき、データの分布がひと目でわかるように可視化している。**図1-2**にRで作成した州別人口の箱ひげ図を示す。

（R）
```
boxplot(state[['Population']]/1000000, ylab='Population (millions)')
```

pandasは、箱ひげ図を含めて、データフレームの基本探索プロットを複数提供する。

(Python)
```
ax = (state['Population']/1_000_000).plot.box()
ax.set_ylabel('Population (millions)')
```

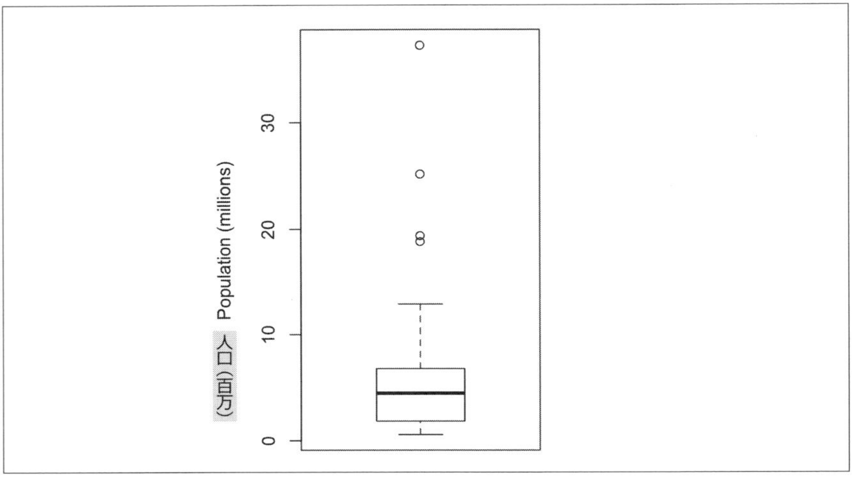

図1-2　州人口の箱ひげ図

この箱ひげ図からただちに、州人口の中央値が5百万、州の半分は約2百万から7百万、人口の非常に多い外れ値がいくつかあることがわかる。箱の上辺は75パーセンタイル、下辺は25パーセンタイルを表す。中央値は箱の中の水平線だ。点線は**ひげ**と呼ばれるが、上下でデータの大まかな範囲を示す。箱ひげ図にはさまざまな種類があり、R関数boxplotのドキュメント[R-base-2015]を参照するとよい。デフォルトでは、R関数はひげを箱の外の、IQRの1.5倍を超えない一番遠い点まで延ばす。Matplotlibも同じ実装を使う。他のソフトウェアは異なる規則に従う場合もある。

ひげの外に位置するデータはそれぞれ点または円としてプロットされる（しばしば外れ値とみなされる）。

1.5.2　度数分布表とヒストグラム

変数の度数分布表は、変数の範囲を等間隔に分割し、それぞれにいくつの値が該当するかを示す。州別人口の度数分布表をRで次のように計算すると、**表1-5**の結果が得られる。

(R)
```
breaks <- seq(from=min(state[['Population']]),
              to=max(state[['Population']]), length=11)
pop_freq <- cut(state[['Population']], breaks=breaks,
                right=TRUE, include.lowest=TRUE)
table(pop_freq)
```

pandas.cut関数は、値をセグメントにマップするシリーズを作る。value_countsメソッドを使うと、度数分布表が得られる。

(Python)
```
binnedPopulation = pd.cut(state['Population'], 10)
binnedPopulation.value_counts()
```

表1-5　州別人口の度数分布表

ビン番号	ビンの範囲	個数	州
1	563,626 − 4,232,658	24	WY,VT,ND,AK,SD,DE,MT,RI,NH,ME,HI,ID,NE,WV,NM,NV,UT,KS,AR,MS,IA,CT,OK,OR
2	4,232,659 − 7,901,691	14	KY,LA,SC,AL,CO,MN,WI,MD,MO,TN,AZ,IN,MA,WA
3	7,901,692 − 11,570,724	6	VA,NJ,NC,GA,MI,OH
4	11,570,725 − 15,239,757	2	PA,IL
5	15,239,758 − 18,908,790	1	FL
6	18,908,791 − 22,577,823	1	NY
7	22,577,824 − 26,246,856	1	TX
8	26,246,857 − 29,915,889	0	
9	29,915,890 − 33,584,922	0	
10	33,584,923 − 37,253,956	1	CA

人口が最も少ないのはワイオミング（WY）で563,626人、最も多いのはカリフォルニア（CA）で37,253,956人である（2010年国勢調査）。したがって、範囲は37,253,956 − 563,626 = 36,690,330で、これを同じサイズの10個のビンに分ける。各ビンの幅が3,669,033になり、最初のビンは563,626から4,232,658となる。最後のビンは、33,584,923から37,253,956で、カリフォルニアの1州だけだ。その前の2つのビンは空で、次がテキサスになる。空のビンを含めることは重要で、何も値のないこと自体が有用な情報だ。ビンのサイズを変えて試すことも意義がある。大きすぎると、分布の重要な特徴量がわからなくなる。小さすぎると、結果が細かすぎて全体像を把握できない。

度数分布表もパーセンタイルも、ビンを作ってデータを要約する。一般に、四分位数も十分位数も各ビンに入る度数は同じで、異なるサイズのビンを使う。対照的に、度数分布表では、ビンに入る度数が異なる（同じサイズのビンを使う）。

ヒストグラムは、x軸にビンをy軸にデータの度数をとって度数分布表を可視化する。例えば**図1-3**では、10百万（1e+07）を中心とするビンは、約8百万から約12百万で、そのビンには、6州を含む。Rで**表1-5**に対応するヒストグラムを作るには、`hist`関数で`breaks`引数を使う。

（R）
```
hist(state[['Population']], breaks=breaks)
```

`pandas`は、`DataFrame.plot.hist`メソッドでデータフレームのヒストグラムをサポートする。キーワード引数`bins`を使って、ビンの度数を指定する。さまざまなプロットメソッドがaxisオブジェクトを返すので、Matplotlibを使って表示をさらに調整できる。

（Python）
```
ax = (state['Population'] / 1_000_000).plot.hist(figsize=(4, 4))
ax.set_xlabel('Population (millions)')
```

作成したヒストグラムを**図1-3**に示す。一般にヒストグラムは次のようにプロットする。

- 空のビンはグラフに含める。
- ビンは幅が等しい。
- ビンの個数（同じことだが、ビンの幅）は指定できる。
- 棒は隣接していて、棒の間には、空のビンを除いては空白を置かない。

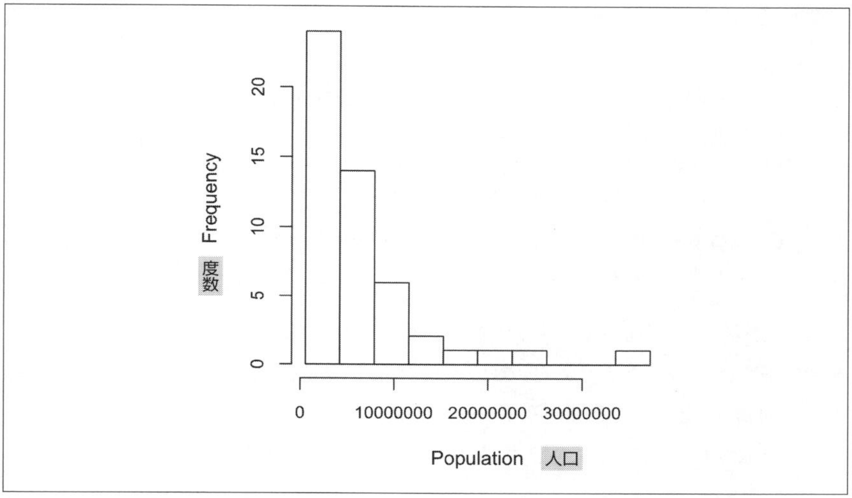

図1-3 州別人口のヒストグラム

統計モーメント

統計理論では、中心位置は分布の1次モーメント、散らばりは2次モーメント、歪度は3次モーメント、尖度は4次のモーメントと呼ばれる。**歪度**は、データが大きなあるいは小さな値の方に歪んでいるかどうかを示し、**尖度**は、データが極端な値を持ちやすい性向かどうかを示す。一般に使われる指標では、歪度や尖度は測られず、**図1-2**や**図1-3**のようなグラフで明確になる。

1.5.3 密度プロットと密度推定

ヒストグラムに関連して、データ値の分布を連続した線で示す密度プロットがある。密度プロットは、ヒストグラムを滑らかにしたものと考えられるが、普通は、データから**カーネル密度推定**（簡単なチュートリアル［Duong-2001］がある）により直接計算する。**図1-4**では、ヒストグラムに密度推定を重ね書きしている。Rではdensity関数を使って密度推定を計算できる。

```
(R)
hist(state[['Murder.Rate']], freq=FALSE)
lines(density(state[['Murder.Rate']]), lwd=3, col='blue')
```

pandasは、密度プロットを作るdensityメソッドを提供する。引数bw_methodで、密度曲線の滑らかさを制御する。

(Python)
```
ax = state['Murder.Rate'].plot.hist(density=True, xlim=[0,12],
bins=range(1,12))
state['Murder.Rate'].plot.density(ax=ax) ❶
ax.set_xlabel('Murder Rate (per 100,000)')
```

❶ プロット関数は、オプションの軸(ax)引数を使って、同じグラフにプロットを追加できるようにする。

図1-3からの大きな違いは、y軸である。ヒストグラムに対応した密度プロットは、y軸を度数ではなく割合で示す(Rでは、引数freq=FALSEで指定している)。密度曲線の下全面積=1となることに注意すること。ビンにおける度数の代わりに、x軸上の2点間の曲線の下の面積が、その2点間の分布の割合に対応する。

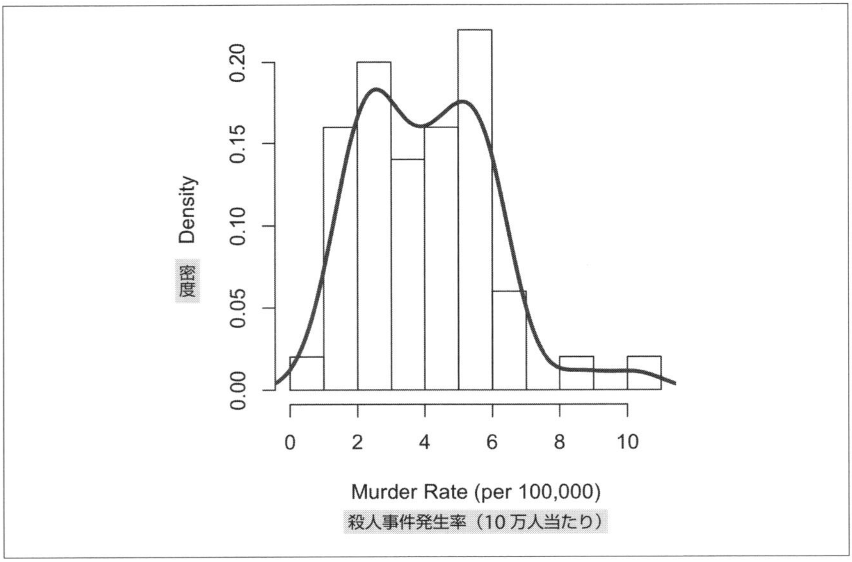

図1-4　州別殺人事件発生率の密度

密度推定

密度推定は統計学に関する文献の歴史においてもよく取り上げられた話題だ。実際、密度推定関数を提供するRのパッケージは20以上もある。

[Deng-2011]は、これらのRパッケージをレビューして、`ASH`や`KernSmooth`を勧めている。`pandas`や`scikit-learn`の密度推定メソッドも優れた実装だ。データサイエンス問題の多くでは、密度推定の種類は問わない。基本関数を使うだけで十分だ。

基本事項5

- 度数ヒストグラムでは、度数をy軸に、変量の値をx軸にとる。データの分布がひと目でわかる。
- 度数分布表は、ヒストグラムの度数を表形式で示す。
- 箱ひげ図もデータの分布を示す。箱の上下の辺で75パーセンタイルと25パーセンタイルを表示する。分布を並べて比較するためによく用いられる。
- 密度プロットは、ヒストグラムを滑らかにしたものだ。データに基づき推定する関数を使ってプロットする（もちろん、異なる関数により複数の推定ができる）。

1.5.4 さらに学ぶために

- SUNY Oswegoの統計学教室が箱ひげ図の作成について丁寧に解説している（http://www.oswego.edu/~srp/stats/bp_con.htm）。
- Rでの密度推定は、Henry DengとHadley Wickhamの論文（http://vita.had.co.nz/papers/density-estimation.pdf）が参考になる。
- R-Bloggersには、ビニングのようなカスタム化要素をはじめ、Rのヒストグラムについて役に立つ投稿（https://www.r-bloggers.com/basics-of-histograms/）がある。
- R-Bloggersには、Rの箱ひげ図についての投稿（https://www.r-bloggers.com/box-plot-with-r-tutorial/）もある。
- Matthew Conlenは、カーネル密度推定で、カーネルとバンド幅の選択による影響をデモするインタラクティブプレゼンテーション（https://mathisonian.github.io/kde/）を公開している。

1.6　二値データとカテゴリデータの探索

カテゴリデータについては割合、すなわちパーセントでデータの様子を説明できる。

基本用語6：カテゴリデータの探索

最頻値（mode）
　データセットで最も頻繁に出現するカテゴリまたは値。モードともいう。

期待値（expected value）
　カテゴリに数値を関連付けたとき、カテゴリの出現確率に基づいた平均値。

棒グラフ（bar chart）
　各カテゴリの度数や割合を棒で表す。バーチャートともいう。

円グラフ（pie chart）
　各カテゴリの度数や割合を円の一部（扇形）で表す。パイチャートともいう。

二値変数やわずかな数のカテゴリしかないカテゴリ変数の要約は簡単だ。1の割合または重要なカテゴリの割合を求めればよい。**表1-6**は、ダラス・フォートワース国際空港（DFW）で2010年の飛行機の遅延の原因の割合を示す。遅延は、原因別に、航空会社、航空管制システム（ATC：air traffic control）、天候、セキュリティ、到着機遅延とカテゴリ分けされている[*1]。

表1-6　ダラス・フォートワース国際空港の遅延の原因別パーセント

航空会社	航空管制システム	天候	セキュリティ	到着機遅延
23.02	30.40	4.03	0.12	42.43

棒グラフは、カテゴリ変数の表示でも一般的で、新聞でもよく使われる、カテゴリがx軸に、度数や割合がy軸に表示される。**図1-5**は、1年間のダラス・フォートワース国際空港の遅延原因を示す。R関数`barplot`で次のように作成できる。

＊1　訳注：元のデータソースはhttps://www.transtats.bts.gov/DL_SelectFields.asp?Table_ID=236&DB_Short_Name=On-Time

(R)

```
barplot(as.matrix(dfw) / 6, cex.axis=0.8, cex.names=0.7,
        xlab='Cause of delay', ylab='Count')
```

pandasもデータフレームで棒グラフをサポートする。

(Python)

```
ax = dfw.transpose().plot.bar(figsize=(4, 4), legend=False)
ax.set_xlabel('Cause of delay')
ax.set_ylabel('Count')
```

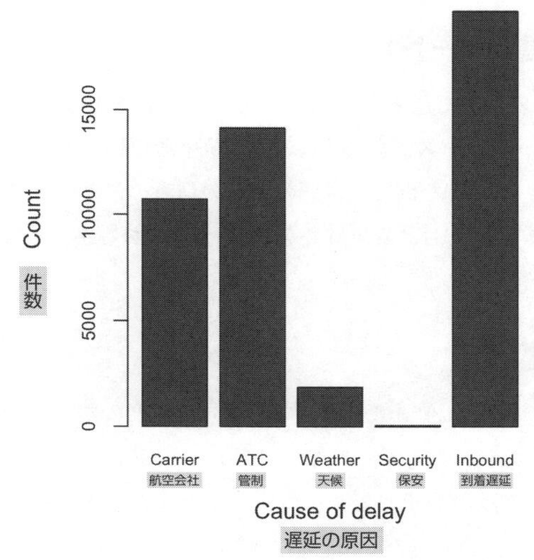

図1-5 ダラス・フォートワース国際空港の原因別フライト遅延の棒グラフ

棒グラフはヒストグラムに似ている。ヒストグラムではx軸は数値軸上に一変量の値が割り当てられていたことに対して、棒グラフではx軸はカテゴリ変数であることが異なる。ヒストグラムにおいては、棒は隣と互いに接しており、間隙がある場合はデータの値が存在しないことを表している。棒グラフでは、それぞれの棒の間は離れている。

棒グラフの代わりに円グラフも使われるが、統計学者やデータ可視化の専門家は、情報量が少ないので一般に円グラフを避ける(「Save the Pies for Dessert」[Few-2007]参照)。

カテゴリデータとしての数値データ

「1.5.2 度数分布表とヒストグラム」では、区間に分けられたデータを基に度数分布表が作られることを紹介した。これは数値データを暗黙のうちに順序ファクタに変換している。この場合、棒グラフのx軸が整列されていないことを除いては、ヒストグラムと棒グラフはとてもよく似たものになる。数値データをカテゴリデータに変換することは、データの複雑さ（とサイズ）を減らせることからデータサイエンスにおいては重要かつよく使われる手法である。これは、データ分析の初期段階で特徴量間の関係を見つけることに役立つ。

1.6.1 最頻値（モード）

最頻値は、データの中で最も頻度の高い値（複数ある場合も含む）を表す。例えば、ダラス・フォートワース国際空港における遅延原因の最頻値は、「到着機遅延（Inbound）」である。また別な例で、米国の宗教の信者の最頻値はキリスト教徒である。最頻値はカテゴリデータにおける単純な要約統計量であるが、数量データにおいてはあまり用いられない。

1.6.2 期待値

カテゴリデータの特別な種類に、カテゴリが同じ尺度の離散値を表したり、対応付けたりできるものがある。例えば、新たなクラウド技術のマーケティング担当者が、月300ドルと50ドルの2種類のサービスを設定したとする。販売促進のために、無料のオンラインセミナーを用意したが、申し込んだ人の5％が300ドルのサービス、15％が50ドルのサービスを申し込み、残りの80％は何も申し込まないと想定した。このデータは、財務的には1つの「期待値」、すなわち確率を重みとした加重平均値に要約できる。

期待値は次のように計算する。

1. 各数値に出現確率を掛ける。
2. これらの値の総和をとる。

このクラウドサービスの例では、オンラインセミナー出席者のサービス申し込みの期待値は、次のように月22.50ドルとなる。

$$\text{期待値} = 0.05 \times 300 + 0.15 \times 50 + 0.80 \times 0 = 22.5$$

期待値は、実際には加重平均だ。将来の期待と確率重みという概念を組み合わせて、ともすれば、主観的な判断に基づいている。期待値は、ビジネスの評価と資産配分において基本的な概念であり、例えば、新たな買収による5年間の利益の期待値とか、病院における新たな患者管理ソフトウェアによるコスト低減の期待値というように使われる。

1.6.3 確率

先ほど値の出現する**確率**と言った。ほとんどの人が確率を直感的に理解し、天気予報（雨の降る確率）やスポーツ分析（勝つ確率）でよく耳にしている。スポーツや賭博では、オッズを使うことが多く、それは確率にすぐ変換できる（チームの勝つオッズが2対1なら、確率は2/(2 + 1) = 2/3)。しかし、驚くべきことに、確率概念は、その定義となると深遠な哲学的議論の対象だ。幸い、本書では厳密な数学的、哲学的定義の必要はない。私たちの目的には、事象が生じる確率とは、状況が何度も無数に繰り返される場合の、生じる回数の割合だ。多くの場合、これは想像上の議論だが、確率の操作的理解としては適切だ。

基本事項6

- カテゴリデータは、通常は割合でまとめられ、棒グラフで可視化できる。
- カテゴリは、異なる事柄（リンゴとミカン、男性と女性）、ファクタ変数のレベル（低、中、高）、ビンに分けた数値データなどを表す。
- 期待値は、値に出現確率を掛けたものの総和で、ファクタ変数のレベルの総和にもよく使われる。

1.6.4 さらに学ぶために

どのような統計学のコースでも必ず、グラフによるごまかしの話（https://ja.wikipedia.org/wiki/誤解を与える統計グラフ）があり、それには棒グラフや円グラフがよく使われる。

1.7　相関

（データサイエンスであれ調査研究であれ）多くのモデル化プロジェクトにおいて、探索的データ分析には、予測変数間、あるいは予測変数と目標変数の間の相関を調べることが含まれる。変数XとY（ともに測定データ）は、Xの大きな値とYの大きな値、Xの小さな値とYの小さな値が対応しているなら、正の相関があると言われる。Xの大きな値にYの小さな値のように逆の対応をしている場合、負の相関になる。

基本用語7：相関

相関係数（correlation coefficient）
　数量変数が互いに関連する程度を測った指標（範囲は−1から+1）。

相関行列（correlation matrix）
　行と列が変数を表し、セル値が変数間の相関を表す表。

散布図（scatterplot）
　x軸に1つの変数の値、y軸にもう1つの変数の値をとるグラフ。

それぞれが小さな値から大きな値へと完全に相関する次の2変数を考える。

$$v1：\{1, 2, 3\}$$
$$v2：\{4, 5, 6\}$$

ベクトルの積和は$1 \times 4 + 2 \times 5 + 3 \times 6 = 32$となる。一方の要素の順序を入れ替えて、同じ演算を行っても、32より大きくはならない。したがって、このベクトルの積和を指標として使うことができる。すなわち、観測した和32を多数のランダムシャッフルと比較できる（このアイデアは、リサンプリングに基づいた推定に関連している。**「3.3.1 並べ替え検定」**参照）。この指標の値は、しかし、リサンプリング分布への参照という点を除いてはあまり意味がない。

より有用なのは標準化したもので、**相関係数**と言う。2つの変数間の相関の推定値を同一のスケールで与える。**ピアソンの相関係数**を計算するには、変数1の平均からの偏差に変数2の平均からの偏差を掛けて、それを標準偏差の積で割る。

$$r = \frac{\sum_{i=1}^{n} (x_i - \bar{x})(y_i - \bar{y})}{(n-1)\, s_x s_y}$$

nではなく$n-1$で割っていることに注意する。詳細は16ページの囲み**「自由度、そしてnかn－1か」**参照。相関係数は常に＋1（完全な正の相関）と－1（完全な負の相関）の間になる。0は相関がないことを示す。

変数の関連は線形でないこともあり、相関係数が指標として役に立たないこともある。代表的なものに税率と税収の関係がある。税率が高くなるに従い、税収も増加する。しかし、税率があるレベル、100％に近づくと、租税回避が増えて、税収は実際には下がる。

表1-7は、**相関行列**と呼ばれるものだが、通信分野の株式の2012年7月から2015年6月までの日次収益を示す。この表からベライゾン（VZ）とAT&T（T）との相関が最も大きいことがわかる。インフラ企業であるレベル・スリー（LVLT）の相関が最も小さい。対角線が1（株式の自分自身への相関は1）で、対角線の上下で情報が重複して表示されている。

表1-7　通信分野の株式収益間の相関

	T	CTL	FTR	VZ	LVLT
T	1.000	0.475	0.328	0.678	0.279
CTL	0.475	1.000	0.420	0.417	0.287
FTR	0.328	0.420	1.000	0.287	0.260
VZ	0.678	0.417	0.287	1.000	0.242
LVLT	0.279	0.287	0.260	0.242	1.000

表1-7のような相関の表は、複数の変数間の関係を可視化するグラフで示すことが多い。**図1-6**は、主要な上場投資信託（ETF：exchange traded fund）の日次収益間の相関を示す。Rでは、`corrplot`パッケージを使うと簡単に作れる。

```
(R)
etfs <- sp500_px[row.names(sp500_px) > '2012-07-01',
                 sp500_sym[sp500_sym$sector == 'etf', 'symbol']]
library(corrplot)
corrplot(cor(etfs), method='ellipse')
```

同じグラフをPythonでも作れるが、共通パッケージで使える実装はない。ただし、ほとんどがヒートマップを使って相関行列の可視化をサポートする。次のコードは、seaborn.heatmapパッケージを使ってこれを行う。本書の付属ソースコードには、より完全な可視化を生成するコードがある。

(Python)
```
etfs = sp500_px.loc[sp500_px.index > '2012-07-01',
                    sp500_sym[sp500_sym['sector'] == 'etf']['symbol']]
sns.heatmap(etfs.corr(), vmin=-1, vmax=1,
            cmap=sns.diverging_palette(20, 220, as_cmap=True))
```

S&P 500 (SPY) とダウ平均株価 (DIA) との間の相関が高い。同様に、主としてテクノロジー企業からなるQQQとKLXに正の相関がある。金価格 (GLD)、原油価格 (USO)、市場変動 (VXX) などに連動するディフェンシブETFは、他のETFとは弱い相関または負の相関を持つ傾向がある。図の楕円の向きは2変数が正に相関 (楕円が右上がり) するか負に相関 (楕円が左上がり) するかを示す。楕円の色の濃さと幅が、関連性の強さを示す。色が濃くて幅の狭い楕円は、より強い関係を示す。

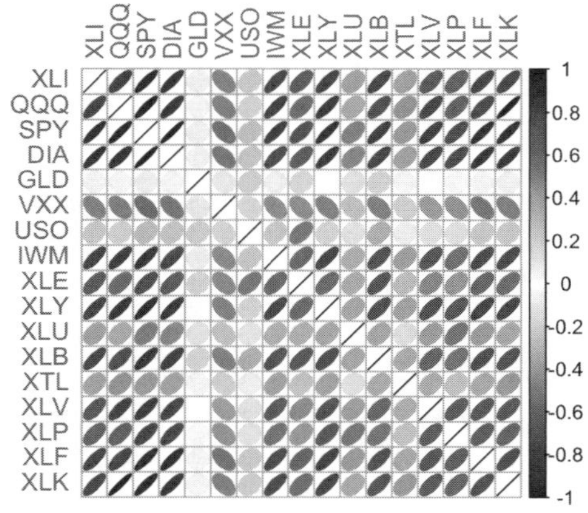

図1-6 ETF収益間の相関

平均や標準偏差同様、相関係数はデータの外れ値の影響を受ける。そこでソフトウェアパッケージでは、古典的な相関係数に代わる頑健なものが用意されている。例えば、Rのパッケージrobustには関数covRobがあり、相関の頑健な推定計算を行う (https://cran.r-project.org/web/packages/robust/robust.pdf)。Pythonのscikit-learnモジュールのsklearn.covarianceメソッド（https://scikit-learn.org/stable/modules/classes.html#module-sklearn.covariance）にはさまざまな方式が実装されている。

他の相関推定

統計学者は、**スピアマンのρ**や**ケンドールのτ**のように、かなり以前から他の種類の相関係数を提案してきた。これらは、データの順位に基づいた相関係数だ。値ではなく順位に基づくので、推定は外れ値に対して頑健であり、ある種の非線形性も扱える。しかし、データサイエンティストは、一般的に、探索的分析にはピアソンの相関係数とその頑健版とを用いている。順位に基づいた推定は、より小さなデータセットや特別な仮説検定に用いられる。

1.7.1 散布図

2つの測定データ変数間の関係を可視化する標準的な方法が散布図だ。x軸に1つの変数、y軸に他の変数をとり、データポイントをグラフ上にプロットする。**図1-7**は、AT&Tとベライゾンの日次収益の関係をプロットしたもので、次のRコマンドで作成できる。

（R）
```
plot(telecom$T, telecom$VZ, xlab='ATT (T)', ylab='Verizon (VZ)')
```

同じグラフは、Pythonでもpandasのscatterメソッドを使って生成できる。

（Python）
```
ax = telecom.plot.scatter(x='T', y='VZ', figsize=(4, 4), marker='$\u25EF$')
ax.set_xlabel('ATT (T)')
ax.set_ylabel('Verizon (VZ)')
ax.axhline(0, color='grey', lw=1)
ax.axvline(0, color='grey', lw=1)
```

収益間には強い正の相関がある。原点のまわりのクラスタになっているが、ほとんどの日で両方の株価が同時に上下（右上と左下の象限）している。ごく稀に、一方が大きく下がり、他方が上がる、またはその逆のこと（右下と左上の象限）がある。

図1-7のプロットは、754データポイントしか表示していないが、プロットの中央では詳細を識別するのが困難なことは明らかだ。後で、点に透過度を与えたり、六角ビンや密度プロットを使い、データの詳細構造をどうやって特定するかを示す。

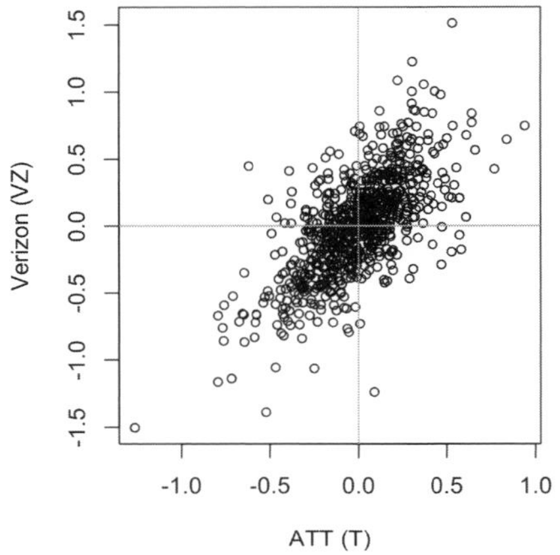

図1-7　AT&Tとベライゾンの日次収益の相関の散布図

基本事項7

- 相関係数は、対応する2変数（例：身長と体重）が互いに関連する程度を測定する。
- v1の値が大きくなるとv2の値も大きくなるとき、v1とv2は正の相関があると言う。
- v1の値が大きくなるとv2の値が小さくなるとき、v1とv2は負の相関があると言う。
- 相関係数は標準化された指標であり、−1（完全な負の相関）から+1（完全な正の相関）までの範囲に常に収まる。
- 相関係数0は相関がないことを示すが、データの配列をランダムに置換すると、偶然、相関係数が正になることも、負になることもある。

1.7.2　さらに学ぶために

『*Statistics. 4th ed.*』[Freedman-2007]には、相関についての優れた記述がある。

1.8　2つ以上の変量の探索

平均値や分散などのよく知られた推定量は、変数を1つずつ調べる（**一変量解析**）。相関分析（**「1.7　相関」**参照）は、二変量を比較する重要な手法だ（**二変量解析**）。本節では、さらに他の推定量やプロットを3つ以上の変量についても述べる（**多変量解析**）。

> **基本用語8：2つ以上の変量の探索**
>
> **分割表（contingency table）**
> 　2つ以上のカテゴリ変数の度数をまとめた表。
>
> **六角ビニング（hexagonal binning）**
> 　六角形のビンで描いた2つの数量変数のレコードのプロット。
>
> **等高線プロット（contour plot）**
> 　地形図のように2つの数量変数の密度を示すプロット。
>
> **バイオリンプロット（violin plot）**
> 　箱ひげ図と似ているが、密度推定を示す。

一変量解析と同様、二変量解析でも要約統計量の計算や可視化ができる。二変量解析や多変量解析の適切な方法は数量やカテゴリなどのデータの性質に依存する。

1.8.1　六角ビニングと等高線（2つの数値データをプロット）

比較的少数のデータ値があるときには散布図が適している。**図1-7**の株式収益のプロットには、約750個のデータ値があった。何十万、何百万のレコードからなるデータセットでは、散布図ではあまりにも点が重なり合うので、関係を明確にする可視化が必要となる。ワシントン州のキング郡における住宅地の課税標準価格を含む`kc_tax`というデータセットを考えよう。データの主要部分に焦点を絞るため、Rの`subset`関数を使って、非常に高価な、あるいは非常に狭いまたは広すぎる住宅地を取り除く。

（R）
```
kc_tax0 <- subset(kc_tax, TaxAssessedValue < 750000 &
                  SqFtTotLiving > 100 &
                  SqFtTotLiving < 3500)
```

```
nrow(kc_tax0)
432693
```

pandasでは、データセットを次のように絞り込む。

(Python)
```
kc_tax0 = kc_tax.loc[(kc_tax.TaxAssessedValue < 750000) &
                     (kc_tax.SqFtTotLiving > 100) &
                     (kc_tax.SqFtTotLiving < 3500), :]
kc_tax0.shape
(432693, 3)
```

図1-8は、キング郡の住宅の床面積（平方フィート）と課税標準額との関係を**六角ビニングプロット**で表現したものだ。散布図のような点のプロットでは、一塊の黒雲のようになったが、六角ビンにレコードを区分けして、そのビンのレコード数に応じて六角形の色を変えた。この図から、床面積と課税標準額との正の関係が明らかとなる。興味深いのは、下方の主要な（最も色が濃い）クラスタの上にある第2のクラスタで、主要なクラスタと同じ床面積でも課税標準額がより高い住宅を示している。

図1-8は、ハドリー・ウィッカムが開発した強力なRパッケージggplot2［Wickham-2009］で作成した。ggplot2では、高度なデータの探索的可視化分析が可能となる（**「1.8.4　多変量の可視化」**参照）。

(R)
```
ggplot(kc_tax0, (aes(x=SqFtTotLiving, y=TaxAssessedValue))) +
  stat_binhex(color='white') +
  theme_bw() +
  scale_fill_gradient(low='white', high='black') +
  labs(x='Finished Square Feet', y='Tax-Assessed Value')
```

Pythonでは、pandasデータフレームのhexbinメソッドで六角ビニングが使える。

(Python)
```
ax = kc_tax0.plot.hexbin(x='SqFtTotLiving', y='TaxAssessedValue',
                         gridsize=30, sharex=False, figsize=(5, 4))
ax.set_xlabel('Finished Square Feet')
ax.set_ylabel('Tax-Assessed Value')
```

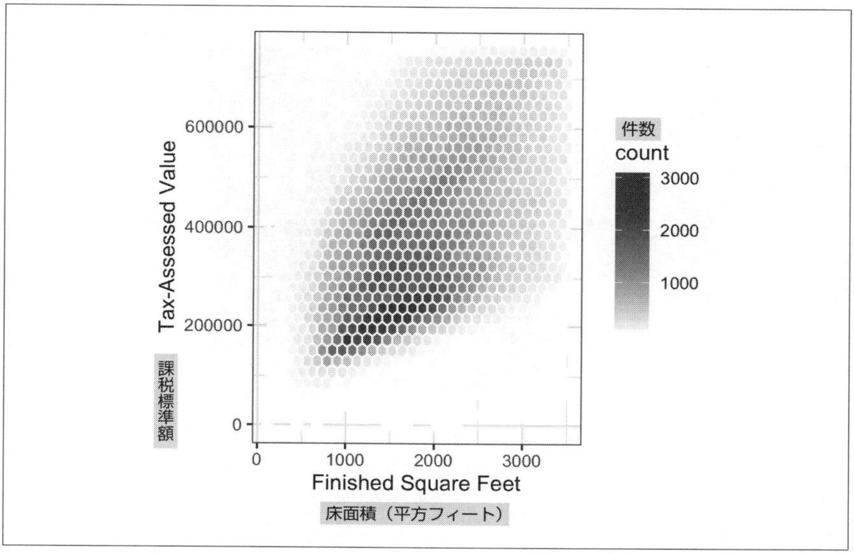

図1-8　課税標準額と床面積の六角ビニング

図1-9では、2つの数量変数間の関係を可視化するために、散布図の上に等高線（コンター）を描いた。等高線は、2変数の地形図であり、等高線が点の密度を表し、「頂上」に近づくにつれて増えている。このプロットは**図1-8**と同じものを示す。第2の頂上が、主峰の「北」にある。この図も、組み込み関数geom_density2dを用いggplot2で作成した。

（R）
```
ggplot(kc_tax0, aes(SqFtTotLiving, TaxAssessedValue)) +
  theme_bw() +
  geom_point(alpha=0.1) +
  geom_density2d(color='white') +
  labs(x='Finished Square Feet', y='Tax-Assessed Value')
```

Pythonのseaborn kdeplot関数も等高線プロットを作る。

（Python）
```
ax = sns.kdeplot(kc_tax0.SqFtTotLiving, kc_tax0.TaxAssessedValue, ax=ax)
ax.set_xlabel('Finished Square Feet')
ax.set_ylabel('Tax-Assessed Value')
```

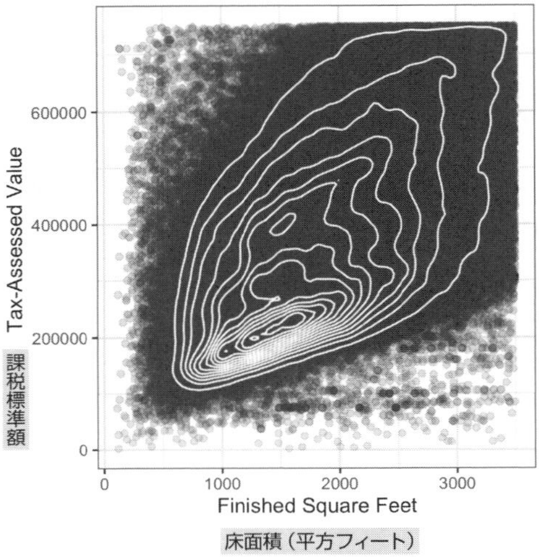

図1-9 課税標準額と床面積の等高線プロット

2つの数量変数の関係を示すのには、**ヒートマップ**などがある。ヒートマップ、六角ビニング、等高線プロットはどれも2次元密度を可視化する。この意味では、ヒストグラムや密度プロットと似ている。

1.8.2 2つのカテゴリ変数の探索

2つのカテゴリ変数を要約するには、分割表、すなわちカテゴリごとの度数の表を使う。**表1-8**は、個人ローンの等級とそのステータスを表した分割表だ。これは、ソーシャルレンディング*1業界のリーダーであるLendingClubによるものだ。等級には、A（高）からG（低）まである。ステータスは、完済、返済中、遅延、貸し倒れ（返済不能）だ。この表には、件数とそれが全体に占める割合が示されている。等級の高い貸付では、遅延/貸し倒れの割合が等級の低い貸付に比べて非常に小さい。

*1 訳注：ソーシャルレンディング（peer-to-peer lending）とは、オンラインの個人ベースの融資仲介を指す。クラウドファンディングの一種とも考えられる。

表1-8　ローンの等級とステータスの分割表

等級	貸し倒れ	返済中	完済	遅延	小計
A	1562	50051	20408	469	72490
	0.022	0.690	0.282	0.006	0.161
B	5302	93852	31160	2056	132370
	0.040	0.709	0.235	0.016	0.294
C	6023	88928	23147	2777	120875
	0.050	0.736	0.191	0.023	0.268
D	5007	53281	13681	2308	74277
	0.067	0.717	0.184	0.031	0.165
E	2842	24639	5949	1374	34804
	0.082	0.708	0.171	0.039	0.077
F	1526	8444	2328	606	12904
	0.118	0.654	0.180	0.047	0.029
G	409	1990	643	199	3241
	0.126	0.614	0.198	0.061	0.007
総計	22671	321185	97316	9789	450961

分類表では、件数だけを表示することもできるが、列や全体のパーセントも調べられる。Excelのピボットテーブルは、分割表を作るのに、最もよく使われる。Rでは、descrパッケージのCrossTableを使って分割表を作成する。**表1-8**は次のコードで作成した。

```
(R)
library(descr)
x_tab <- CrossTable(lc_loans$grade, lc_loans$status,
                    prop.c=FALSE, prop.chisq=FALSE, prop.t=FALSE)
```

Pythonではpivot_tableメソッドで分割表を作る。aggfunc引数で個数を数えることができる。パーセントの計算は少し手間がかかる。

```
(Python)
crosstab = lc_loans.pivot_table(index='grade', columns='status',
                                aggfunc=lambda x: len(x), margins=True) ❶

df = crosstab.loc['A':'G',:].copy() ❷
df.loc[:,'Charged Off':'Late'] = df.loc[:,'Charged Off':'Late'].div(
                                 df['All'], axis=0) ❸
```

```
df['All'] = df['All'] / sum(df['All']) ❹
perc_crosstab = df
```

❶ marginsキーワード引数が行と列の和を追加する
❷ 列の和を無視したピボットテーブルのコピーを作る
❸ 行を行の和で割る
❹ 'All'列をその和で割る

1.8.3 カテゴリデータと数量データ

箱ひげ図（**「1.5.1 パーセンタイルと箱ひげ図」**参照）では、カテゴリ変数でグループ分けされた数量変数の分布を簡単に比較できる。例えば、航空会社別にフライトの遅延を比較したいとする。**図1-10**は次のコードにより、航空会社別の1か月の遅延パーセントを示す。このパーセントは、遅延原因が航空会社によるもので、天候や航空管制によるものではない。

（R）
```
boxplot(pct_carrier_delay ~ airline, data=airline_stats, ylim=c(0, 50),
        cex.axis=.6, ylab='Daily % of Delayed Flights')
```

pandas boxplotメソッドは、by引数でデータセットをグループに分け、それぞれの箱ひげ図を作る。

（Python）
```
ax = airline_stats.boxplot(by='airline', column='pct_carrier_delay')
ax.set_xlabel('')
ax.set_ylabel('Daily % of Delayed Flights')
plt.suptitle('')
```

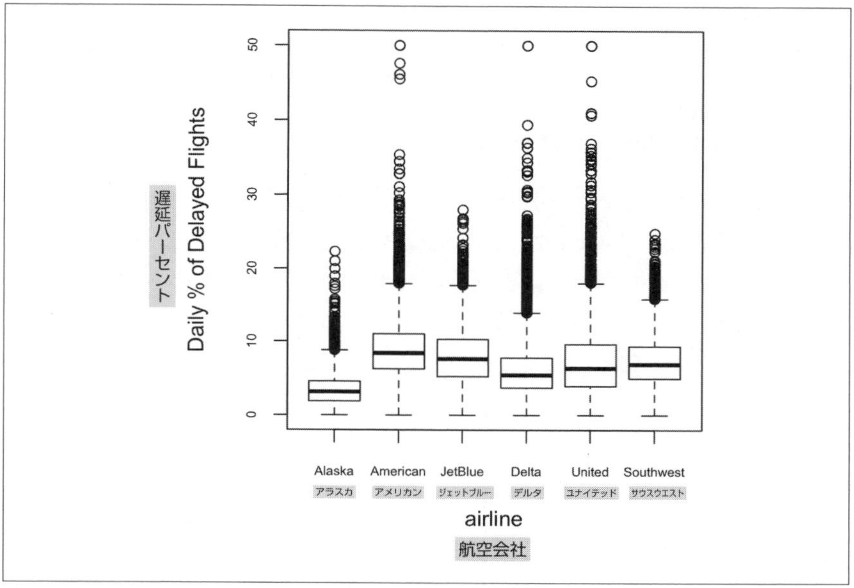

図1-10　航空会社別の遅延パーセントの箱ひげ図

アラスカ航空が最も遅延パーセントが小さく、アメリカン航空が最も遅延パーセントが大きい。アメリカン航空の第1四分位数がアラスカ航空の第3四分位数より大きい。

「Violin Plots: A Box Plot–Density Trace Synergism」[Hintze-1998] により導入された**バイオリンプロット**は、箱ひげ図を拡張したもので、y軸上に密度推定をプロットする。密度は鏡像で左右に示されるので、結果がバイオリンのような形になる。バイオリンプロットの利点は、箱ひげ図ではわからない分布のニュアンスが伝わることだ。一方で、箱ひげ図の方が、データの外れ値を明確に示す。ggplot2では、geom_violin関数を使い、次のようにバイオリンプロットを作成する。

```
(R)
ggplot(data=airline_stats, aes(airline, pct_carrier_delay)) +
  ylim(0, 50) +
  geom_violin() +
  labs(x='', y='Daily % of Delayed Flights')
```

Pythonではバイオリンプロットはseabornパッケージのviolinplotメソッドで得られる。

(Python)
```
ax = sns.violinplot(airline_stats.airline, airline_stats.pct,
                    inner='quartile', color='white')
ax.set_xlabel('')
ax.set_ylabel('Daily % of Delayed Flights')
```

これらのコードによるバイオリンプロットを**図1-11**に示す。分布の集中している箇所は、アラスカ航空が最もゼロに近く、その次がデルタ航空であることがわかる。これは箱ひげ図からはわかりにくい。geom_boxplotを追加することによりバイオリンプロットに箱ひげ図を上書きできる(色を変えると区別できる)。

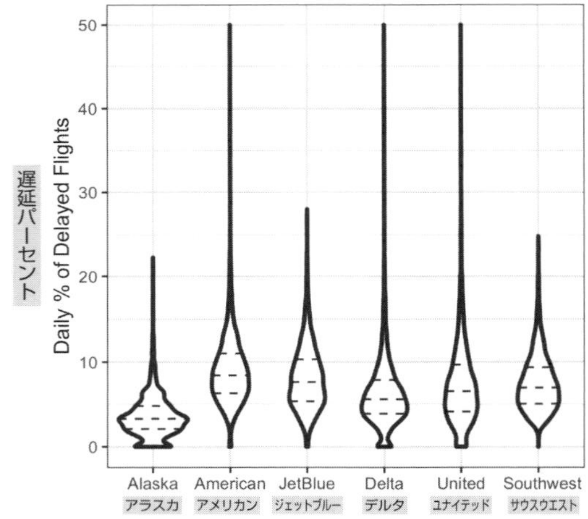

図1-11 航空会社別の遅延パーセントのバイオリンプロット

1.8.4 多変量の可視化

二変量の比較に使われる図(散布図、六角ビニング、箱ひげ図)は、**条件分け**という概念により、より多くの変数の場合にもすぐ拡張できる。例えば、住宅の床面積と課税標準額との関係を示した**図1-8**を思い出そう。床面積単位でより課税標準額が高い住宅のクラスタがあった。詳しく調べるため**図1-12**では、郵便番号別にデータをプロットして、場所の影響を調べた。こうすると様子がさらにはっきりする。課税標準額は、ある郵便番号(98105, 98126)では他(98108, 98188)よりはるかに高くなっている。この相違が、**図1-8**のクラスタで明確になった。

図1-12は、ggplot2で**ファセット**という方法、すなわち条件付き変数（この場合は郵便番号）を使って作成された。

（R）
```
ggplot(subset(kc_tax0, ZipCode %in% c(98188, 98105, 98108, 98126)),
         aes(x=SqFtTotLiving, y=TaxAssessedValue)) +
  stat_binhex(color='white') +
  theme_bw() +
  scale_fill_gradient(low='white', high='blue') +
  labs(x='Finished Square Feet', y='Tax-Assessed Value') +
  facet_wrap('ZipCode') ❶
```

❶ ggplot関数facet_wrapとfacet_gridは条件付き変数を指定する。

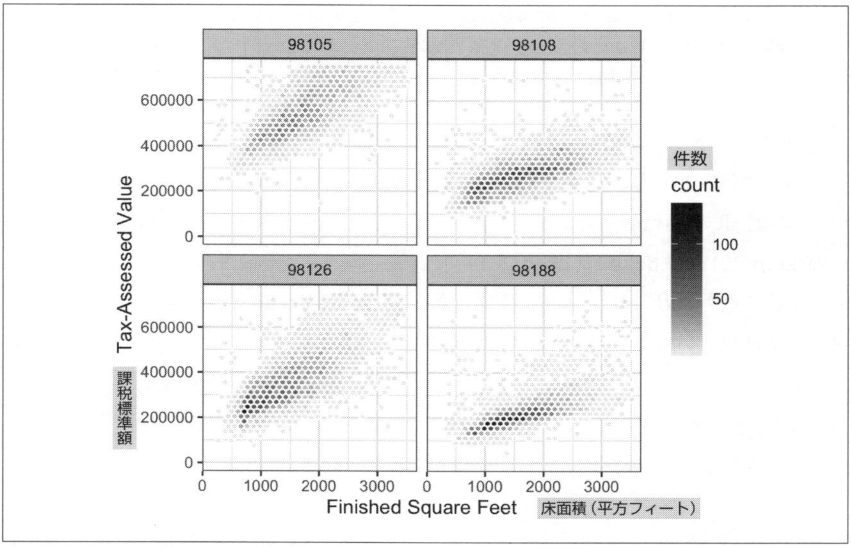

図1-12　郵便番号別の課税標準額と床面積

ほとんどのPythonパッケージの可視化はMatplotlibに基づく。基本的に、Matplotlibを使ってファセットグラフを作ることは可能だが、コードが複雑になる。幸い、seabornには、比較的簡単にこれらを作る方法がある。

（Python）
```
zip_codes = [98188, 98105, 98108, 98126]
```

```
kc_tax_zip = kc_tax0.loc[kc_tax0.ZipCode.isin(zip_codes),:]
kc_tax_zip

def hexbin(x, y, color, **kwargs):
    cmap = sns.light_palette(color, as_cmap=True)
    plt.hexbin(x, y, gridsize=25, cmap=cmap, **kwargs)

g = sns.FacetGrid(kc_tax_zip, col='ZipCode', col_wrap=2) ❶
g.map(hexbin, 'SqFtTotLiving', 'TaxAssessedValue',
      extent=[0, 3500, 0, 700000]) ❷
g.set_axis_labels('Finished Square Feet', 'Tax-Assessed Value')
g.set_titles('Zip code {col_name:.0f}')
```

❶ 引数colとrowを使い、条件付き変数を指定する。条件付き変数が1つなら、colとcol_wrapを一緒に使ってファセットグラフを複数行にできる。

❷ mapメソッドは元のデータセットのサブセットでhexbinメソッドを呼び出し、さまざまな郵便番号を処理する。extentは、x軸とy軸の範囲を指定する。

グラフにおける条件付き変数という概念は、リック・ベーカーやビル・クリーブランドらによってベル研で開発された**トレリス図**で導入された［Becker-1996］。このアイデアは、Rのlattice［Sarkar-2008］やggplot2パッケージ、Pythonのseaborn［Waskom-2015］やBokeh［bokeh-2014］モジュールのような最近のグラフィックシステムにも広く取り入れられている。条件付き変数は、TableauやSpotfireのようなビジネスインテリジェンスプラットフォームでも不可欠なものである。計算能力の飛躍的な向上に伴い、最近の可視化プラットフォームでは、探索的データ分析も初期の頃と比べれば飛躍的に能力が高まっている。それでも、これまでに開発された基本概念やツール（例：箱ひげ図）が最新システムの基礎を形成している。

基本事項8

- 六角ビニングと等高線プロットは、データが大量であっても2つの数量変数を可視化して検討するのに役立つ。
- 分割表は、2つのカテゴリ変数の件数を調べる標準的なツールである。
- 箱ひげ図とバイオリンプロットを使うと、カテゴリ変数に対する数量変数をプロットできる。

1.8.5 さらに学ぶために

- 『*Modern Data Science with R*』[Baumer-2017]には、「a grammar for graphics」(グラフィックス文法、ggplotのggはこの頭文字)に関する優れた記述がある。
- 『*ggplot2: Elegant Graphics for Data Analysis*』[Wickham-2009]は、ggplot2の作成者による優れた情報源だ。
- Josef Fruehwaldがggplot2のWebチュートリアルを提供している(https://www.ling.upenn.edu/~joseff/avml2012/)。

1.9 まとめ

テューキーが開拓した探索的データ分析(EDA)によって、データサイエンスという分野の基礎が統計学で確立した。EDAにおいては、データに基づいたどのようなプロジェクトでも、最初の最も重要なステップはデータを調べることだ。データの要約や可視化を通して、プロジェクトにおいて重要な直感と理解が得られる。

本章では、代表値や分散の推定のような簡単な指標から、多変量間の関係を探索する**図1-12**のような高度な可視化まで広範囲の概念を取り上げた。オープンソースコミュニティにより開発されている広範なツールや技法は、RやPython言語の豊かな表現性と相まって、データの探索および分析手法を多数もたらした。探索的分析は、あらゆるデータ分析プロジェクトにおいて礎石となるものだ。

2章
データと標本の分布

ビッグデータ時代とは、標本抽出（サンプリング）の必要がなくなる時代であるという誤解が広がっている。実際には、品質においても関連性においても幅広いデータの増加により、さまざまなデータを効率的に扱い、バイアスを最小化するために標本抽出の必要性がさらに高まっている。ビッグデータプロジェクトにおいてさえ、通常は標本を使って予測モデルが開発され試される。標本は、各種のテスト（例：Webページの設計がクリック数に及ぼす影響比較）にも使われる。

図2-1は、本章で学ぶ概念であるデータと標本分布を示す。左側は母集団を表し、統計においては、**未知**の分布に従うものと想定される。実際に入手できるのは**標本**データしかなく、その実際の分布が右側に示される。左側から右側に、標本抽出の手続き（矢印で示す）がとられる。伝統的な統計学では、母集団についての強い仮定に基づいた理論を用い、左側に焦点を絞っていた。現代統計学は、右側に焦点を移し、そのような強い仮定を必要としない。

一般に、データサイエンティストは、左側の理論的な事柄に悩む必要はなくて、標本抽出の手続きと手元のデータに焦点を絞ればよい。ただし、例外がいくつかある。データがモデル化可能な実作業で生成されることがある。典型的な例は、硬貨投げだ。これは二項分布に従う。実生活における二者択一的状況（買うかどうか、偽物かどうか、クリックすべきかどうか）も硬貨投げで効果的にモデル化できる（もちろん、表の出る確率の修正を含む）。このような場合には、母集団についての知識を使って詳しい特性がわかる。

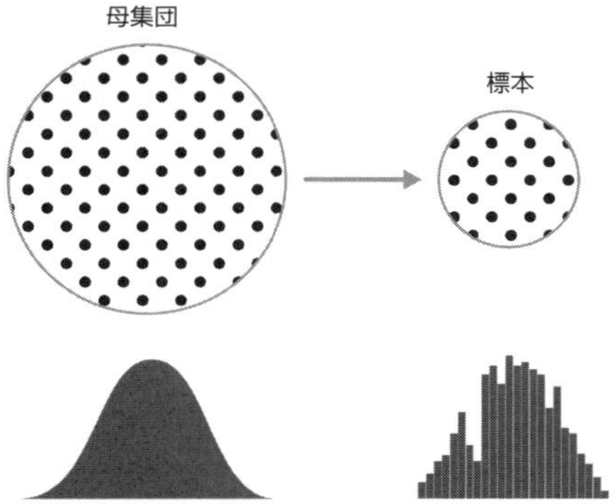

図2-1　母集団と標本

2.1　無作為抽出と標本バイアス

標本は、大きなデータセットからの部分集合だ。統計学者は、この大きなデータセットを**母集団**と呼ぶ。対応する英語はpopulationだが「人口」のことではない。母集団は、データセットとして定義された大きなものだが、理論的あるいは仮想的なもののこともある。

無作為抽出（ランダムサンプリング）では、母集団から選ばれる要素はどれも同じ確率となる。得られた標本は、**単純無作為標本**と呼ばれる。標本抽出では**復元抽出**と言って、再度抽出の対象となるように選択した観測値を母集団に戻す方法か、**非復元抽出**と言って、選択した観測値を母集団に戻さない方法かのどちらかをとる。

標本に基づいて推定したりモデル化したりする場合、データ品質がデータの量より問題になることが多い。データサイエンスにおけるデータ品質には、完全性、フォーマットの一貫性、清浄度、個別データポイントの正確さが含まれる。統計学では、これに**代表性**という概念が加わる。

基本用語9：無作為抽出

標本（sample）

大きなデータセットからの部分集合。

母集団（population）
　大きなデータセットまたは仮想的なデータセット。

N（*n*）
　母集団（標本）の大きさ。

無作為抽出（random sampling）
　要素をランダムに選ぶこと。ランダムサンプリングともいう。

層化抽出（stratified sampling）
　母集団を層別にグループ分けして、各層から無作為抽出すること。

層（stratum）
　母集団のうち共通の特性を持つ部分。

単純無作為標本（simple random sample）
　母集団を層化せずに無作為抽出した標本。

バイアス（bias）
　系統誤差。

標本バイアス（sample bias）
　母集団を正確に反映できていない標本。

古典的な例に、ルーズベルトよりもランドンが大統領選挙に勝つと予想した1936年の『*Literary Digest*』の世論調査がある。当時代表的な週刊誌だった『*Literary Digest*』は、購読者だけでなく、追加も含めて1千万人以上を調査して、ランドンの圧倒的勝利を予想した。調査会社ギャラップの創業者であるジョージ・ギャラップは、わずか2,000人の調査を隔週で行い、ルーズベルトの勝利を正しく予想した。成否を分けたのは、調査対象者の選択にあった。

『*Literary Digest*』は、量を求めて選択手法にほとんど注意を払わなかった。結果として、社会的経済的に地位の高い人（購読者および電話や車のような当時はぜいたく品の所有者）を調査した。この結果は**標本バイアス**として知られる。すなわち、標本が、それが表すと意図された大きな母集団から、作為的なランダムでない方法で抽出された。**作為的**（ランダムでない）という用語は重要だ。無作為抽出標本も含めて、ほとんどの標本は、正確に母集団を表すことはまずない。標本バイアスは、その差に意味があるときに生じ、同じ方法で抽出された他の標本でも生じ続けると予想される。

自己選択標本バイアス

Yelpのようなソーシャルメディアのサイトに掲載されているレストラン、ホテル、カフェなどのレビューは、投稿者が無作為抽出されてはおらず、書こうという意欲のある人なので、バイアスがある。これが自己選択バイアスだ。すなわち、レビューを書く人は、気に入らない体験をしたか、その企業や店舗に関係のある人か、レビューを書かない人とは単に異なるタイプの人などに偏る。自己選択標本は、真の状態の表示としては信頼できないが、ある組織をそれと似たものと比較する場合には、同じ自己選択バイアスがあるかもしれないので、信頼できる可能性がある。

2.1.1 バイアス

統計バイアスは、測定または標本抽出の過程において系統的に生成される測定誤差や標本誤差として知られる。偶然による誤差とバイアスによる誤差との相違は重要だ。銃で的を撃つ物理的な過程を考えよう。常に的の中心を撃ちぬくことはあり得ず、外れる方がほとんどだろう。バイアスがなくても誤差があるが、それはランダムなので、**図2-2**に示すようにあらゆる方向になる。**図2-3**に示す結果はバイアスがある場合で、ランダムな誤差がx軸方向にもy軸方向にもあるが、バイアスもかかっている。弾丸は右上の象限に偏っている。

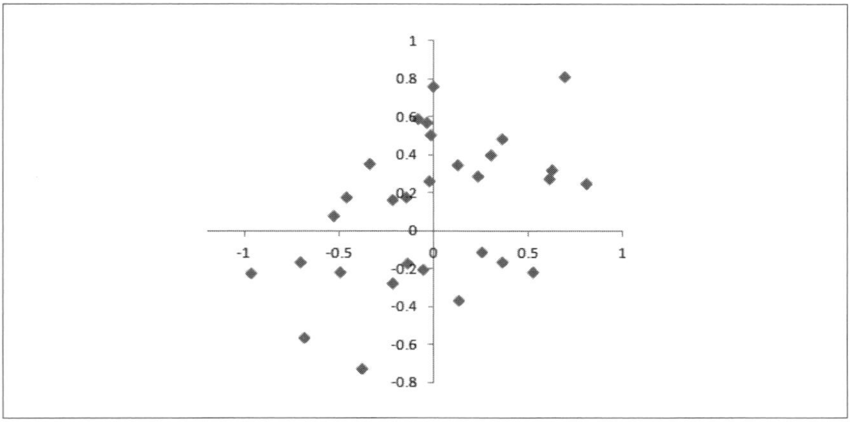

図2-2 本来の銃による弾痕の散布図

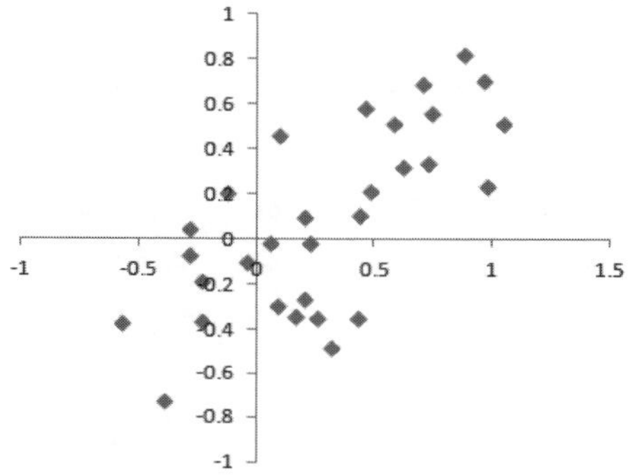

図2-3 バイアスのある銃による弾痕の散布図

バイアスは別の形で現れたり観察できることもあれば、観察できないこともある。結果がバイアスを示すようなら（例：ベンチマークまたは実際の値から）、統計的モデルまたは機械学習モデルの指定が間違っているか、重要な変数が抜け落ちている可能性もある。

2.1.2 無作為抽出

『*Literary Digest*』がルーズベルトよりもランドンが勝つと予想した標本バイアスという問題を避けるために、ジョージ・ギャラップ（**図2-4**）は、より科学的な標本抽出手法を用いて、米国の有権者を代表する標本を取得した。現在では、代表性を獲得するさまざまな手法があるが、**無作為抽出**が中心となる。

図2-4 ジョージ・ギャラップ。『*Literary Digest*』の「ビッグデータ」の失敗で一躍有名になった

無作為抽出は常に簡単に行えるわけではない。利用できる母集団の適切な定義が鍵となる。顧客の代表的なプロファイルを作ろうとして、顧客アンケートのための調査試験をする必要があるとしよう。調査は代表的でなければならないが、そのためには多大の労力が必要となる。

まず、顧客とは誰であるかを定義する必要がある。購入実績のあるすべての顧客の記録を選ぶこともできる。過去の顧客すべてを含めるのだろうか。返金を求めた顧客を含めるのか。内部の試験販売はどうするか。転売業者や請求代行業者は母集団に含めるのか。

次に標本抽出の手続きを決める必要がある。「100人の顧客を無作為に選択する」ことかもしれない。標本抽出のフローが含まれる（例：実時間の顧客トランザクションやWeb訪問者）なら、タイミングを考える必要がある（例：平日の午前10時のWeb訪問者は、週末の午後10時のWeb訪問者とは異なるはず）。

層化抽出では、母集団を層別にグループ分けして、各層で無作為抽出標本を使う。世論調査では、白人、黒人、ヒスパニックから投票傾向を調べようとする。母集団からの単純無作為標本では、黒人やヒスパニックの人数が少なすぎるので、層化抽出による重み加算でサンプルサイズを等しくする。

2.1.3 サイズと品質：サイズが問題になる場合

ビッグデータ時代に、データサイズが小さい方がよいというのは驚くべきことかもしれない。無作為抽出に費やされる時間と努力は、バイアスを減らすだけでなく、データ探索とデータ品質の向上につながる。例えば、欠損データと外れ値には有用な情報がある。何百万もレコードがあると、欠損値の追跡も外れ値の評価も労力と時間がかかるが、数百レコードの標本なら、それほどでもない。データがあまりに多いと、データのグラフを描くことも手作業での検査も行き詰ってしまう。

それでは、大量のデータが必要なのはどんなときだろうか。

ビッグデータの価値の古典的シナリオは、データが大きいだけでなく疎な場合だ。Googleが受け取る検索クエリを考えよう。列が単語で、行が検索クエリ、セルの値は、クエリがその単語を含むかどうかで1か0とする。目標は、クエリに対して、最良の検索場所を予測することだ。英語には15万語以上の単語があり、Googleは年間1兆個を超えるクエリを処理する。これは巨大な行列になるが、ほとんどのセルは0となる。

これが本物のビッグデータ問題だ。このような大量のデータが集積して初めてほとんどの検索クエリに効果的な結果を返すことができる。データが集積すればするほど、結果が良くなる。普通の検索語に関しては、これはそれほど問題ではない。特定時期に非常にポピュラーなトピックのいくつかからすぐに効果的な答えが見つかる。現在の検索技術の真の価値は、例えば、百万個に1つというような頻度で生じるような非常に多様な検索クエリに対しても、詳細かつ有用な結果を返すことができる能力にある。

「Ricky Ricardo and Little Red Riding Hood」という検索句を考えてみよう。インターネットの初期の頃は、バンドリーダーの「Ricky Ricardo」と彼が出演していたテレビ番組の「I Love Lucy」、それに「Little Red Riding Hood」という童話が結果として返された。要素である「Ricky Ricardo」と「Little Red Riding Hood」それぞれの検索結果は多数あるが、この組み合わせた検索句にぴったり合うものはほとんどない。今では、3兆個の検索クエリが集積されているので、このクエリに対しては、「Ricky Ricardo」が幼い息子に対して、英語とスペイン語の混じったコミック調で「Little Red Riding Hood」をドラマティックに物語るという「I Love Lucy」の中の特定のエピソードを返す。

実際の**関連**レコード、すなわちこれとまったく同じ探索クエリや非常によく似たクエリ（および、どのリンクを最後にクリックしたかの情報など）の個数は、数千もあれば効果的である。しかし、この関連レコードを得るためには、3兆個のデータポイントが必要なのだ（もちろん、無作為抽出では役立たない）。**「2.7　ロングテールの分布」**も参照すること。

2.1.4　標本平均と母集団平均

記号$\bar{x}$（エックスバーと読む）が母集団からの標本平均を、μが母集団の平均を表すのに使われる。なぜ区別をするのだろうか。標本についての情報は観測できるが、大きな母集団についての情報は、推論するしかないことが多いからだ。統計学者は、この2つを記号としても区別する傾向にある。

基本事項9

- ビッグデータ時代であっても、無作為抽出はデータサイエンティストの重要な武器となる。
- 測定や観測が系統誤差を含むなら、完全には母集団を反映しない。すなわちバイアスがある。

■ データの品質はデータの量よりも重要なことが多い。無作為抽出はバイアスをなくし、品質改善をもたらして、不都合をなくす。

2.1.5 さらに学ぶために

- 『*Sage Handbook of Online Research Methods, 2nd ed.*』［Fielding-2016］の中でRonald Frickerが書いた「Sampling Methods for Web and E-mail Surveys」の章には、標本抽出手続きについて参考となるレビューが掲載されている。コストや有用性という実際的な理由から無作為抽出に行う修正のレビューが含まれる。
- 『*Literary Digest*』の選挙予想の失敗の話は、Capital CenturyのWebサイト（http://www.capitalcentury.com/1935.html）に載っている。

2.2 選択バイアス

ヨギ・ベラの有名な言葉をもじると、「何を探しているかわからなくても、一生懸命探せば見つかるさ」[*1]。

選択バイアスは、データを選ぶときの作業が、意識的であろうとなかろうと、間違った、あるいはそのときしか有効でない結論をもたらすことを指す。

基本用語10：選択バイアス

選択バイアス（selection bias）
　選択方法によるバイアス。

データスヌーピング（data snooping）
　何か興味深いものを求めてデータを探索すること。

膨大探索効果（vast search effect）
　大量の予測変数からデータモデルを繰り返したり、データをモデル化して得られる、バイアスまたは再現不能な結果。

＊1　訳注：元は、プロ野球選手ヨギ・ベラの有名な教訓の1つ、「If you don't know where you are going, you might wind up someplace else.」

仮説を提示して、きちんと設計された実験で検定すると、結論に対して高い信頼度が得られる。しかし、そうはいかないことが多い。しばしば、利用可能なデータからパターンを発見しようとしても、そのパターンが本物か、（何か面白いものが見つかるまでデータを探索する）データスヌーピングの結果にすぎないかが判断できない。統計学者の格言には、「十分時間をかけてデータを拷問すれば、いずれは白状する。」というものがある。

実験により仮説検定するときに検証する現象と、利用可能なデータを熟読して発見する現象との間には、次のような思考実験でも明らかな差がある。

誰かが、硬貨投げをして10回続けて表を出せると言ったとしよう。その人物の能力を試して（実験と等価）、10回投げさせたら全部表が出たとする。明らかに、この人には特別な能力がある。10回表が出る確率は、偶然によるなら1024分の1だ。

次に、スポーツ中継のアナウンサーがスタジアムの2万人に対し、硬貨投げを10回して、もし10回続けて表が出たら報告するよう依頼したとしよう。このスタジアムの誰かが10回表を出す確率は非常に高い（99％以上、1から誰も10回表を出さない確率を引いたもの）。明らかに、スタジアムで10回表を出した人には特別な才能があるのではなく、運がよかっただけだ。

大量のデータを繰り返し調べることが、データサイエンスの主要な命題なので、選択バイアスについては注意を払う必要がある。データサイエンティストが特に注意すべき選択バイアスの1つに、ジョン・エルダー（有名なデータマイニングコンサルタント会社Elder Researchの創始者）が**膨大探索効果**と呼んだものがある。膨大なデータセットに対して、さまざまなモデルを実行して、さまざまな問いを繰り返せば、何かしら興味深いことが発見できる。その見つけた結果は本当に興味深いものか、それとも、偶然による外れ値のどちらかだというものだ。

性能の妥当性を検証するホールドアウト集合を、場合によれば複数用いることによって、これを防ぐことができる。エルダーは、データマイニングモデルが示唆する関連予測の妥当性検証に、**ターゲットシャッフル**（本質的には並べ替え検定）と呼ぶものを使うことを薦めていた。

統計における選択バイアスには、通常、膨大探索効果の他に、無作為でない抽出（**「2.1　無作為抽出と標本バイアス」**参照）、つまみ食いデータ、特定の統計効果を際立たせる時間間隔の選択、結果が「面白そう」に見えたところでの実験停止が含まれる。

2.2.1 平均への回帰

平均への回帰とは、ある変数の測定を繰り返したときに生じる現象、極端な観測値よりも中心に近い観測値がより多くなることを指す。極端な値に対する特別な注意と意味付けは、選択バイアスの1つになる。

スポーツのファンなら、「新人王ルーキーの2年目のスランプ」現象はお馴染みだろう。初めてのシーズンを迎える選手（ルーキー集団）の中に、他よりも優れた選手が常に存在する。一般に、この「新人王」は、2年目が振るわない。なぜだろうか。

ほぼすべてのメジャースポーツでは、少なくともボールやパックを使うものでは、成績全体に次の2要素が関わる。

- スキル
- 運

平均への回帰は、特定の選択バイアスの結果だ。成績が最もよい新人を選ぶ場合、スキルと幸運とがおそらく関係している。次のシーズンでは、スキルに変わりがないだろうが、幸運はたいていの場合離れているので、成績が下がり、平均に回帰するのだ。この現象は、フランシス・ゴルトンが1886年に最初に指摘した［Galton-1886］。彼は、遺伝的傾向、例えば、非常に背の高い人の子供が親よりは高くないという傾向（**図2-5**参照）と関連付けて論文を書いた。

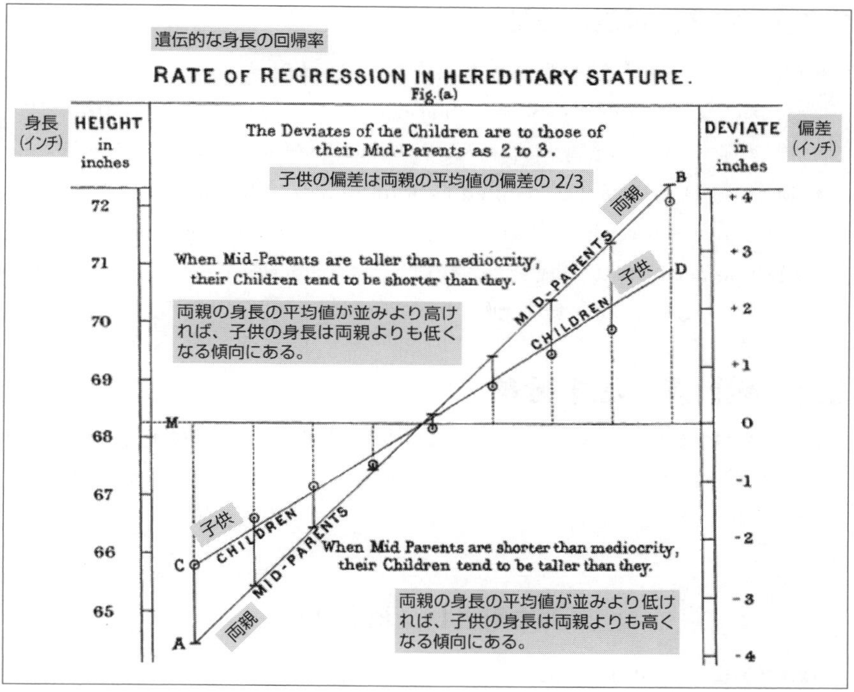

図2-5　ゴルトンの平均への回帰を示した研究（[Galton-1886] より転載）

「元へ戻る」ことを意味する平均への回帰は、線形回帰のような統計モデル化手法とは異なる。線形回帰では、予測変数と目的変数との間で線形関係の成り立つことが仮定されている。

基本事項10

- 仮説を設定して、ランダム化と無作為抽出原則に従いデータを収集することで、バイアスを避けることができる。
- その他すべてのデータ分析は、データ収集/分析プロセス（データマイニングのモデルの繰り返し実行、調査時のデータスヌーピング、興味深い事象のデータ収集後の選択など）の結果によるバイアスの危険性を伴う。

2.2.2 さらに学ぶために

- (驚いたことに統計学の専門誌ではない) *Plastic and Reconstructive Surgery*で発表された論文「Identifying and Avoiding Bias in Research」[Pannucci-2010] には、選択バイアスも含めて調査時に紛れ込む各種のバイアスの優れたレビューがある。
- Michael Harrisの記事「Fooled by Randomness Through Selection Bias」(https://www.priceactionlab.com/Blog/2012/06/fooled-by-randomness-through-selection-bias/) には、株式トレーダの視点から株式市場の取引スキーマでの選択バイアスの考慮について興味深いレビューがある。

2.3 統計量の標本分布

統計量の**標本分布**という用語は、同じ母集団から抽出された多数の標本の中での標本統計量の分布を指す。古典統計学では、(小さな) 標本から (非常に大きな) 母集団について推測することがほとんどだ。

基本用語11:標本分布

標本統計量 (sample statistic)
大きな母集団から抽出した標本データで計算された統計量。

データ分布 (data distribution)
データセットの個々の**値**の度数分布

標本分布 (sampling distribution)
多数の標本もしくはリサンプリングした標本の**標本統計量**の度数分布

中心極限定理 (central limit theorem)
サンプルサイズが大きくなるにつれて、標本分布の傾向が正規分布の形に近づくこと。

標準誤差 (standard error)
多数の標本における標本**統計量**の散らばり (標準偏差) のこと (個別データ値の散らばりを指す**標準偏差**と間違えないようにする)。

一般に標本は、標本統計量を用いて何かの測定をするか、統計的または機械学習モデルを用いて何かをモデル化するために抽出される。推定すなわちモデルが標本に基づくので、誤差があり得る。異なる標本を抽出すると、推定が異なる可能性がある。よって、そのような違いがどの程度かが興味の的となる。すなわち、**標本抽出の散らばり**が主な関心事となる。データの個数が十分多ければ、別の標本をとって、直接標本統計量の分布を調べてもよい。普通は簡単に取得できるデータを使って推定を出したりモデルを作るので、母集団から別の標本を作るという選択肢は実際には取られない。

個々のデータポイントの分布である**データ分布**と、標本統計量の分布である**標本分布**とを区別すること。

平均値のような標本統計量の分布は、データそのものの分布よりは、正規分布に近い釣り鐘型になる。統計量が基づく標本が大きくなればなるほど、これが成り立つ。また、標本が大きくなると、標本統計量の分布は、幅が狭くなる。

これを、LendingClubのローン申請者の年収の例（データについては**「6.1.1 簡単な例：ローンの返済不能を予測する」**参照）を使って説明する。1,000人の年収値の標本、5人の平均値からなる1,000件の標本、20人の平均値からなる1,000件の標本という3つの標本を取り上げる。各標本のヒストグラムを**図2-6**に示す。

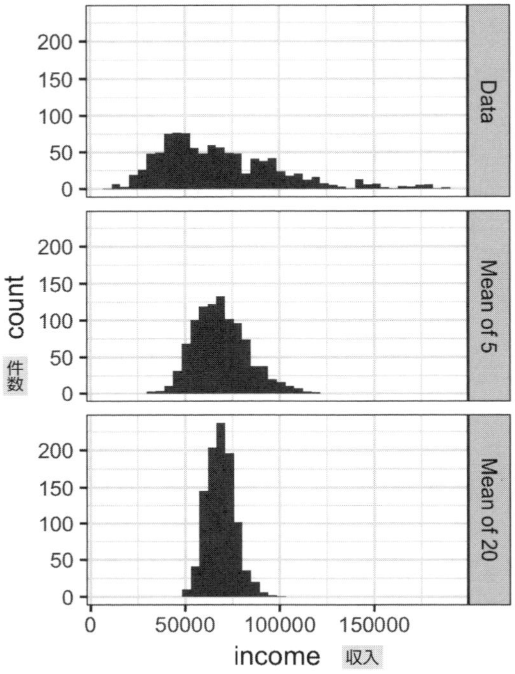

図2-6 1,000人のローン申請者の年収（上）、n＝5人の平均年収1,000件（中）、n＝20人の平均年収1,000件（下）のヒストグラム

個別データ値のヒストグラムは、年収データから予想される通りに広がっていて、高い値の方に歪んでいる。5人と20人の平均値のヒストグラムの方は、幅が狭くて釣り鐘型だ。Rでは可視化パッケージggplot2を使ってこのヒストグラムを作成できる。

```
(R)
library(ggplot2)
# 単純無作為標本
samp_data <- data.frame(income=sample(loans_income, 1000),
                        type='data_dist')
# 5個の値の平均値の標本
samp_mean_05 <- data.frame(
  income = tapply(sample(loans_income, 1000*5),
                  rep(1:1000, rep(5, 1000)), FUN=mean),
                  type = 'mean_of_5')
```

```
# 20個の値の平均値の標本
samp_mean_20 <- data.frame(
  income = tapply(sample(loans_income, 1000*20),
                  rep(1:1000, rep(20, 1000)), FUN=mean),
                  type = 'mean_of_20')
# data.framesをバインドしてファクタに型変換
income <- rbind(samp_data, samp_mean_05, samp_mean_20)
income$type = factor(income$type,
                     levels=c('data_dist', 'mean_of_5', 'mean_of_20'),
                     labels=c('Data', 'Mean of 5', 'Mean of 20'))
# ヒストグラムをプロット
ggplot(income, aes(x=income)) +
  geom_histogram(bins=40) +
  facet_grid(type ~ .)
```

PythonコードはseabornのFacetGridを使って上の3つのヒストグラムを示す。

(Python)

```
import pandas as pd
import seaborn as sns

sample_data = pd.DataFrame({
    'income': loans_income.sample(1000),
    'type': 'Data',
})
sample_mean_05 = pd.DataFrame({
    'income': [loans_income.sample(5).mean() for _ in range(1000)],
    'type': 'Mean of 5',
})
sample_mean_20 = pd.DataFrame({
    'income': [loans_income.sample(20).mean() for _ in range(1000)],
    'type': 'Mean of 20',
})
results = pd.concat([sample_data, sample_mean_05, sample_mean_20])

g = sns.FacetGrid(results, col='type', col_wrap=1, height=2, aspect=2)
g.map(plt.hist, 'income', range=[0, 200000], bins=40)
g.set_axis_labels('Income', 'Count')
g.set_titles('{col_name}')
```

2.3.1 中心極限定理

この現象は、**中心極限定理**で説明される。これは、たとえ母集団が正規分布でなくても、サンプルサイズが十分大きくデータ分布が正規分布からひどくかけ離れていない限り、複数の標本の平均がよく知られた正規分布の釣り鐘型曲線（**「2.6 正規分布」**参照）に従うことを述べる。中心極限定理によって、t分布のような正規分布の近似公式が、標本分布の推定計算、すなわち信頼区間や仮説検定に使える。

中心極限定理は、その大半を占める仮説検定や信頼区間の基礎となることから、伝統的統計学の教科書で多くのページが割かれている。データサイエンティストにとっても中心極限定理の知識は必要だが、仮説検定や信頼区間はデータサイエンスにおいてはそれほど大きな役割を果たさず、いずれにせよブートストラップ（**「2.4 ブートストラップ」**参照）を使えるので、中心極限定理はデータサイエンスではそれほど重要なことではない。

2.3.2 標準誤差

標準誤差は、統計量の抽出分布の散らばりを要約する1つの統計量だ。標準誤差は、標本値の標準偏差sとサンプルサイズnとに基づいた次の統計量として推定できる。

$$\text{標準誤差} = SE = \frac{s}{\sqrt{n}}$$

サンプルサイズが増えると、標準誤差が小さくなり、**図2-6**で示した通りになる。標準誤差とサンプルサイズとの関係は、nの平方根規則と呼ばれることもある。標準誤差を半分に減らすには、サンプルサイズを4倍に増やさないといけない。

上の標準誤差の式の妥当性は、中心極限定理による。だが現実には、中心極限定理に頼らなくても標準誤差は理解できる。標準誤差を測る次の手順を考えよう。

1. 母集団から新たな標本を多数抽出する。
2. 新たな標本それぞれについて統計量（例：平均値）を計算する。
3. 上の第2ステップで計算した統計量の標準偏差を求める。これを標準誤差の推定値として用いる。

実際には、この新たな標本を抽出して標準誤差を推定する方法は、普通は使われない（統計的には無駄が多い）。幸い、新たな標本を抽出する代わりに、ブートストラップリサンプリングが使える。現代統計学においては、ブートストラップが、標準誤差推定の標準的な手法になっている。ほとんどあらゆる統計に用いることができて、中心極限定理や他の分布仮定に依存しない。

標準偏差と標準誤差

標準偏差（データポイントの散らばりを測る）と標準誤差（標本統計量の散らばりを測る）とを混同してはならない。

基本事項11

- 標本統計量の度数分布は、標本ごとに統計量がどのようになるかを示す。
- この標本分布は、ブートストラップまたは中心極限定理による公式を用いて推定できる。
- 標準誤差は、標本統計量の散らばりを要約する基本的な統計量だ。

2.3.3 さらに学ぶために

David Laneの統計に関するオンライン統計学（http://onlinestatbook.com/stat_sim/sampling_dist/）では、標本統計量、サンプルサイズ、反復回数を選んでシミュレーションして、結果の度数分布のヒストグラムを表示できる。

2.4 ブートストラップ

統計量やモデルのパラメータの標本分布を推定する簡単で効果的な方法として、標本そのものから、追加の標本を復元抽出して、統計量またはモデルのパラメータを再計算する方法がある。この手続きは**ブートストラップ**と呼ばれ、データまたは標本統計量が正規分布に従っているという仮定が必要ない。

基本用語12：ブートストラップ

ブートストラップ標本（bootstrap sample）

観測されたデータセットから復元抽出された標本。

リサンプリング（resampling）

観測されたデータから繰り返し標本抽出する手続き。ブートストラップと置換（シャッフル）の両手続きを含む。

概念上は、ブートストラップを元の標本を何千あるいは何百万も複製して、元の標本のすべての知識を具現化した母集団（単により大きくなっただけ）を仮想的に作るものと考えることができる。そして、この仮想的な母集団から、標本分布を推定する目的で標本を抽出する（**図2-7**参照）。

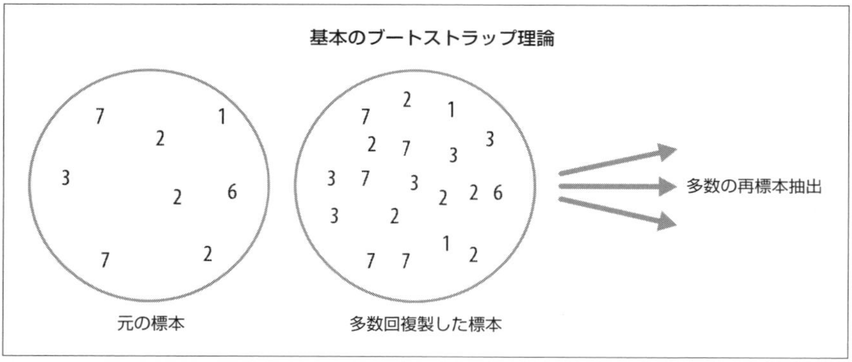

図2-7 ブートストラップの考え方

現実には標本を多数回複製する必要はない。抽出のたびに観測値を置き換えるだけであり、**復元抽出**しているのだ。このようにすると、結果として抽出される要素の確率は、抽出のたびに変わらない、仮想的に無限大の母集団を作ることになる。平均値のブートストラップリサンプリングのアルゴリズムは、サンプルサイズをnとすると、次のようになる。

1. 標本の値を抽出し、記録し、戻す。
2. n回繰り返す。
3. n個のリサンプリング値の平均値を記録する。
4. 上の1から3のステップをR回繰り返す。
5. R個の結果を使って次を行う。
   a. 標準偏差を計算する（標本平均標準誤差を推定する）。

b. ヒストグラムまたは箱ひげ図を作る。
c. 信頼区間を計算する。

ブートストラップの反復回数*R*は適当に設定する。反復回数を増やせば増やすほど、標準誤差あるいは信頼区間の推定はより正確になる。この手続きの結果が、標本統計量または推定モデルのパラメータのブートストラップ集合であり、どのように散らばっているか調べることができる。

Rのパッケージbootは、上のステップを1つの関数にまとめている。例えば、次のコードは、ローン申請をしている人の収入にブートストラップを適用する。

```
(R)
library(boot)
stat_fun <- function(x, idx) median(x[idx])
boot_obj <- boot(loans_income, R=1000, statistic=stat_fun)
```

関数stat_funは、インデックスidxで指定した標本の中央値を計算する。結果は次のようになる。

```
Bootstrap Statistics :
    original   bias    std. error
t1*    62000 -70.5595    209.1515
```

中央値の元の推定は、62,000ドルだ。ブートストラップ分布から、推定には約−70ドルのバイアスがあり、標準誤差が209ドルだとわかる。結果はアルゴリズムの実行ごとにわずかに変動する。

Python主要パッケージにはブートストラップ方式の実装がない。しかし、scikit-learnのresampleメソッドを使って実装できる。

```
(Python)
results = []
for nrepeat in range(1000):
    sample = resample(loans_income)
    results.append(sample.median())
results = pd.Series(results)
print('Bootstrap Statistics:')
print(f'original: {loans_income.median()}')
print(f'bias: {results.mean() - loans_income.median()}')
```

```
print(f'std. error: {results.std()}')
```

ブートストラップは、行を1単位として標本抽出する多変量データとしても使える（**図2-8**参照）。ブートストラップしたデータ上でモデルを実行し、例えば、モデルのパラメータの安定性（変動性）を推定したり、予測能力を高めたりもできる。分類回帰木（決定木とも言う）では、ブートストラップ標本上で複数の木を実行して、予測の平均をとる（あるいは、分類では多数決をとる）ことにより、一般に木を1つだけ使う場合よりも性能が良くなる。このプロセスはバギング（bagging、「bootstrap aggregating」（ブートストラップ集約）の略、**「6.3　バギングとランダムフォレスト」**参照）と呼ばれる。

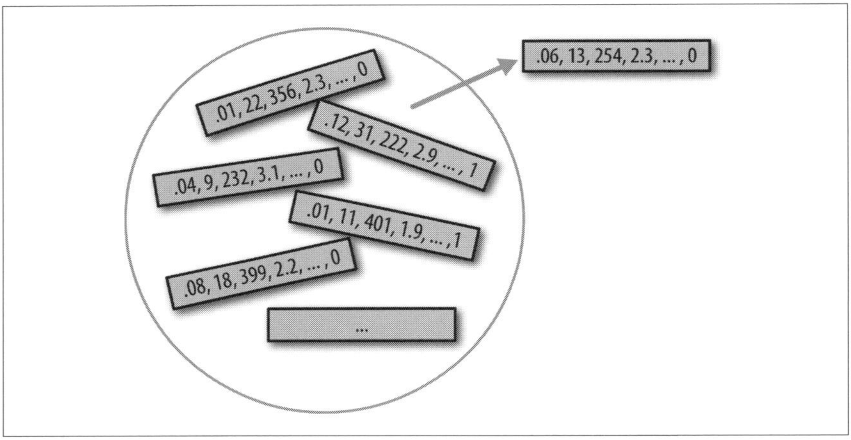

図2-8　多変量ブートストラップ標本抽出

ブートストラップの反復リサンプリングは概念的には単純で、経済学者兼人口統計学者であったジュリアン・サイモンは、1969年に出版した『*Basic Research Methods in Social Science*』［Simon-1969］という教科書[*1]で、ブートストラップも含めてリサンプリングの例の一覧を掲載している。しかし、ブートストラップは計算が大変であり、コンピュータが広く使えるようになるまでは、実際に使える選択肢ではなかった。この技法は、スタンフォード大学の統計学者ブラッドレイ・エフロンが1970年代末から1980年代初頭にかけて、複数の論文や書籍において、この名前を用いて広めた。特に、統計学者ではないが統計学を利用している研究者の間で、数学的な近似手法が直接使えな

＊1　訳注：1985年に出版された第3版では、Paul Burstenとの共著になっている。

い統計量やモデルを使う分野で広まった。平均値の標本分布は、1908年以来よく知られていたが、他の多くの統計量の標本分布はそうではなかった。ブートストラップは、nのさまざまな値で標本分布がどう影響されるか実験するサンプルサイズの決定にも用いられる。

ブートストラップは、提案された当初、かなり疑いの目で見られた。錬金術的なものではないかと受け取られたのだ。この疑念は、ブートストラップの目的に対する誤解に起因する。

ブートストラップは、サンプルサイズの小ささを補うものではない。新たなデータを作ることもないし、既存のデータセットの欠けているところを補うこともない。元の標本と同様に、母集団から多数の標本を追加抽出すればどうなるかを伝えるだけだ。

2.4.1 リサンプリングとブートストラップ

既に述べたように、**リサンプリング**という用語が**ブートストラッピング**と同じ意味で用いられることがある。リサンプリングは、既にある標本より多くの複数の標本を結合し、復元抽出しない置換手続き（**「3.3.1　並べ替え検定」**参照）を指すことが多い。いずれにせよ、**ブートストラップ**は、観測データセットからの復元抽出を常に意味する。

基本事項12

- ブートストラップ（データセットからの復元抽出）は、標本統計量の散らばりを評価できる。
- ブートストラップは、標本分布の数学的近似をそれほど検討しなくても、広範な環境下で同様に適用可能だ。
- ブートストラップは、数学的近似方法が開発されていない統計量の標本分布も推定できる。
- 複数のブートストラップ標本予測の集約（バギング）は、複数モデルの予測に適用した場合、単一モデルを使った場合よりも性能が良い。

2.4.2 さらに学ぶために

- 『*An Introduction to the Bootstrap*』[Efron-1993] は、ブートストラップの最初の本だが、いまだに広く読まれている。
- 「A Short Prehistory of the Bootstrap」[Hall-2003] で、ピーター・ホールはブートストラップについて振り返り、他にも先行研究があるが、特にジュリアン・サイモンが1969年に出版した本『*Basic Research Methods in Social Science*』[Simon-1969] について論じている。
- 『*An Introduction to Statistical Learning: with Applications in R*』[James-2013] のブートストラップ、特にバギングの節を読むこと。

2.5 信頼区間

度数分布表、ヒストグラム、箱ひげ図、標準誤差は、すべて、標本推定における潜在的な誤差を見つける手法だ。信頼区間もその1つと言える。

> **基本用語13：信頼区間**
>
> **信頼水準（confidence level）**
>
> 同じ母集団から同じように作られた信頼区間が対象統計量を含むと期待されるパーセント。
>
> **区間の両端（interval endpoints）**
>
> 信頼区間の始点と終点。

不確実なことを人間は本性として嫌う。人々（特に専門家）は、「私は知らない」とは滅多に言わない。アナリストやマネージャも不確実性を認めながらも、推定が1つの数値（**点推定**）で示されると、不当にも信頼してしまう。推定を1つの数値ではなく範囲として示すことが、この傾向に対処する1つの方法だ。信頼区間はこれを統計学的標本抽出の原則に従って行う。

信頼区間としては、90 %や95 %の（大きな）パーセントで示される信頼区間を使う。90 %信頼区間は、標本統計量のブートストラップ標本分布（**「2.4 ブートストラップ」**参照）の中央90 %を包含する区間だと考えられる。より一般的には、標本推定のx%信頼区間とは、平均すると、同様の標本推定を（同様の標本抽出手続きを行った場合）x%含む区間である。

サイズがnの標本では、対象となる標本統計量について、ブートストラップ信頼区間のアルゴリズムは次のようになる。

1. データからサンプルサイズがnの無作為標本を復元抽出する（リサンプリング）。
2. このリサンプリングの対象統計量を記録する。
3. 1と2のステップを多数（R回）繰り返す。
4. x%信頼区間のために、R個のリサンプリング結果の分布の両端から[(100 − x) / 2] %を切り捨てる。
5. 切り捨て点がx%ブートストラップ信頼区間の端点となる

図2-9は、ローン申請者の平均年収の90 %信頼区間を20人の標本に基づいて示したものだが、平均値は55,734ドルとなっている。ブートストラップ標本分布の平均55,876ドルと異なることに注意。

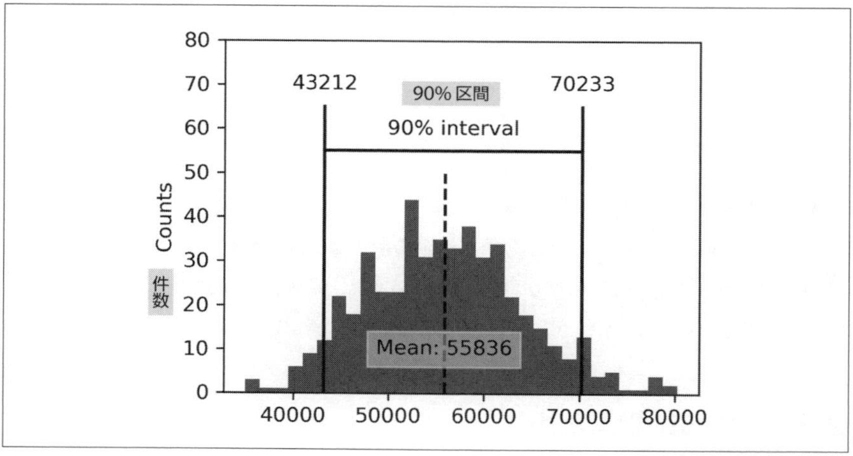

図2-9 20人の標本に基づくローン申請者の年収のブートストラップ信頼区間（図中の平均値は、推定平均値に基づく平均値）

ブートストラップは、一般的にほとんどの統計量やモデルパラメータの信頼区間生成に用いることができる。半世紀にわたるコンピュータなしの統計分析を起源とする統計学の教科書やソフトウェアでも、t分布（**「2.8　スチューデントのt分布」**参照）のように数式により作られる信頼区間について説明している。

もちろん、標本結果を得たときに知りたいのは、「真値が信頼区間内にある確率はいくつか」だ。これは、実際には信頼区間で答えられる問いではないが、ほとんどの人がそう解釈してしまう。
信頼区間に関する確率の問いは、「抽出手続きと母集団を与えたときに、次の確率はいくつになるか」という言葉で始まる。逆に言えば、「標本結果から、(母集団について真である何か) の確率は何か」という問いになり、より複雑な計算とより深い見極めがたい事柄が含まれる。

信頼区間に伴うパーセントは、**信頼水準**と呼ばれる。信頼水準が高いほど、区間は広くなる。さらに、標本数が少ないほど、区間は広く(すなわち、不確実性が多く)なる。両方とも当然だ。データがより少なくて、より信頼できるようにするには、信頼区間をより広くとって、真値を捕捉できることが十分に確信できるようにしなければならない。

データサイエンティストは、信頼区間によって標本結果がどの程度変動するか評価できる。研究者はこの情報を使って、学術論文を書いたり、規制当局に結果を報告するが、データサイエンティストは推定に起こりうる誤差についてコミュニケーションをとり、より大きな標本が必要かどうかについて学ぶ。

基本事項13

- 信頼区間は、区間の範囲で推定を示す。
- データが多ければ多いほど、標本推定の散らばりは小さくなる。
- 受け入れられる信頼水準が低ければ低いほど、信頼区間は狭くなる。
- ブートストラップを使うと、効果的に信頼区間を作成できる。

2.5.1 さらに学ぶために

- 信頼区間作成のブートストラップ方式については、『*Introductory Statistics and Analytics: A Resampling Perspective*』[Bruce-2014] やLock一族の『*Statistics: Unlocking the Power of Data, 2nd Ed.*』[Lock-2012] を読むとよい。
- 信頼区間を使って測定精度を理解する必要がある技術者は多いだろう。信頼区間については『*Modern Engineering Statistics*』[Ryan-2007] が参考になる。この本では、予測区間（平均値などの要約統計量ではなく1つの値のまわりの区間）のような役に立つのにあまり使われていない項目も紹介している。

2.6 正規分布

釣り鐘型の正規分布は伝統的統計学の象徴だ*1。標本統計量の分布が往々にして正規分布の形になることを基に、それらの分布の数学的近似公式が開発された。

基本用語14：正規分布

誤差（error）
　データポイントと予測値または平均値との差。

標準化（standardize）
　平均値を引いて標準偏差で割ること。

z値（z-score）
　個々のデータを標準化した結果の値。

標準正規分布（standard normal）
　平均値＝0、標準偏差＝1の正規分布。

QQプロット（QQ-Plot）
　標本分布が指定した分布（例：正規分布）にどの程度近いかを可視化するプロット。

正規分布（**図2-10**）では、データの68％が平均値から1標準偏差、95％が2標準偏差の範囲に存在する。

＊1　原注：釣り鐘型曲線は象徴的だが、評価されすぎだ。Mount Holyoke大学の統計学者George W. Cobbは、2015年11月のAmerican Statistician誌の特集号で「統計入門コースは、正規分布を中心的に扱ってきたが、その有用性は既に時代遅れになっている」（https://arxiv.org/ftp/arxiv/papers/1507/1507.05346.pdf）と論じている（訳注：この2015年の論文中でCobbは、こう論じたのは2007年の「"The Introductory Statistics Curriculum: A Ptolemaic Curriculum?" *Technology Innovations in Statistic Education*, vol.1, issue.1, article 1」であったと述べているので、この発言自体はそのときに遡る）。

正規分布は英語では「normal distribution」と言う。ほとんどのデータが従う分布であることから「正規分布」という名前になったというのは、よくある誤解だ。通常のデータサイエンスプロジェクトで使われるほとんどの変数は、実際ほとんどの生データは、正規分布ではない（**「2.7　ロングテールの分布」**参照）。正規分布の有用性は、多くの統計量が標本分布においては正規分布に従うという事実から来ている。そうは言っても、実際の確率分布やブートストラップ分布が得られない場合には、一般的には最後の手段として正規分布を仮定する。

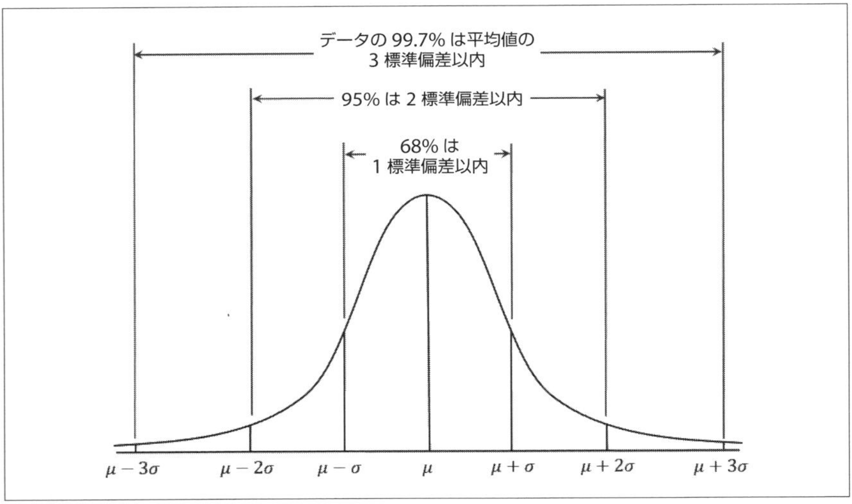

図2-10　正規分布曲線

正規分布は、18世紀後半から19世紀前半にかけての数学界の巨人カール・フリードリヒ・ガウスにちなんで**ガウス分布**とも呼ばれる。以前使われていた正規分布に対する別名は「誤差」分布だった。統計学的には誤差は標本平均のような推定統計量と実際の値との差である。例えば、標準偏差（**「1.4　散らばりの推定」**参照）は、データの平均値からの誤差に基づく。ガウスの正規分布の研究は、天文観測の誤差が正規分布に従っていることの発見による。

2.6.1 標準正規分布とQQプロット

標準正規分布は、平均値から標準偏差を単位としてどれだけ離れているかをx軸に表示する。標準正規分布に対してデータを計算するには、平均値を引いて標準偏差で割る。これは**正規化**または**標準化**(**「6.1.4 標準化(正規化、z値)」**参照)とも呼ばれる。この意味の「標準化」は、データベースレコードの正規化(共通フォーマットへの変換)とは関係ない。変換した値は**z値**と呼ばれ、正規分布が**z分布**と呼ばれることもある。

QQプロットは、標本が指定した分布、この場合は正規分布にどれだけ近いかを可視化して決定するのに使われる。QQプロットではz値を低いものから高いものに並べ、値のz値をy軸に、値の順位の正規分布に対応する分位数をx軸にとる。データは正規化されるので、平均値から標準偏差単位でどのくらい離れているかがわかる。プロットがほぼ対角線上にあるなら標本が正規分布に近いと考えられる。**図2-11**は、正規分布から無作為抽出した100個の標本のQQプロットであり、予想通りほぼ直線になっている。この図は、Rのqqnorm関数を使って作成した。

(R)
```
norm_samp <- rnorm(100)
qqnorm(norm_samp)
abline(a=0, b=1, col='grey')
```

Pythonでは、scipy.stats.probplotメソッドを使ってQQプロットを作る。

(Python)
```
fig, ax = plt.subplots(figsize=(4, 4))
norm_sample = stats.norm.rvs(size=100)
stats.probplot(norm_sample, plot=ax)
```

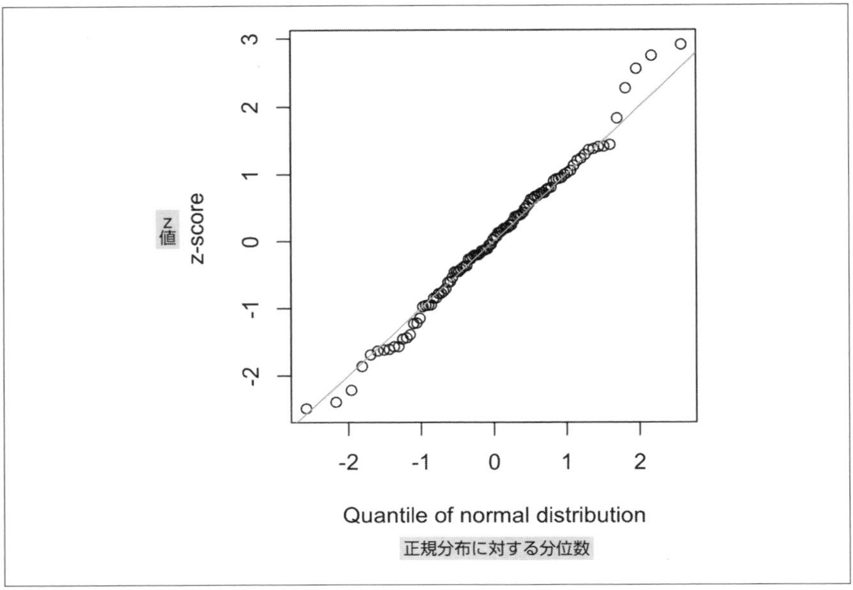

図2-11 標準正規分布から抽出した100個の標本値のQQプロット

データをz値に変換（データの標準化または正規化）するのは、データを正規分布に従わせることを意味しない。データを標準正規分布と同じスケールにするだけで、主として比較のために行われる。

基本事項14

- 正規分布は、不確実性や散らばりの数学的近似ができるために、統計学の歴史的な発展の中心的な存在だった。
- 生データは通常は正規分布に従わないが、サイズの大きい標本の平均値や合計値、および誤差は正規分布に従う。
- データをz値に変換するには、データの平均値を引いて、標準偏差で割る。z値に変換すると、データを正規分布と比較できる。

2.7 ロングテールの分布

正規分布は統計学の歴史では重要である。名前から誤解しかねないが、データは一般的には正規分布に従わない。

> **基本用語15：ロングテールの分布**
>
> **裾（tail）**
>
> 度数分布の端の長く狭い部分で、比較的極端な値が低い度数で起こる。テールともいう。
>
> **歪み（skew）**
>
> 分布の片方の裾が他より長いもの。スキューともいう。

正規分布は、誤差や標本統計量の分布については適切で有用だが、生データの分布を適切に表せないのが普通だ。場合によると、分布は収入データのように強く歪んでいたり（非対称）、二項分布のように離散的なことがある。対称的分布も非対称的分布も裾が重いことがある。分布の裾は、（小さいのも大きいのも）極端な値に対応する。**重い裾**（ロングテール）とそれに対する警戒心は、実際に広く認知されている。ナシム・タレブは、株式市場の暴落のような例外的な事象が、実は正規分布で予測されるよりもはるかに起こりやすいのだという**ブラックスワン理論**を提案している[*1]。

例えば、株式の収益性はデータのロングテール性の本質を示してくれる。次のRコードで作成した**図2-12**は、Netflix（NFLX）の日時収益のQQプロットを示す。

（R）

```
nflx <- sp500_px[,'NFLX']
nflx <- diff(log(nflx[nflx>0]))
qqnorm(nflx)
abline(a=0, b=1, col='grey')
```

対応するPythonコードは次の通り。

＊1　訳注：タレブ（Nassim Nicholas Taleb）が、2007年刊行の著書『*The Black Swan: The Impact of the Highly Improbable*』（邦題『ブラックスワン―不確実性とリスクの本質』ダイヤモンド社、2009）で想定外の事象の発生を表すのに使った。

（Python）
```
nflx = sp500_px.NFLX
nflx = np.diff(np.log(nflx[nflx>0]))
fig, ax = plt.subplots(figsize=(4, 4))
stats.probplot(nflx, plot=ax)
```

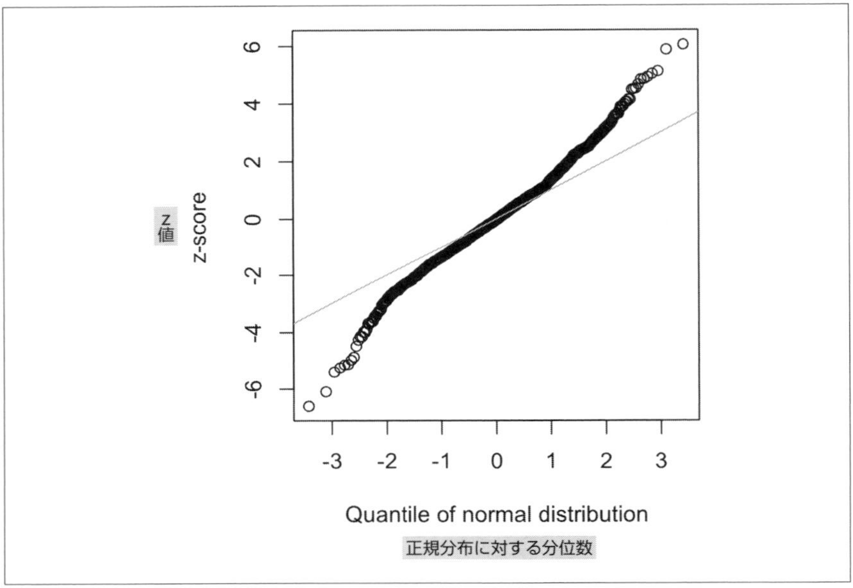

図2-12　Netflix（NFLX）の株式収益のQQプロット

図2-11とは対照的に、点が低い値についてははるか下に、高い値についてははるか上に来ており、データが正規分布に従っていないことを示す。これは、正規分布の場合と比べて極端な値が頻繁に観測されることを意味する。**図2-12**は、もう1つのよく見られる現象、平均値から1標準偏差以内の点が直線に近いことも示す。テューキーはこの現象をデータが「中央は正規」だが、裾はより重くなっていると述べた（[Tukey-1987]参照）。

統計分布を観測データに適合させる作業については多数の統計学の文献がある。この作業の過度にデータ中心に偏ったアプローチに注意すること。それは科学というよりは技芸だ。データは変動し、表面的には一貫して、複数の形態や分布の種類をとる。状況に応じて、モデル化するのにどの分布が適当か決めるには、普通は専門分野と統計学の知識が必要となる。例えば、サーバ上で多数の5秒間の連続したインターネットトラフィックの水準に関するデータを考える。「一定時間ごとの事象」をモデル化するには、ポアソン分布が最良なこと（**「2.12.1　ポアソン分布」**参照）を知っていると役立つ。

基本事項15

- ほとんどのデータは、正規分布に従っていない。
- ほとんどのデータが正規分布に従うと仮定すると、極端な事象を過小評価する（「ブラックスワン」）。

2.7.1　さらに学ぶために

- 『*The Black Swan, 2nd Ed.*』［Taleb-2010］
- 『*Handbook of Statistical Distributions with Applications, 2nd ed.*』［Krishnamoorthy-2016］

2.8　スチューデントのt分布

t分布は、正規分布に似た形だが、裾が少し厚くて長い。これは標本統計量の分布の記述によく使われる。標本平均値の分布は、通常t分布の形になり、標本の大きさに依存して異なる一群のt分布が存在する。標本が大きくなれば、t分布はそれだけ正規分布の形に近づく。

基本用語16：スチューデントのt分布

n

サンプルサイズ。

自由度（degrees of freedom）

t分布を異なるサンプルサイズ、統計量、グループ数に対応させるパラメータ。

t分布がスチューデントのt分布と呼ばれるのは、ゴセットが「スチューデント」という偽名を使って1908年にBiometrica誌で論文発表［Gosset-1908］したからだ。ゴセットの雇用者のギネス社は、統計手法を使っていることを競合他社に気付かれたくなかったので、論文にゴセットの名前を使うことを禁じた。

彼は、「大きな母集団から抽出した標本の平均値の標本分布はどうなるか」という質問に答えようとして、リサンプリング実験から始めた。犯罪者の身長と左中指の長さの3,000個の測定のデータセットから4個の標本を無作為抽出した（当時は優生学の時代で、犯罪者のデータに対して、犯罪傾向と身体的または心理的属性との間の相関を発見することに関心が持たれていた）。彼は、x軸に標準化した結果（z値）、y軸に度数をプロットした。それとは別に、**スチューデントのt**という名で知られる関数を導き出し、標本結果に対してこの関数を適合させて、比較をプロットした（**図2-13**参照）。

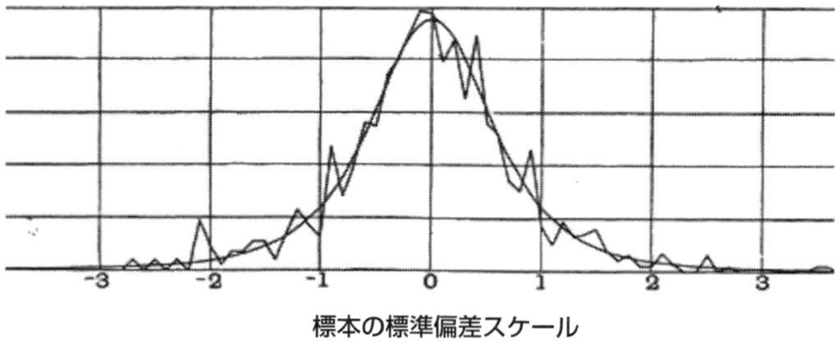

図2-13　ゴセットのリサンプリング実験の結果と適合t曲線（1908年の原論文の図IVから）

さまざまな多数の統計量を標準化した後でt分布と比較すると、標本の散らばりに関して信頼区間を推定できる。サンプルサイズがnの標本で標本平均値$\bar{x}$を計算したとする。sをこの標本の標準偏差とすると標本平均を中心とした90％信頼区間は次で与えられる。

$$\bar{x} \pm t_{n-1}(0.05) \times \frac{s}{\sqrt{n}}$$

ここで$t_{n-1}(0.05)$は$(n-1)$自由度（**「3.7　自由度」**参照）のt統計量の値で、t分布の両端の5％を「切り捨て」る。t分布は、標本平均、2つの標本平均の差、回帰パラメータ、その他の統計量の分布を調べるために使われてきた。

1908年当時にコンピュータが使えたなら、統計学は間違いなく計算が大変なリサンプリング手法を最初から使っていただろう。コンピュータがなかったから、統計学者はt分布のような数学手法や関数を使って標本分布を近似した。1980年代になってコンピュータのおかげで、リサンプリング実験が実用的になったが、もうこのときには、t分布や同様の分布が統計学の教科書やソフトウェアにしっかりと組み込まれていた。

標本統計量の振る舞いを記述するt分布が正確であるためには、標本でのその統計量の分布が正規分布の形に近い必要がある。基盤となる母集団のデータが正規分布でなくても、標本統計量は正規分布に従うことが多い（t分布が広く使われる背景事実）。この現象は**中心極限定理**（「**2.3.1　中心極限定理**」参照）と呼ばれる。

データサイエンティストにt分布や中心極限定理の知識は必要だろうか。全部は必要ない。t分布は古典的な統計的推定で用いられるが、データサイエンスの目標の中心ではない。不確実性と変動性を理解して定量化することは、データサイエンティストにとって重要だが、実験的ブートストラップ標本抽出で、標本誤差に関するほとんどの質問に答えることができる。しかし、A/Bテストや回帰の例のための統計ソフトやRの統計的手続きの出力などで、t分布を頻繁に目にすることになるから、データサイエンティストは、その目的も含めてt分布をよく知っておくとよい。

基本事項16

- t分布は、実際には、正規分布に似ているが裾が厚い分布の一群である。
- t分布は、標本平均、2つの標本平均の差、回帰パラメータその他の分布を調べるための基準として用いられる。

2.8.1 さらに学ぶために

- *Biometrica*誌のゴセットの原論文「The probable error of a mean」[Gosset-1908]は、http://seismo.berkeley.edu/~kirchner/eps_120/Odds_n_ends/Students_original_paper.pdfで読むことができる。
- t分布の標準的な記述が、David Laneのオンライン統計学（http://onlinestatbook.com/2/estimation/t_distribution.html）の中にある。

2.9 二項分布

YesかNo（二項）の結果は、データ分析の核心に位置する。買うかどうか、クリックするかどうか、生きるか死ぬかなど意思決定やその他の処理の結果となることが多いからだ。二項分布を理解する鍵は、**試行**集合という概念で、各試行には定まった確率の結果が2つある。

例えば、硬貨を10回投げて表か裏かを試すのは、10回試行の二項実験で、各試行には結果が2つ（表か裏）だ（**図2-14**参照）。このようなyes/noや0/1の結果を**二項**の結果と呼び、その確率は50/50でなくてもよい。確率の総和が1.0になるなら、どんな確率でもよい。統計学の表記では、結果「1」を**成功**と呼び、普通はあまり起こらない結果に対して「1」を割り当てる。成功という語を使うことは、結果が望ましいとかありがたいということを意味せず、注目している結果であることだけを示す。例えば、ローン返済の焦げ付きや取引詐欺はほとんど発生しない事象なので予測対象になることから「1」や「成功」にする。

図2-14 バッファロー硬貨（5セント玉）の裏面[*1]

基本用語17：二項分布

試行（trial）

離散的な結果を起こす手順（例：硬貨投げ）

事象（event）

試行の結果

成功（success）

試行の関心のある結果（関連語："1"（"0"の逆））

二項（binomial）

結果が2つであること（関連語：yes/no、0/1、バイナリ）

＊1 訳注：1913年から1938年に発行された表が米国先住民の横顔の米国硬貨史では有名なデザインのコイン。https://en.wikipedia.org/wiki/Buffalo_nickel参照。

二項試行（binomial trial）

結果が2つの試行（関連語：ベルヌーイ試行）

二項分布（binomial distribution）

n回の試行による成功回数の分布（関連語：ベルヌーイ分布）

二項分布は、試行回数n、各試行での成功確率pでの成功回数xの度数分布だ。nとpの値に応じた一連の二項分布群がある。二項分布は次の問いに答える。

> クリックが売上につながる確率を0.02とすると、200回のクリックでも売上が0になる確率はどのぐらいか。

R関数`dbinom`が二項確率を計算できる。例えば、

(R)
```
dbinom(x=2, size=5, p=0.1)
```

は、各試行の成功確率`p` = 0.1で、`size` = 5回の試行で、`x` = 2回成功する確率を0.0729と返す。上の例では、`x` = 0, `size` = 200, `p` = 0.02となるので、`dbinom`は0.0176を確率として返す。

n回の試行で成功がx回以下の確率を求めたい場合も多い。この場合には、関数`pbinom`を使う。

(R)
```
pbinom(2, 5, 0.1)
```

これは、各試行の成功確率0.1で5回試行して成功回数が2以下の確率、0.99144を返す。

Pythonの`scipy.stats`モジュールはさまざまな統計分布を実装している。二項分布には、関数`stats.binom.pmf`と`stats.binom.cdf`を使う。

(Python)
```
stats.binom.pmf(2, n=5, p=0.1)
stats.binom.cdf(2, n=5, p=0.1)
```

二項分布の平均値は$n \times p$となる。これは、n回試行したときの成功確率$= p$の期待

成功回数とも考えられる。

分散は$n \times p(1 - p)$となる。試行回数が十分多いと（特にpが0.50付近なら）二項分布は正規分布と見かけでは区別できない。実際、巨大サンプルサイズの二項確率は、計算が大変なので、ほとんどの統計的手続きでは、平均値と分散を指定した正規分布を近似として使う。

基本事項17

- 二項の結果は、買うかどうか、クリックするかどうか、生きるか死ぬかなど基本的な意思決定を表すので、モデル化に重要だ。
- 二項試行は、可能な結果が2つの実験で、一方の確率がp、他方の確率が$1-p$となる。
- nが大きくて、pが0や1に近くなければ、二項分布は正規分布で近似できる。

2.9.1 さらに学ぶために

- 二項分布を説明するピンボールのようなシミュレーションデバイスquincunxについてはhttps://www.mathsisfun.com/data/binomial-distribution.htmlを読むとよい。
- 二項分布は統計学の入門コースの定番で、入門用の教科書では1章か2章を割り当てている。

2.10 カイ二乗分布

期待値からの乖離は、特にカテゴリの個数について、統計学での重要な概念だ。期待とは、「データにおいて特に異常なこと、注意すべきことがない」（例：変数間に相関または予測可能なパターンがない）ことと大雑把に定義できる。これは、帰無仮説とか帰無モデル（**「3.2.1　帰無仮説」**参照）と呼ばれる。例えば、ある変数（例：性別を表す行変数）が別の変数（例：仕事で昇進したことを表す列変数）と独立かどうかを検定したいとする。データ表の各セルには個数があるとする。変数間の独立性に対する帰無期待値（期待度数）からどれだけ乖離しているかの統計量がカイ二乗統計量だ。これは、観測値と期待値の差を二乗し、期待度数で割り、全カテゴリで総和をとったものだ。

このプロセスは統計量を標準化しているので、参照対象の分布と比較できる。より一般的な言い方では、カイ二乗統計量とは、観測値集合が特定分布にどれだけ適合したかの指標すなわち適合度検定だ。これは、複数の処置（例：A/B/C...テスト）において、その効果が互いに異なっているかどうかを決定するのに役立つ。

カイ二乗分布とは、帰無モデルからリサンプリング抽出を繰り返したカイ二乗統計量の分布である。詳細なアルゴリズムとデータ表のカイ二乗公式については**「3.9　カイ二乗検定」**参照。対象集合のカイ二乗値が小さいことは、期待分布に近いことを意味する。大きいことは、期待から乖離していることを示す。自由度の値に応じてさまざまなカイ二乗分布になる（例：観測数、**「3.7　自由度」**参照）。

基本事項18

- カイ二乗分布は、あるカテゴリないし項目に属する個数の分布に使われる。
- カイ二乗統計量は、帰無モデルの期待値からどの程度乖離しているかを測る。

2.10.1　さらに学ぶために

- 近代統計学におけるカイ二乗分布は、偉大な統計学者カール・ピアソンと仮説検定の誕生による。これらについては『*The Lady Tasting Tea: How Statistics Revolutionized Science in the Twentieth Century*』［Salsburg-2001］参照。
- カイ二乗の詳細については、**「3.9　カイ二乗検定」**参照。

2.11　F分布

科学実験に共通する手続きとして実験群間の複数の処置、例えば、異なる区画での異なる肥料の検定がある。これはカイ二乗分布で述べたA/B/Cテストとよく似ているが、個数ではなく連続値の測定を扱うところが異なる。この場合、群平均間の差異が、通常のランダムな変動での期待値よりどれだけ大きいかに興味がある。F統計量はこれを測定し、群平均間のばらつきと各群内でのばらつきとの比率を与えるので、残差変動とも呼ばれる。この比較作業は、**分散分析**（**「3.8　ANOVA」**参照）と呼ばれる。F統計量の分布は、すべての群平均が等しい（すなわち帰無モデル）データで、ランダムに置換されたデータのすべての値の度数分布となる。さまざまな自由度（例：グループ数、

「3.7 自由度」参照）に伴いさまざまなF分布がある。F分布の計算は**「3.8 ANOVA」**の節で述べる。F統計量は線形回帰でも、データ全体の変動と回帰モデルによる変動とを比較するのに用いられる。F統計量は、回帰やANOVAの計算の一部として、RやPythonで自動的に生成される。

基本事項19

- F分布は、測定データを含む実験や線形モデルに使われる。
- F統計量は、全体の変動に対して対象ファクタの変動を比較する。

2.11.1 さらに学ぶために

『*Introduction to Design and Analysis of Experiments*』［Cobb-2008］は、分散成分の分解についての優れた解説を含み、ANOVAやF統計量の理解に役立つ。

2.12 ポアソン分布と関連する分布

全体としてはある比率でランダムに起こる事象が生じる。例えば、Webサイトの訪問者、料金所に到着する車（時間軸で起きる事象）、織物で平方メートル当たりの欠陥、コード百行当たりの誤字（空間軸で起きる事象）などがある。

基本用語18：ポアソン分布と関連する分布

ラムダ（lambda）
　（単位時間または単位空間当たりの）事象発生率。

ポアソン分布（Poisson distribution）
　時間または空間の単位標本での発生数の度数分布。

指数分布（exponential distribution）
　ある事象から次の事象への時間または距離の度数分布。

ワイブル分布（Weibull distribution）
　指数分布の一般化で、事象発生率が時間とともに変化する。

2.12.1 ポアソン分布

過去の集約データ（例：年間のインフルエンザ感染者数）からは時間や空間単位で事象の平均回数（例：1日当たりまたは人口単位当たりの感染者数）を推定できるが、1つの時間/空間単位で次との差がどうなるかも知りたいと思うものだ。ポアソン分布は、そういう単位標本が多数あるときに、時間や空間単位ごとの事象分布を示す。待ち行列に関して、「サーバに到達したインターネットトラフィックを5秒以内に完全に処理するのを95％確実にするには、どの程度のキャパシティが必要か」などという問いに答えるのに役立つ。

ポアソン分布の重要なパラメータはλ（ラムダ）で、特定の時間や空間で生じる事象数の平均だ。ポアソン分布の分散もλだ。

待ち行列シミュレーションの一部では、ポアソン分布で乱数発生させる技法がよく使われる。Rのrpois関数で、乱数の個数とラムダを引数に指定すると計算できる。

(R)
```
rpois(100, lambda=2)
```

対応するSciPy関数はstats.poisson.rvsだ。

(Python)
```
stats.poisson.rvs(2, size=100)
```

このコードは$\lambda = 2$のポアソン分布で100個の乱数を生成する。例えば、1分当たり平均して平均2回のカスタマーサービスの呼び出しがあるなら、このコードは100分間のシミュレーションの呼び出し回数を返す。

2.12.2 指数分布

ポアソン分布のものと同じパラメータλを使って、指数分布では、Webサイトの訪問者や料金所に到着する車といった事象間の時間分布をモデル化できる。工学では故障寿命のモデル化に使われたり、サービスコールに必要な時間をモデル化するプロセス管理などに使われる。指数分布の乱数を発生するR関数rexpなどは2つの引数、n（生成する個数）と時間当たりの事象数であるrateをとる。

(R)
```
rexp(n=100, rate=0.2)
```

PythonのSciPy実装の`stats.expon.rvs`関数では、`rate`ではなく`scale`を指数分布の指定に使う。これは`rate`の逆数なので、対応するコードは次のようになる。

(Python)
```
stats.expon.rvs(scale=1/0.2, size=100)
```

これは、単位時間当たりの平均事象数が0.2の指数分布で100個の乱数を発生する。これを使い、呼び出しが平均で1分間当たり0.2の100回の呼び出し時間間隔を分単位でシミュレーションできる。

ポアソン分布でも指数分布でもシミュレーション研究で鍵となる仮定は、比率(`rate`)やλが考慮している期間で定まっていることだ。これは長期的には滅多に成り立たない。例えば、道路の交通量やネットワークトラフィックは、1日のうちでも、曜日によっても変動する。しかし、通常、時間も空間も一様な区間に分割できるので、その区間での分析やシミュレーションは、その区間内では妥当になる。

2.12.3 故障率の推定

多くのソフトウェアでは、事象発生率λは、既知か以前のデータから推定できる。しかし、稀ではあるが、推定できないことがある。航空機のエンジンの故障は、(幸い)十分に稀だが、エンジンの型によっては、故障間隔の推定の基になるデータがほとんどないことがある。データがまったくないと、事象発生率を推定するための基盤が存在しない。それでも、大まかな推論は行える。20時間何も起こらなければ、故障率が1時間あたり1でないことには確信が持てる。シミュレーションによるか確率を直接計算するかして、さまざまな仮説的な事象発生率を評価して、それ以下の比率はほとんどあり得ないという閾値を推定できる。データがあっても、比率の推定が信頼できない場合は、適合度検定(**「3.9 カイ二乗検定」**参照)をさまざまな比率に適用して、観測データとどれだけ適合するかを決定できる。

2.12.4 ワイブル分布

多くの場合、事象発生率は時間の経過に従って変化する。変化する期間が事象間の普通の間隔よりずっと長くても、問題はない。既に述べたように、比率が比較的一定な区間に分割して分析すれば済む。しかし、事象発生率が期間中に変化したなら、指数分布(またはポアソン分布)はもはや役立たない。これは、機械的故障で起こること、故障の危険性が時間が経つにつれて増えることだ。**ワイブル分布**は、指数分布の拡張で、事象発生率が**形状パラメータ**βで指定したように変化してもよい。$\beta>1$なら、事象確率が時間とともに増加し、$\beta<1$なら減少する。事象発生率の代わりにワイブル分布を使って故障寿命分析ができるので、第2パラメータは期間事象発生率の代わりに寿命特性が使われる。使用する記号はギリシャ文字のηで、**スケール**パラメータとも呼ばれる。

ワイブル分布では、推定タスクにβとηの両方のパラメータの推定を含む。一般的に、統計ソフトを使ってデータをモデル化して、適合ワイブル分布を推定する。

ワイブル分布で乱数を発生するRコードは3つの引数、すなわち`n`（生成する個数）、`shape`（形状）、`scale`（寿命特性）をとる。例えば、次のコードは形状パラメータが1.5、寿命特性5,000のワイブル分布から100個の乱数を生成する。

（R）
```
rweibull(100, 1.5, 5000)
```

Pythonで同じことをするには、`stats.weibull_min.rvs`関数を使う。

（Python）
```
stats.weibull_min.rvs(1.5, scale=5000, size=100)
```

基本事項20

- 事象発生率が定数の場合は、単位時間や空間当たりの事象数はポアソン分布でモデル化できる。
- 事象間の時間や距離を指数分布でモデル化できる。
- 時間経過中に変化する事象（例：機器故障確率の増加）はワイブル分布でモデル化できる。

2.12.5 さらに学ぶために

- 『*Modern Engineering Statistics*』［Ryan-2007］には、工学応用で使われる確率分布についてだけの章がある。
- （主として工学的観点からの）ワイブル分布の使用に関する工学に基づいた議論は、「Predicting Equipment Failures Using Weibu11 Analysis and SAS* Software」（https://oreil.ly/1x-ga）と「Estimation the System Reliability using Weibull

Distribution」(https://oreil.ly/9bn-U)を読むとよい。

2.13 まとめ

ビッグデータ時代でも、正式な推定が必要な場合、無作為抽出原則の重要性は変わらない。データの無作為抽出からは、バイアスを減らし、簡単に使えるデータをただ使うだけよりも品質の高いデータセットが得られる。さまざまな標本抽出やデータ生成分布の知識で、ランダムな変動による推定誤差を数量化できる。同時に、ブートストラップ(観測データセットの復元抽出)が、標本推定における可能誤差を決定する魅力的な「1つで間に合う」手法となる。

3章
統計実験と有意性検定

実験設計は、統計を実践する上での基礎であり、事実上すべての研究分野に適用できる。目標は、仮説を確証するか棄却するための実験を設計することだ。データサイエンティストは、特にユーザインタフェースとプロダクトマーケティングを考慮して、連続実験を行う必要に迫られる。本章では、伝統的な実験計画法（統計学では設計をこのように呼ぶ）を復習して、データサイエンスにおける課題を論じる。統計的推論でよく引き合いに出される概念も扱い、その意味とデータサイエンスにおける関連性を（ない場合も含めて）説明する。

統計的有意性、t検定、p値について目にするのは、古典的な統計的推論の「パイプライン」（**図3-1**参照）での場合が一般的である。このプロセスは、仮説（「薬Aが既存の常用薬より優れている」「価格Aの方が現在の価格Bより利益が大きくなる」）から始まる。実験（例えばA/Bテスト）は仮説検定のために設計され、結論を導く結果が得られるものと期待される。データが収集、分析され、結論が導かれる。「推論」という用語は、実験結果の適用を意味しているが、それは、限られたデータセットをより大きなプロセスや母集団に対して適用することだ。

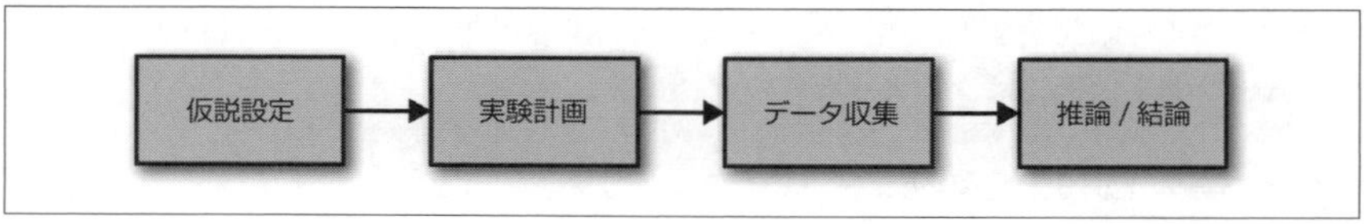

図3-1　古典的な統計的推論

3.1 A/Bテスト

A/Bテストは、2つの処置、製品、手続きなどのうちどちらが優れているかを決定するために2グループについての実験を行うことである。一方の処置が、標準的な既存の処置であったり、処置をしないことであることも多い。標準的な処置（または無処置）のことを**統制**と言う。通常、仮説は（新たな）処置が統制より優れるというものだ。

基本用語19：A/Bテスト

処置（treatment）
被験者が試される（薬、価格、Web見出しなど）もの。

処置群（treatment group）
特定の処置を受ける被験者のグループ。実験群ともいう。

統制群（control group）
標準的処置または処置を受けない被験者のグループ。

ランダム化（randomization）
被験者に処置をランダムに割り当てる処理。無作為化ともいう。

被験者（subject）
処置を受ける（Web訪問者、患者など）人。

検定統計量（test statistic）
処置の効果を測定するのに使う指標。

A/Bテストは、結果をすぐ測定できるので、Web設計やマーケティングによく使われる。A/Bテストは例えば次のようなものだ。

- どちらの土壌が種子の発芽に良いかテストする。
- どちらの治療がガンをより効果的に抑制するかテストする。
- どちらの値付けの方が純利益が大きくなるか決定するためにテストする。
- どちらのWeb見出しがより多くのクリックを得られるか決定するためにテストする（**図3-2**）。

- どちらのWeb広告がより多くのコンバージョン（成果に貢献する何らかの行為、eコマースなら購買）につながるか決定するためにテストする。

図3-2　マーケターはどちらのWeb表示が良いか常にテストしている。

本来のA/Bテストでは、**被験者**はどちらかの処置を割り当てられる。被験者は、ヒト、植物の種子、Web訪問者のどれでもいい。鍵は被験者が処置を受けることだ。理想的には、無作為抽出で処置を受ける。そうすれば、処置群の相違が次のどちらかによることがわかる。

- 異なる処置による効果。
- どの処置を受けるかの運による（すなわち、無作為抽出によって優れた被験者がAまたはBに偏った）。

グループAとグループBとを比較するのに使う指標、検定統計量にも注意する必要がある。データサイエンスで最もよく使われる指標は二値変数、すなわちクリックしたかどうか、買うかどうか、偽物かどうかなどだ。結果は2×2の表にまとめられる。**表3-1**は、実際の値付けテストの結果を表す（これらの結果についての議論は**「3.4　統計的有意差とp値」**参照）。

表3-1 eコマース実験結果の2×2の表

結果	価格A	価格B
コンバージョンあり	200	182
コンバージョンなし	23,539	22,406

指標が連続変数（購入額、利益など）または離散変数（例：入院日数、訪問ページ数）なら、結果の表示が異なる。例えば、コンバージョンではなくページビューごとの売上に興味がある場合、ソフトウェアを使って価格のテストを行うと、次のように出力されるだろう。

Revenue/page view with price A: mean = 3.87, SD = 51.10
Revenue/page view with price B: mean = 4.11, SD = 62.98

ここで、SDは各グループ内の標準偏差を指す。

> RやPythonを含めて、統計ソフトが生成したからと言って、デフォルトの出力がすべて有用であったり関連があるわけではない。この標準偏差はそれほど役立たないことがわかる。表面的には、負の売上はないはずなのに、多数の値が負になっているように示される。データは、少数の比較的高い値（コンバージョンページビュー）と多数の0値（コンバージョンがなかったページビュー）からなる。このようなデータの変動性を1つの数値に要約することは難しく、平均からの平均絶対偏差（Aが7.68、Bが8.15）の方が標準偏差よりも妥当だ。

3.1.1 なぜ統制群があるか

統制群など用意せず、処置を行う実験だけをして、以前の実験結果と比較するのでは、なぜいけないのだろう。

統制群がないと、「他のことは同じ」だという保証がないので、違いが処置（または運）によるものかどうかがわからない。統制群があれば、（問題の処置を除いて）処置群と同じ条件でテストされる。「ベースライン」すなわち過去の経験と単に比較しただけでは、処置以外の他の要因によって違ったのかどうかがわからない。

> **盲検法**
>
> 盲検法では、被験者が処置Aを受けたかBを受けたかがわからない。特定の処置を受けたことがわかると、結果に影響する。**二重盲検法**では、調査の担

当者や実験担当者（例：医療調査では医師や看護士）にも被験者がどちらの処置を受けているかがわからない。ただし盲検法は、例えば、コンピュータ対心理学者の認知セラピーなどのように処置の性質が透明だと、使えない。

データサイエンスにおけるA/Bテストは、通常はWebコンテキストの評価で使われる。処置は、Webページのデザイン、製品価格、見出しの言葉などだ。無作為の原則を守るためにいくつか考えておくことがある。普通は、実験の被験者がWeb訪問者で、関心があるのは、クリック、購買、訪問時間、ページ閲覧数、特定ページの閲覧などだ。標準的なA/Bテストでは、前もって測定項目を決定する必要がある。複数の行動指標や関心のある指標を収集していても、実験が処置AとBとどちらに決定するかであるなら、単一指標、すなわち**検定統計量**を事前に決めておく。実験の後で検定統計量を決めると、研究者バイアスが入る。

3.1.2 なぜA/Bだけか。なぜC, D, ...でないのか

A/Bテストは、マーケティングやeコマースでは普通だが、これが統計実験で唯一の種類ではない。他の処置を含めてもよいし、被験者が繰り返し測定を受けることもある。医療関係で被験者が稀であったり、計算コストがかかったり、時間がかかる場合、複数の機会があるよう計画を立てて、実験を止めても結論を導けるようにすることもある。

伝統的な統計的実験計画法では、特定の処置の効果を統計的な質問として答えることに焦点を絞っている。データサイエンティストは、「価格AとBとの相違は統計的に有意か」という質問よりも「複数の価格候補で、どれが最良か」という質問を重視する。そのために、多腕バンディット（**「3.10　多腕バンディットアルゴリズム」**参照）のような比較的新しい実験計画法が使われる。

承諾を得る

人間の被験者を必要とする科学および医療調査では、組織の審査委員会の承認だけでなく本人の承諾を得ることが通常必要となる。通常のビジネス処理の一部として行われるビジネス上の実験では、このような承諾をほとんど求めない。たいていの場合（例：値付け実験、どの見出しを出すか、どちらの選択肢を示すかなどの実験）、これは広く受け入れられている。しかし、ユーザのニュースフィードでの感情表現に関する実験をFacebookがしたときには、これが通用しなかった。Facebookは、投稿されたニュースフィードの

センチメント分析に基づき、肯定的か否定的かに分類して、ユーザに表示する正負のバランスを変更した。無作為抽出したユーザでは、肯定的な投稿を多く経験した人も否定的な投稿を多く経験した人もいた。肯定的なニュースフィードをより多く見たユーザは、肯定的な投稿をする傾向にあり、逆も成り立つことがわかった。効果は小さなものだったが、ユーザが知らない間に実験を実施したと言って、Facebookに多くの非難が寄せられた。ユーザの中には、特に抑うつされた人が否定的なフィードを見て、一線を越えかねないと心配する人もいた。

基本事項21

- 被験者は2つ（以上の）グループに分けられ、調査対象の処置を除いては、まったく同じ処置を受ける。
- 理想的には、被験者はグループに無作為抽出される。

3.1.3 さらに学ぶために

- 2群比較（A/Bテスト）は、伝統的統計学の典型例で、統計入門書ならどれも設計原則や推定手続きを扱っている。A/Bテストをよりデータサイエンス的に論じてリサンプリングを扱う本としては、『*Introductory Statistics and Analytics: A Resampling Perspective*』[Bruce-2014]がある。
- Webテストでは、統計的側面だけでなく処理手順にも課題がある。Google Analyticsの実験に関するヘルプのセクション（https://oreil.ly/mAbqF）が手始めに役立つ。
- Webでよく見かける「訪問者数が1,000人になるまで待ち、テストを1週間で行う」のようなA/Bテストのガイドについては気を付けること。このような一般規則は、何ら統計的な意味を持たない。詳細は**「3.11 検定力とサンプルサイズ」**で述べている。

3.2 仮説検定

仮説検定は、**有意性検定**とも呼ばれるが、研究論文の伝統的な統計分析としてはありふれたものだ。その目的は、観測された効果が偶然によるものかどうかを確かめることだ。

基本用語20：仮説検定

帰無仮説（null hypothesis）
偶然によって起こったとする仮説。

対立仮説（alternative hypothesis）
帰無仮説に対立する仮説（検証したいこと）。

片側検定（one-way test）
偶然の結果が片方だけに影響するという仮説検定。

両側検定（two-way test）
偶然の結果が両側に影響するという仮説検定。

A/Bテスト（**「3.1　A/Bテスト」**参照）は、仮説を念頭に作られる。例えば、仮説は価格Bの方が利益が大きいというものだ。なぜ仮説が必要なのだろうか。実験の結果だけを調べて、処置の結果が良い方をとればよいのではないのか。

答えは、自然のランダムな振る舞いの影響を過小評価する人間の心理傾向にある。これは、極端な事例を予期できない、いわゆる「ブラックスワン」（**「2.7　ロングテールの分布」**参照）現象に現れている。もう1つの現象は、ランダムな事象には特別なパターンがあると誤解する傾向だ。統計的仮説検定は、研究者が偶然によって惑わされない方法として考案された。

ランダムさの誤解

この実験では、人間がランダムさを過小評価する傾向を観測できる。友人の何人かに50個の硬貨投げの結果の列を予想して書いてもらおう。つまり、H（表）とT（裏）を予想して50個ランダムに書いてもらうのだ。そして、予想の横に実際に硬貨投げを行った結果を書いていく。どちらが実際の結果かは容易にわかる。実際の結果は、HやTが長く続く。実際に50回硬貨投げをすると、5回や6回HまたはTの列が長く続く。しかし、私たちがランダムな硬貨投げを想定して書くと、ランダムに見えるようにとHが3回か4回続くとTに変えてしまう。

> この現象の裏返しは、私たちが実世界で6回の表が出ることに相当する事象（例：ある見出しが他より10％良い）に出会うと、そこには偶然ではなく何かがあると思ってしまうということだ。

適切に設計されたA/Bテストでは、処置Aと処置Bとの収集データは、AとBとの相違が観測されたとすれば、それは次のいずれかによるものだ。

- 被験者の無作為抽出の偶然による。
- AとBとの真の差による。

統計的仮説検定は、A/Bテストあるいは無作為抽出実験の分析をさらに進めて、AとBとの観測された差が偶然によるという説明が妥当かどうかを評価するものだ。

3.2.1 帰無仮説

仮説検定では、次のような論理を用いる。「普通ではないランダムな振る舞いに対して、何か意味があり現実の何かだと解釈する人間の傾向を与えられたとき、我々の実験においては、グループ間の差は、偶然によって起こるよりも極端であることを証明する必要がある」。これは、両方の処置が等価であり、グループ間の差は偶然によるものだという基本的な仮定が含まれる。この基本的な仮定を**帰無仮説**と呼ぶ。そして、この帰無仮説が正しくないことを証明しようとして、グループAとグループBとの結果は、偶然によるよりも大きな差を生み出していることを示そうとする。

これを行う方法の1つに並べ替えリサンプリング手続きがある。これは、グループAとBの結果をシャッフルして、同じサイズのグループのデータを繰り返し用いて、観測された差と同じ差がどのくらい得られるかを観測する。グループAとBのシャッフルして組み合わせた結果とそこからリサンプリングする手続きは、グループAとBが等価で交換可能であるという帰無仮説を体現しており、帰無モデルと呼ばれる。詳細は、**「3.3 リサンプリング」**参照。

3.2.2 対立仮説

仮説検定は性質上、帰無仮説だけでなく、対立仮説を含む。例を示す。

- 帰無仮説＝「AとBの両グループの平均に差はない」、対立仮説＝「AはBと差がある（大きいか小さい）」

- 帰無仮説＝「A ≦ B」、対立仮説＝「A ＞ B」
- 帰無仮説＝「BはAよりX%大きくはない」、対立仮説＝「BはAよりX%大きい」

両者を合わせれば、帰無仮説と対立仮説とですべての可能性を満たしていなければならない。帰無仮説の性質が仮説検定の構造を決定する。

3.2.3 片側、両側仮説検定

A/Bテストにおいては、既存のデフォルト（A）に対して新たな選択肢（B）を試して、新たな選択が決定的に良いと証明されない限りは、従来通りのデフォルトを採択すると推定する。そのような場合、仮説検定では、偶然に惑わされてBの方を選ばないよう保護してくれることを期待する。Bが決定的に優れていると証明されるまではAに留まるので、偶然逆方向に惑わされることは、気にかけない。すなわち、1方向の対立仮説（BがAより良い）を望む。このような場合、**片側**（片方の裾）仮説検定を使う。これは、極端な場合をp値の片側だけで考えることを意味する。

仮説検定で、偶然に惑わされてどちらに振れてもよいようにするには、対立仮説は両方向（AはBとは異なる。大きいまたは小さい場合）にする。そのような場合、**両側**（両方の裾）仮説検定を使う。これは極端な機会がp値のどちらの方向にもあるということを意味する。

片側仮説検定は、A/B意思決定の性質に適合していて、他のプロセスがより良いと証明されるまでは「デフォルト」状態に留まるという普通の決定方法に従う。しかし、RやPythonのSciPyも含めてソフトウェアにおいては、普通は出力に両側検定を行うのがデフォルトで、統計学者の多くは、論争を避けるために従来通りの両側検定を選択する。片側か両側かというのは、面倒なテーマであるが、p値計算の精度がそれほど重要でないデータサイエンスにはあまり関係しない。

基本事項22

- 帰無仮説は、何も特別なことがなく、観測した効果は偶然にすぎないという概念を表す。
- 仮説検定では、帰無仮説が真であると仮定し、「帰無モデル」（確率モデル）を作って、観測した効果がそのモデルの妥当な結果かどうかを検定する。

3.2.4 さらに学ぶために

- 『*The Drunkard's Walk*』[Mlodinow-2008] は、「偶然が私たちの生活を支配する」ことをまとめたもので読みやすい。
- 統計学の古典的な教科書『*Statistics. 4th ed.*』[Freedman-2007] は、仮説検定を含めてほとんどの統計学の話題を数学を使わずに説明している。
- 『*Introductory Statistics and Analytics: A Resampling Perspective*』[Bruce-2014] はリサンプリングを使って仮説検定の概念を説明している。

3.3 リサンプリング

統計学における**リサンプリング**は、観測データから標本値を繰り返し取得することを意味する。目的は、ランダムな変動性の評価だ。機械学習モデルの適合率を改善したり評価するのにも使える（例：複数のブートストラップデータセットから構築した決定木モデルによる予測をバギングと呼ばれるプロセスで平均化できる。**「6.3 バギングとランダムフォレスト」**参照）。

リサンプリングには、**ブートストラップ**検定と**並べ替え**検定との2種類がある。2章で論じたブートストラップは、推定の信頼性を評価するのに使われる（**「2.4 ブートストラップ」**参照）。並べ替え検定は、通常、2つ以上のグループでの仮説検定に用いられ、本節で説明する。

基本用語21：リサンプリング

並べ替え検定（permutation test）

2つ以上の標本を一緒にして、ランダムに（または網羅的に）観測データを並べ替えてリサンプリングする手続き（関連語：確率化検定、無作為並べ替え検定、正確確率検定）

リサンプリング（resampling）

観測データセットから追加標本を抽出すること。

復元抽出（with replacement）、非復元抽出（without replacement）

標本抽出において、使用した標本を次の抽出の前に戻すか戻さないか。

3.3.1 並べ替え検定

並べ替え検定では、2つ以上の標本を使うが、通常はA/Bテストや他の仮説検定でのグループだ。並べ替えとは、値集合の順序を置換することを意味する。仮説の並べ替え検定における第1ステップは、グループAとB(もしあれば、C, D…も)の結果を一緒にすることだ。これは、各群に対する処置に差がないとする帰無仮説を裏付けるものだ。そして、この一緒にした集合から、無作為抽出で仮説検定を行い、互いにどのくらい異なるかを調べる。並べ替え検定の手続きは次のようになる。

1. 1つのデータセット中の異なるグループの結果を一緒にまとめる。
2. まとめたデータをシャッフルして、(非復元)無作為抽出して、グループAと同じサイズの標本をリサンプリングする(明らかに、他のグループのデータが含まれる)。
3. 残りのデータから、(非復元)無作為抽出して、グループBと同じサイズの標本をリサンプリングする。
4. 群C, Dなどにも同じことをする。元のグループと同じサイズのグループの標本が得られる。
5. 元の標本で計算した統計量や推定値(例:グループ比率の差)が何であれ、リサンプリングした標本について再度計算して記録する。これで、並べ替え検定の1回となる。
6. 上のステップをR回繰り返し、検定統計量の並べ替え分布を得る。

元のグループで観測された差を、並べ替えを行った差の集合と比較する。元の観測された差が並べ替えた差の集合の範囲内なら、何も証明できなかった。すなわち、観測された差は、偶然による範囲内だった。しかし、元の観測された差が並べ替え分布の範囲外なら、偶然によるものではないと結論できる。専門的には、差が**統計的に有意**と言う(「**3.4 統計的有意差とp値**」参照)。

3.3.2 例:Web粘着性

比較的高価なサービスを提供する企業が、2つのWebページのどちらの方が売上増に寄与するかを調べようとした。販売しているサービスが高価なので、売れることはそう頻繁ではなく、販売サイクルも長い。どちらのページが優れているかを調べるための販売データを蓄積するには時間がかかりすぎる。そこでこの企業は、サービスの詳細を記述したページを使った代理変数で結果を測定することに決定した。

> 代理変数は、問題である真の変数が得られない、計算コストが高すぎる、測定に時間がかかりすぎるなどのときに、代わりに使われる。例えば、気候変動の調査では、氷床コアに含まれる酸素量が古代の気温の代理変数として使われる。対象の真の変数に関して少なくとも何かのデータがあれば役立つので、代理変数の関係性の強度を評価する。

この企業で代理変数として使える1つの候補は、詳細紹介ページのクリック数だ。より良い代理変数は、ページに留まった時間だ。人々の注意をより長く引き付けるWeb表示（ページ）がより多くの販売につながると考えるのは妥当だろう。そこで、ページAとページBの平均ページ滞留時間を測定する。

これらは内部の特別な目的用のページなので、訪問者数は膨大ではない。ページ滞留時間を入手するGoogle Analyticsでは、訪問者の最新のセッションのページ滞留時間を測定できない。Google Analyticsは、ユーザがそのページでクリックやスクロールなど何かしない限り、セッションでのページ滞留時間をゼロと記録する。これは単一ページのセッションについても言える。これらを考慮してデータを処理する。結果は、ページAが21、ページBが15、全体で36セッションという結果だった。`ggplot`を使い、時間を箱ひげ図で並べて可視化して比較できる（コードでは`session_times`という単語を使っているが、これはGoogle Analyticsでは少し違う意味になる）。

（R）
```
ggplot(session_times, aes(x=Page, y=Time)) +
  geom_boxplot()
```

対応するpandasの`boxplot`ではキーワード引数`by`を使って箱ひげ図を作る。

（Python）
```
ax = session_times.boxplot(by='Page', column='Time')
ax.set_xlabel('')
ax.set_ylabel('Time (in seconds)')
plt.suptitle('')
```

図3-3の箱ひげ図は、ページBがページAより滞留時間が長いことを示す。グループでの平均時間を次のようにして計算できる。

(R)
```
mean_a <- mean(session_times[session_times['Page'] == 'Page A', 'Time'])
mean_b <- mean(session_times[session_times['Page'] == 'Page B', 'Time'])
mean_b - mean_a
[1] 35.66667
```

Pythonでは、pandasデータフレームをページでまずフィルタしてから、Time列の平均を計算する。

(Python)
```
mean_a = session_times[session_times.Page == 'Page A'].Time.mean()
mean_b = session_times[session_times.Page == 'Page B'].Time.mean()
mean_b - mean_a
```

ページBの時間の方がページAよりも平均して35.67秒長かった。問題は、この差異が偶然による差の範囲内か、あるいは、統計的に有意かだ。これに答える方法の1つが、並べ替え検定であり、すべての時間を一緒にまとめ、繰り返しシャッフルして、21（ページAで$n_A = 21$）と15（ページBで$n_B = 15$）の2つのグループに分けるものだ。

並べ替え検定をするには、36の時間を21のグループ（ページA）と15のグループ（ページB）に無作為に割り当てる関数が必要だ。Rでは次のようになる。

(R)
```
perm_fun <- function(x, nA, nB)
{
  n <- nA + nB
  idx_b <- sample(1:n, nB)
  idx_a <- setdiff(1:n, idx_b)
  mean_diff <- mean(x[idx_b]) - mean(x[idx_a])
  return(mean_diff)
}
```

この並べ替え検定のPython版は次の通り。

(Python)
```
def perm_fun(x, nA, nB):
    n = nA + nB
    idx_B = set(random.sample(range(n), nB))
    idx_A = set(range(n)) - idx_B
    return x.loc[idx_B].mean() - x.loc[idx_A].mean()
```

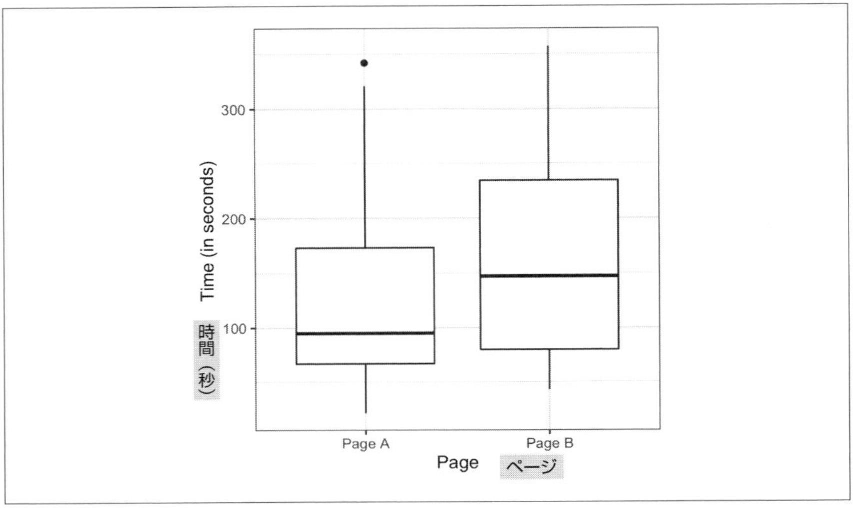

図3-3 WebページAとBの滞留時間

この関数は、n_B個のインデックスで示す非復元抽出した標本をグループBに割り当て、残りのn_A個をグループAに割り当てる。2つのグループの平均の差を返す。この関数を$R = 1{,}000$回、$n_A = 21$かつ$n_B = 15$として呼び出し、ページ滞留時間の差の分布をヒストグラムとして表示する。Rではhist関数を使う。

(R)
```
perm_diffs <- rep(0, 1000)
for (i in 1:1000) {
  perm_diffs[i] = perm_fun(session_times[, 'Time'], 21, 15)
}
hist(perm_diffs, xlab='Session time differences (in seconds)')
abline(v=mean_b - mean_a)
```

Pythonでは、Matplotlibを使って同じグラフを作成する。

(Python)
```
perm_diffs = [perm_fun(session_times.Time, nA, nB) for _ in range(1000)]

fig, ax = plt.subplots(figsize=(5, 5))
ax.hist(perm_diffs, bins=11, rwidth=0.9)
ax.axvline(x = mean_b - mean_a, color='black', lw=2)
ax.text(50, 190, 'Observed\ndifference', bbox={'facecolor':'white'})
```

```
ax.set_xlabel('Session time differences (in seconds)')
ax.set_ylabel('Frequency')
```

図3-4のこのヒストグラムは、無作為並べ替えによる平均の差が観測された差（鉛直破線）をしばしば超えていることを示す。これが生じるのは、12.6 %だ。

（R）
```
mean(perm_diffs > (mean_b - mean_a))
[1] 0.126
```

シミュレーションでは乱数を使っているので、パーセントの値は毎回変わる。例えば、Pythonで実行すると12.1 %になった。

（Python）
```
np.mean(perm_diffs > mean_b - mean_a)
0.121
```

これは、ページAとページBの観測された時間の差が偶然による変動の範囲内であることを示すので、これは統計的に有意ではない。

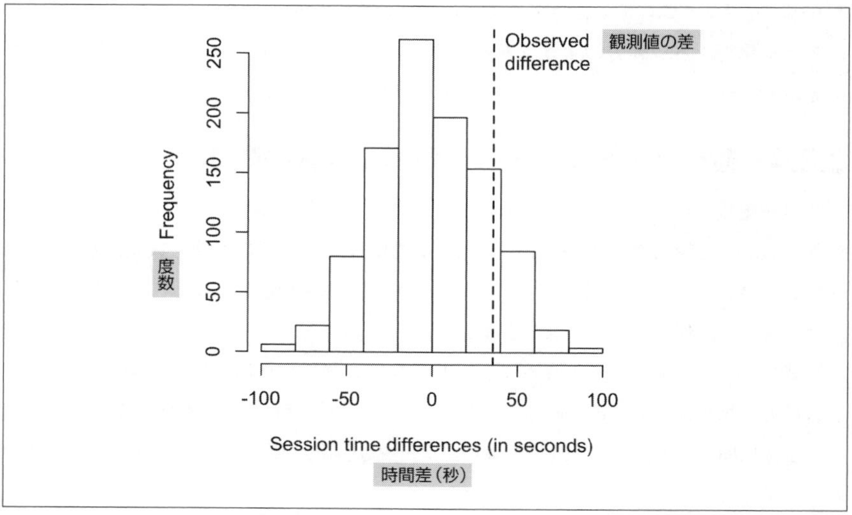

図3-4　ページAとページBの時間の差の度数分布

3.3.3 完全並べ替え検定とブートストラップ並べ替え検定

前述の無作為並べ替え検定や無作為検定とも呼ばれるランダムにシャッフルする手続きの他に、並べ替え検定には2種類のやり方がある。

- 完全並べ替え検定
- ブートストラップ並べ替え検定

完全並べ替え検定では、ランダムにシャッフルしてデータを分割する代わりに、分割のすべての場合について調べる。これはサンプルサイズが比較的小さい場合にだけ実際に行うことができる。繰り返しシャッフルする回数が多くなれば、無作為並べ替え検定が完全並べ替え検定の近似になっており、極限は一致する。完全並べ替え検定は、正確確率検定と呼ばれることもあるが、それは検定のアルファ水準（**「3.4 統計的有意差とp値」**参照）よりも帰無モデルが「有意」になることがないことが統計的性質として保証されるからだ。

ブートストラップ並べ替え検定では、無作為並べ替え検定のステップ2と3で、非復元抽出ではなく復元抽出が用いられる。そうすると、リサンプリングが被験者への処置割り当てをランダムにするだけでなく、母集団からの被験者選択もランダムであるようにモデル化できる。両方の手続きが統計学において用いられ、両者の差は少々入り組んでいて、データサイエンスの現場ではそれほど重大だとはみなされていない。

3.3.4 並べ替え検定：データサイエンスの基本

並べ替え検定は、ランダムな変動の果たす役割を探るためのヒューリスティックな手続きである。比較的簡単に、符号化、解釈、説明ができて、形式主義や数式に基づく「偽りの決定論」を避けることができる。そういった「偽りの決定論」では、式の「答え」の精度は、確かさが保証されないことが多い。

数式に基づくアプローチと比べて、リサンプリングの利点は、推論の際に、「どんな場合にも適用可能」な方式に近いことだ。データは数値でも二値でも構わない。サンプルサイズは同じでも同じでなくてもよい。データが正規分布に従うという仮定も必要ない。

基本事項23

- 並べ替え検定は、複数の標本を組み合わせてシャッフルする。
- シャッフルした値を次に分割してリサンプリングして、対象統計量を計算する。
- このプロセスを繰り返して、リサンプリングした統計量を表にする。
- 統計量の観測値をリサンプリングした分布と比較して、標本間の観測差異が偶然によるものかどうか判定する。

3.3.5 さらに学ぶために

- 『*Randomization Tests, 4th ed.*』[Edington-2007] がよいが、非無作為標本抽出の藪の中に迷い込まないようにすること。
- 『*Introductory Statistics and Analytics: A Resampling Perspective*』[Bruce-2014] が役立つ。

3.4 統計的有意差とp値

統計的有意差は、実験（または既存のデータの研究）が偶然によるとは言えない極端な結果を生み出したかどうかを測定するものだ。結果が偶然による変動の範囲を超えるなら、統計的に有意だと言える。

基本用語22：統計的有意差とp値

p値（p-value）

帰無仮説を具現化する偶然のモデルにおいて、p値は観測結果の異常な、すなわち極端な値が得られる確率である。

アルファ（alpha）

実際の結果が統計的に有意であるために、偶然の結果が超えなければならない「異常性」の確率の閾値。

第一種の過誤（type 1 error）

効果が（偶然によるのに）本物だと誤って結論付けること。

第二種の過誤（type 2 error）

効果が（本物なのに）偶然によるものと誤って結論付けること。

表3-1として既に示したWebテストの結果を、**表3-2**として再掲する。

表3-2　eコマース実験結果の2×2の表

結果	価格A	価格B
コンバージョンあり	200	182
コンバージョンなし	23,539	22,406

価格Aは、価格Bよりもコンバージョン率がほぼ5％増えている（0.8425％ = 200/(23539 + 200) × 100対0.8057％ = 182/(22406 + 182) × 100、0.0368ポイントの差）ので、大量販売ビジネスでは十分意味のある大きさだ。データポイントは45,000を超えていて、「ビッグデータ」だから統計的有意性の検定（小さな標本で標本分散を考慮する必要がある）は必要ないと考えたくなる。しかし、コンバージョン率が非常に低い（1％に満たない）ので、実際に意味のある値、コンバージョン数は数百にすぎず、価格AとBとのコンバージョン数の差は、リサンプリングで得られた偶然による変動の範囲内だ。「偶然による変動」という用語で、コンバージョン率に差異がないという帰無仮説（**「3.2.1 帰無仮説」**参照）を具現化する確率モデルによるランダムな変動を意味する。次の並べ替え検定手続きが、「2つの価格が同じコンバージョン率になるなら、偶然による変動で5％の大きさの差異が生じるか」という問いに答える。

1. 箱に1と0と書いたカードで全標本結果を入れる。これは、共有コンバージョン率、「382枚の1と45,945枚の0」= 0.008246 = 0.8246％を表す。
2. 全体をシャッフルしてリサンプリングして、サイズが23,739（価格Aでのn）の標本を作り、1がいくつあるか記録する。
3. 残りの22,588（価格Bでのn）について1の個数を数える。
4. 1の割合の差を記録する。
5. 2から4のステップを繰り返す。
6. 差が0.0368以上である場合は何回あったか。

Rでは、**「3.3.2 例：Web粘着性」**で定義した関数perm_funを再利用して、コンバージョン率の無作為に並べ替えた場合の差のヒストグラムを作ることができる。

（R）
```
obs_pct_diff <- 100 * (200 / 23739 - 182 / 22588)
conversion <- c(rep(0, 45945), rep(1, 382))
perm_diffs <- rep(0, 1000)
for (i in 1:1000) {
  perm_diffs[i] = 100 * perm_fun(conversion, 23739, 22588)
}
hist(perm_diffs, xlab='Conversion rate (percent)', main='')
abline(v=obs_pct_diff)
```

対応するPythonコードは次の通り。

（Python）
```
obs_pct_diff = 100 * (200 / 23739 - 182 / 22588)
print(f'Observed difference: {obs_pct_diff:.4f}%')
conversion = [0] * 45945
conversion.extend([1] * 382)
conversion = pd.Series(conversion)

perm_diffs = [100 * perm_fun(conversion, 23739, 22588)
              for _ in range(1000)]

fig, ax = plt.subplots(figsize=(5, 5))
ax.hist(perm_diffs, bins=11, rwidth=0.9)
ax.axvline(x=obs_pct_diff, color='black', lw=2)
ax.text(0.06, 200, 'Observed\ndifference', bbox={'facecolor':'white'})
ax.set_xlabel('Conversion rate (percent)')
ax.set_ylabel('Frequency')
```

図3-5の1,000個のリサンプリングした結果のヒストグラムを見てわかるように、この場合、0.0368％の観測差は、偶然による変動の範囲内だ。

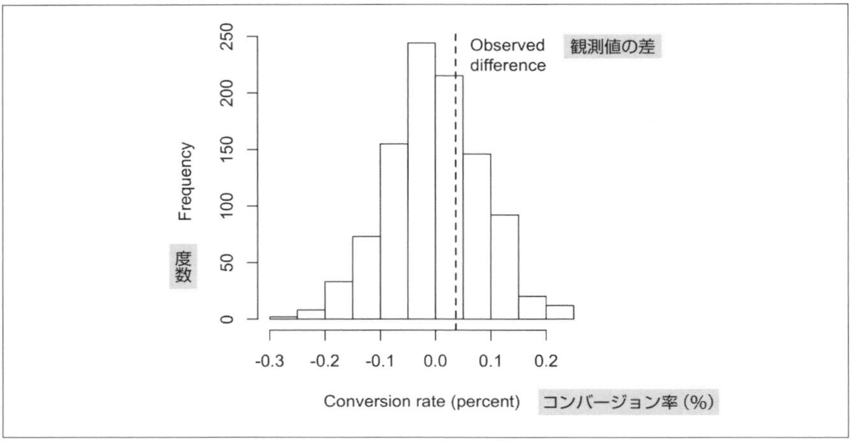

図3-5 ページAとBのコンバージョン率の差異の度数分布

3.4.1 p値

グラフを見ただけでは、統計的に有意かどうかを測定できないので、**p値**が重要となる。偶然によるモデルで観測された結果よりも極端な結果が生じる度数だ。並べ替え検定からp値を推定するには、並べ替え検定によって観測された差以上の差が生じる回数の割合を求める。

(R)
```
mean(perm_diffs > obs_pct_diff)
[1] 0.308
```

(Python)
```
np.mean([diff > obs_pct_diff for diff in perm_diffs])
```

RもPythonも、ここでは、真を1、偽を0と解釈する。

p値は0.308で、30%を超える確率で同じもしくはより極端な結果が得られると期待できることを意味する。

この事例では、p値は並べ替え検定をしなくても求まる。二項分布があるので、正規分布を使ってp値を近似できる。Rのコードでは、関数`prop.test`を使ってできる。

(R)
```
prop.test(x=c(200, 182), n=c(23739, 22588), alternative='greater')
```

```
        2-sample test for equality of proportions with continuity correction

data:  c(200, 182) out of c(23739, 22588)
X-squared = 0.14893, df = 1, p-value = 0.3498
alternative hypothesis: greater
95 percent confidence interval:
 -0.001057439  1.000000000
sample estimates:
     prop 1      prop 2
0.008424955 0.008057376
```

引数xは各グループでの成功数、引数nは試行数だ。

Pythonでは、scipy.stats.chi2_contingencyメソッドに**表3-2**の値を指定する。

(Python)
```
survivors = np.array([[200, 23739 - 200], [182, 22588 - 182]])
chi2, p_value, df, _ = stats.chi2_contingency(survivors)

print(f'p-value for single sided test: {p_value / 2:.4f}')
```

正規近似では、p値が0.3498で、並べ替え検定で得られたp値に近い。

3.4.2 アルファ

統計学者は、結果が偶然生じるには「あまりにも異常」かどうかの決定を研究者に委ねるというやり方には難色を示す。「偶然(帰無仮説)の結果より5%極端」というように、前もって閾値を指定すべきだとする。この閾値はアルファと呼ばれる。通常のアルファ水準は5%か1%だ。どの水準も適当な決定によるもので、x%が正しい決定だと保証するものはない。それは、問われている確率に関する問いが、「これが偶然に生じる確率は何か」ではなくて、「その偶然モデルの下で、この極端な結果の確率は何か」だからだ。偶然モデルの適切さについては、後ろ向きに推論できるが、その判断には確率は伴わない。この点はよく誤解されていることだ。

3.4.2.1 p値についての論争

最近、p値の使用についてはさまざまな議論がある。ある心理学の専門誌が、投稿論文において、p値だけに基づく掲載決定が、レベルの低い研究を掲載してしまっているという結果に対して、論文でp値の使用を「禁止」にするまでに至った。あまりに多くの研究者が、p値が本当は何を意味するかを漠然としか理解していないまま、さまざまな仮説のデータを探し回って、有意なp値が得られる組み合わせを見つけたことから、論文が掲載に値するとして投稿した。

本当の問題は、人々がp値が本来持つ以上の意味を求めたことにある。ここで、p値に期待していることは、「結果が偶然を原因とする確率である」ことである。

これが低い値で、何かを証明したと結論付けることができると期待するのだ。これが、多くの論文誌編集者がp値を解釈してきたことだ。しかし、p値が本当に表していることは「与えられた偶然モデルのもとで、観測された結果が生じるほどに結果が極端である確率」だ。

両者の差はわずかだが、現実に異なる。有意なp値は、人々が期待するような「証明」とはならない。「統計的に有意だ」という結論の論理的な基盤は、p値の本当の意味が理解できれば、人々が期待するほど強固ではない。

2016年3月、全米統計協会(American Statistical Association:ASA)は、p値の誤解に関する内部の検討会により、p値の使用上の注意をまとめた。ASAの声明「The ASA's Statement on p-Values: Context, Process, and Purpose」(https://oreil.ly/WVfYU)では、研究者や論文誌の編集者に対して6原則を強調している。

1. p値は、特定の統計モデルにデータが合致しないことを示す。
2. p値は、対象の仮説が真である確率、あるいは、データが偶然だけで生じる確率を表していない。
3. 科学的な結論およびビジネスや政策上の決定はp値が指定された閾値を超えたかどうかだけによるべきではない。
4. 適切な推論には、完全な報告と透明性が必要だ。
5. p値あるいは統計的有意差は、結果の効果または重要性の程度を測定したものではない。
6. p値自体は、モデルまたは仮説の根拠に関するよい評価基準を提供しない。

3.4.2.2 実際的な意義

結果が統計的に有意であっても、それは実際に意義があることを意味するとは限らない。実際には意味のない小さな差が、十分に大きな標本で得られた場合には、統計的に有意となることがある。大きな標本では、意味のない小さな効果が偶然で説明できるよりも十分大きいことがある。偶然ではないからと言って、本質的に重要でない結果が、不思議なことに重要になるというわけではない。

3.4.3　第一種の過誤と第二種の過誤

統計的有意性を評価するときに、2種類の過誤が生じる可能性がある。

- 第一種の過誤とは、効果が実は偶然によるのに、本物だと誤って結論付けてしまうこと。
- 第二種の過誤とは、効果が本物なのに、本物ではない（偶然による）と誤って結論付けてしまうこと。

実際には、サンプルサイズが効果を検出するには小さすぎるのにもかかわらず下してしまう判断に比べれば、第二種の過誤はそれほどひどい誤りではない。p値が統計的有意性に達しない場合（例：5％を超える場合）、本当に示されるのは、「効果は証明されなかった」だ。より大きな標本なら、p値が小さくなることもある。

有意性検定（**仮説検定**とも呼ばれる）の基本的機能は、偶然に惑わされることから守られることであり、普通は、第一種の過誤を最小にするようになっている。

3.4.4　データサイエンスとp値

データサイエンティストの仕事は、普通は論文誌への投稿ということにはならないので、p値の価値についての議論は学術的すぎるだろう。データサイエンティストにとって、p値は、面白くて役立つと思われるモデルの結果が通常の偶然による変動の範囲内かどうか知りたい状況で役に立つ測定値となる。実験における意思決定ツールとしては、p値を制御するものとしてみなすべきではなく、決定に関する情報の1つとして考えるべきだ。例えば、p値を統計的または機械的学習モデルの中間的な入力として使うことがあるが、これはp値によって、その機能をモデルに含めるべきか決めるために使うものだ。

基本事項24

- 有意性検定は、観測された効果が帰無仮説モデルの偶然変動の範囲内かどうか決定するのに用いられる。

- p値は、帰無仮説モデルのもとで、観測された結果ほど極端な結果が生じる確率だ。
- アルファ値は、帰無仮説偶然モデルにおける「異常性」の閾値となる。
- 有意性検定は、データサイエンスよりも研究結果の形式的な報告に、実質的に用いられている（ただし、最近は研究においても使用されなくなっている）。

3.4.5 さらに学ぶために

- 「Fisher and the 5% Level」[Stigler-2008] は、フィッシャーの『*Statistical Methods for Research Workers*』[Fisher-1925] と彼が有意差5％について強調していたことを論評している。
- **「3.2 仮説検定」**とともに**「3.2.4 さらに学ぶために」**に掲載されている文献も参照すること。

3.5 t検定

有意性検定には、データの数え上げによるか測定によるか、どの程度の個数の標本か、何を測定したかなどに応じて、多数の種類がある。よく使われるのが、元はゴセットが単一標本平均の分布を近似するために開発したスチューデントのt分布（**「2.8 スチューデントのt分布」**参照）にちなんだt検定だ。

基本用語23：t検定

検定統計量（test statistic）
対象効果または差の指標

t 統計量（t-statistic）
平均値のようなよく使われる検定統計量の標準化版

t 分布（t-distribution）
観測されたt統計量を比較する（帰無仮説から導かれた場合の）参照分布

あらゆる有意性検定では、対象の効果を測定する検定統計量を指定して、観測した効果が正規ランダム変動の範囲内かどうか決定する必要がある。リサンプリング検定（**「3.3.1 並べ替え検定」**の並べ替えの議論参照）では、データのスケールは問題ではない。データそのものから参照（帰無仮説）分布を作って、それを検定統計量に使う。

1920年代や1930年代では、統計的仮説検定が開発中で、リサンプリング検定を行うために何千回もデータをランダムにシャッフルすることは無理だった。統計学者が、並べ替え（シャッフルした）分布の良い近似として発見したのが、ゴセットのt分布に基づくt検定だった。これは、データが数値の2標本比較、すなわちA/Bテストに非常によく用いられた。しかし、t分布をスケールを考慮せずに使うには、検定統計量の標準化形を使う必要があった。

古典的な統計学の教科書なら、この段階で、ゴセットの分布を含んださまざまな公式を提示して、標準t分布と比較するためにどのようにデータを標準化すればいいかを示しているだろう。RやPythonをはじめ、あらゆる統計ソフトにはその公式を計算するコマンドが用意されているから、これらの公式を見ることもないだろう。Rの場合は、`t.test`関数を使う。

（R）
```
t.test(Time ~ Page, data=session_times, alternative='less')

        Welch Two Sample t-test

data:  Time by Page
t = -1.0983, df = 27.693, p-value = 0.1408
alternative hypothesis: true difference in means is less than 0
95 percent confidence interval:
     -Inf 19.59674
sample estimates:
mean in group Page A mean in group Page B
            126.3333             162.0000
```

Pythonでは、`scipy.stats.ttest_ind`関数を使う。

（Python）
```
res = stats.ttest_ind(session_times[session_times.Page == 'Page A'].Time,
                      session_times[session_times.Page == 'Page B'].Time,
                      equal_var=False)
print(f'p-value for single sided test: {res.pvalue / 2:.4f}')
```

対立仮説は、「ページAの滞留時間平均がページBより少ない」となる。p値0.1408は、並べ替え検定のp値0.121と0.126にかなり近い（**「3.3.2 例：Web粘着性」**参照）。

リサンプリングモードでは、データが数値か二値か、サンプルサイズがバランスのとれたものかどうか、標本分散、その他の要因を気にしないで、観測データと検定する仮説を反映するように解を構造化する。式を使った場合には、多くの種類があり、ものによっては当惑することがある。統計学者は、このような状況でその地図を学び進路を決定する必要があるが、データサイエンティストは、研究者が論文発表のために扱う仮説検定や信頼区間の詳細については、普通は関わり合わず、式を触ることもないだろう。

基本事項25

- コンピュータが普及するまでは、リサンプリングテストは実用的でなく、統計学者は標準参照分布を使っていた。
- その場合に、検定統計量は標準化されて、参照分布と比較される。
- そのように広く使われた標準統計量の1つがt統計量だ。

3.5.1 さらに学ぶために

- 統計学の入門書にはt統計量の説明とその使用法が書かれている。優れた書籍としては『*Statistics. 4th ed.*』[Freedman-2007]と『*The Basic Practice of Statistics*』[Moore-2010]の2冊がある。
- t検定とリサンプリングを並列に扱ったものとしては、『*Introductory Statistics and Analytics: A Resampling Perspective*』[Bruce-2014]と『*Statistics: Unlocking the Power of Data, 2nd Ed.*』[Lock-2016]がある。

3.6 多重検定

既に述べたように、統計学では、「十分時間をかけてデータを拷問すれば、いずれは白状する」という格言がある。これは、データをさまざまな観点で調べ、十分に質問すれば、統計的に有意な効果が必ず見つかるという意味だ。

例えば、20の予測変数と1つの目的変数があるとして、すべてがランダムに生成されていれば、アルファ水準＝0.05で続けて20回の有意性検定を行うと、少なくとも1つの予測変数が統計的に（偽の）有意になるオッズはかなり大きい。既に述べたように、これは**第一種の過誤**である。この確率は、最初にすべてが正しく水準0.05で非有意性を検定するところから計算できる。非有意性を正しく検定する確率は0.95なので、20すべてが非有意性を正しく検定する確率は$0.95 \times 0.95 \times 0.95 \cdots$すなわち、$0.95^{20} = 0.36$[*1]。少なくとも1つの予測変数が統計的に（偽の）有意になるのは、この確率の逆、すなわち、1 −（すべてが有意でない確率）= 0.64。これはアルファインフレーションと言う。

この問題は、データマイニングの過剰適合、すなわち、「ノイズにモデルを適合させる」ことに関係する。変数を増やせば増やすほど、あるいは、より多くのモデルを実行するほど、偶然で、何かが「有意である」として生じる確率が大きくなる。

基本用語24：多重検定

第一種の過誤（type 1 error）

効果が統計的に有意だと誤って結論付けること。

偽陽性率（false discovery rate）

複数の検定において、第一種の過誤を犯す率。

アルファインフレーション（alpha inflation）

第一種の過誤を起こす確率アルファが、検定を繰り返すごとに増大するという多重検定現象。

p値の調整（adjustment of p-values）

同じデータに対して複合検定を検討すること。

過剰適合（overfitting）

ノイズにまで適合してしまうこと。

教師あり学習の場合、これまでにモデルを試していないデータに対してモデルを評価するホールドアウト集合を使うとこのリスクが軽減される。ラベル付きホールドアウ

＊1　原注：乗算規則から、n個の独立事象がすべて起きることの確率は、個別確率の積である。例えば、読者と私とが一度ずつ硬貨を投げれば両方表になる確率は$0.5 \times 0.5 = 0.25$である。

ト集合を含まない統計処理や機械学習の場合には、統計的ノイズに基づいて結論を導くリスクが残っている。

統計学では、特定の環境においては、この問題を扱うための手続きが存在する。例えば、複数の処置群に対して結果を比較する場合には、複数の質問をする。処置A-Cについて、次の質問を行う。

- AはBと異なるか。
- BはCと異なるか。
- AはCと異なるか。

あるいは、治験の場合、複数のステージでの治療結果を調べる。それぞれの事例について複数の質問を行うと、質問のたびに偶然に惑わされる機会が増える。統計学における調整手続きは、統計的有意性の閾値を単一仮説検定の場合よりもより厳格に設定することによって、補うことができる。これらの調整手続きは、普通、検定の個数に応じて「アルファを分割」することを含む。これは、検定に際してより小さなアルファ（すなわち、統計的有意性のより厳格な扱い）ということになる。そのような手続きの1つであるBonferroni調整では、単に、アルファを比較個数で割る。複数グループの平均値の比較を用いる、**テューキーの範囲検定**（Honest Significant Differenceまたはテューキーの HSD、テューキー法）も別途用いられる。この検定は、グループ平均間の差の最大値を用いて、**t分布**に基づいたベンチマーク（大雑把には、すべての値をシャッフルし、元のグループと同じサイズのグループをリサンプリングして、リサンプリングしたグループ間の差の最大値を見つけるのと等しい）と比較する。

しかし、多重比較の問題は、この高度に構造化した場合を超えて、データを拷問するという言い方に見られるデータの反復「浚渫」という現象に関係する。言い換えれば、十分に複雑なデータに対しては、もし興味深いことが何も見つからない場合は、十分長く頑張って探さなかったというだけになる。現在ではより多数のデータが得られ、掲載論文の数は、2002年から2010年でほぼ倍増した。これは、次のような多重性に関する問題の他にもデータに興味深いことを見つける多くの機会を提供する。

- グループ間で複数の対ごとの差をチェックする。
- 複数のサブグループの結果を調べる。（「全体としては処置に有意な効果が見られなかったが、30才以下の未婚女性には効果が見られた。」）
- 多数の統計モデルを試す。

- モデルに多数の変数を含む。
- 多数の異なる質問をする（すなわち、さまざまな異なる成果が得られる）。

偽陽性率

偽陽性率という用語は、元々は、仮説検定集合に対して、誤って有意な効果を示す割合に用いられた。遺伝子研究の進展に伴い、遺伝子解析プロジェクトの一環として膨大な個数の統計検定が行われるようになって、特に役立つことになった。その場合には、検定プロトコルに対してこの用語が用いられて、1つの偽「発見」が1つの仮説検定の結果（例：2標本間で）に対して使われる。研究者は、偽陽性率が指定水準になるように検定プロセスのパラメータを設定する。偽陽性率は、データマイニングの分類に関しても用いられ、クラス1の推定の偽分類を指す。言い換えると、「発見」（レコードを1とラベル付けする）が間違いである確率だ。この場合、通常は0がほとんどで、1が対象であり稀な場合を扱う（5章、特に**「5.4.2　稀なクラスの問題」**参照）。

さまざまな理由、特に「多重性」というこの一般的な問題から、調査研究をより多く行うことは、必ずしもより良い研究を意味しない。例えば、薬品会社のバイエルは、2011年に67件の科学的調査を再現しようとしたが、研究結果が完全に再現できたのは14件だけだった。3分の2近くはまったく再現性がなかった。

とにかく、高度に構造化され定義された統計的検定のための調整手続きは、データサイエンティストが一般的に使うには、あまりに特殊で柔軟性に欠ける。データサイエンティストが多重性を扱う上での基本事項は次のようになる。

- 予測モデルに関しては、見かけ上の効果が主として偶然による錯覚モデルに陥るリスクを交差検証（**「4.2.3　交差検証」**参照）やホールドアウト集合の使用によって減らせる。
- モデルをチェックするラベル付きホールドアウト集合のない他の手続きにおいては次を行わねばならない。
  - データでクエリや操作を行えば行うほど、偶然による結果が多くなるということの認識
  - 無作為のリサンプリングやシミュレーションヒューリスティックスで、観測結果と比較対照できるベンチマークを用意すること

基本事項26

- 研究調査やデータマイニングプロジェクトにおける多重性(多重比較、多数の変数、多数のモデルなど)は、何かがただの偶然によるにもかかわらず有意であると結論付けてしまうリスクを増大させる。
- 多重統計比較(すなわち、有意差の多重検定)を含む状況には、統計的な調整手続きがある。
- データマイニングにおいては、ラベル付き目的変数のホールドアウト集合を使って誤解を招く結果を排除できる。

3.6.1 さらに学ぶために

- 多重比較の調整手続きの1つ(Dunnettの手続き)については、David Laneのオンライン統計学(http://davidmlane.com/hyperstat/B112114.html)に短い説明がある。
- Megan Goldmanは、Bonferront調整手続きについてもう少し長い説明をしている(https://www.stat.berkeley.edu/~mgoldman/Section0402.pdf)。
- より柔軟なp値を調整する統計的手続きを深く掘り下げた本には『*Resampling-Based Multiple Testing*』[Westfall-1993]がある。
- 予測モデルにおけるデータ分割とホールドアウト集合の使用についての議論は、『*Data Mining for Business Analytics*』[Shmueli-2020]の第2章を参照するとよい。

3.7 自由度

多くの統計的検定や確率分布のドキュメントや設定で「自由度」という用語を見かける。この概念は、標本データから計算される統計量に関わるが、自由に変更できる値の個数を指す。例えば、10個の値の標本の平均値がわかっていれば自由度は9だ(9個の標本の値を知っていれば、残りの10番目の値が計算できて、それは自由に変えられない)。自由度は、多くの確率分布において、分布の形に影響する。

自由度は、多くの統計検定の入力に使われる。例えば、分散や標準偏差の計算の分母$n-1$の名前が自由度だ。なぜこれが問題なのだろうか。標本を使って母集団の分散を推定するとき、分母にnを使うと下側に若干バイアスのある推定になる。分母に$n-1$を使えば、推定からバイアスがなくなる。

基本用語25：自由度

***n*すなわちサンプルサイズ**

データにおける観測（行またはレコードとも呼ばれる）の個数。

d.f.

自由度（degrees of freedom）。

伝統的な統計学のコースや教科書は、大部分が各種の標準的な仮説検定（t検定、F検定など）に割かれている。標本統計量が、伝統的な統計公式で使うために標準化されている場合、自由度は標準的計算の一部となって標準化したデータが適切な参照分布（t分布、F分布など）に合致することを保証する。

自由度はデータサイエンスに重要だろうか。少なくとも有意性検定の文脈では、そうでもない。1つには、形式的統計検定は、データサイエンスで脇役でしかない。さらに通常は、データサイズが大きくて、データサイエンティストにとっては、例えば、分母がnか$n-1$かは実際に違いを生むことは滅多にない（nが大きくなると、分母にnを使うことによるバイアスが消える）。

しかし、問題になる文脈もある。（ロジスティック回帰も含めて）回帰でファクタ変数を使う場合だ。回帰アルゴリズムは、冗長な予測変数があると、おかしくなる。これは、カテゴリ変数を二値指示子（ダミー）にファクタ化するときによく起こる。週の曜日を考える。1週間は7日だが、曜日指定には6自由度しかない。例えば、その曜日が月曜から土曜でないことがわかれば、それは日曜だとわかる。月曜日から土曜日が水準として含まれていれば、ここにさらに日曜日を加えてしまうと、多重共線形エラーにより回帰が失敗する。

基本事項27

- 自由度（d.f.）の個数は、検定統計量を参照分布（t分布、F分布など）と比較できるように標準化する計算の一部である。
- 自由度の概念は、（多重共線形を防ぐ）回帰を行うとき、カテゴリ変数を$n-1$個の指標またはダミー変数にファクタ化する作業の背景にある。

3.7.1 さらに学ぶために

自由度については、「What Are Degrees of Freedom in Statistics?」(https://oreil.ly/VJyts) などのWebチュートリアルがある。

3.8 ANOVA

A/Bテストの代わりに、例えばA/B/C/Dという複数の数値データの比較をするとしよう。グループ間での統計的有意性を検定する統計的手続きは、分散分析あるいはANOVAと呼ばれる。

基本用語26：ANOVA

対比較 (pairwise comparison)
複数のグループの中の2グループ間の (例：平均の) 仮説検定。

オムニバス検定 (omnibus test)
複数のグループ平均の全体変動の単一仮説検定。

分散分解 (decomposition of variance)
個別値に寄与する成分の分離 (例：全体平均、処置の平均、残差誤差から)。

F統計量 (F-statistic)
グループ平均間の差が偶然モデルで期待される範囲を超える程度を表す標準統計量。

SS
平均値からの偏差の「平方和」(Sum of Squares)。

表3-3は、4つのWebページの粘着性をページでの滞在時間の秒数で示す。この4つのページはランダムに切り替わるので、訪問者はランダムだ。各ページには全部で5人の訪問者がいて、**表3-3**の各列は独立データだ。ページ1の最初の訪問者は、ページ2の最初の訪問者とは何の関係もない。このようなWebでの検定では、膨大な母集団から訪問者を古典的無作為抽出することが完全にはできない。訪問者は来れば受け入れる。訪問者には、その日の時間帯、曜日、シーズン、インターネット状況、使用デバイ

ス等によって、系統的に差が生じる。これらの要因については、実験結果のレビュー時にバイアスの可能性を考慮する必要がある。

表3-3 4つのWebページの粘着性（秒数）

	ページ1	ページ2	ページ3	ページ4
	164	178	175	155
	172	191	193	166
	177	182	171	164
	156	185	163	170
	195	177	176	168
平均	172	185	176	162
全体平均				173.75

さて、問題がある（**図3-6**参照）。2グループだけを比較していたときは簡単だった。各グループの平均の差を調べればよかった。4つの平均に対しては、6つのグループ間比較がある。

- ページ1をページ2と比較
- ページ1をページ3と比較
- ページ1をページ4と比較
- ページ2をページ3と比較
- ページ2をページ4と比較
- ページ3をページ4と比較

このような対比較を行えば行うほど、偶然による過誤の可能性が高まる（**「3.6 多重検定」**参照）。ページ間のさまざまな比較すべてを心配する代わりに、「すべてのページが同じ粘着性を基本的に持っていて、互いの差はページ間で割り当てられるセッション時間がランダムに変動することによるということか」という質問に答えるオムニバス検定を全体で1つ行うことができる。

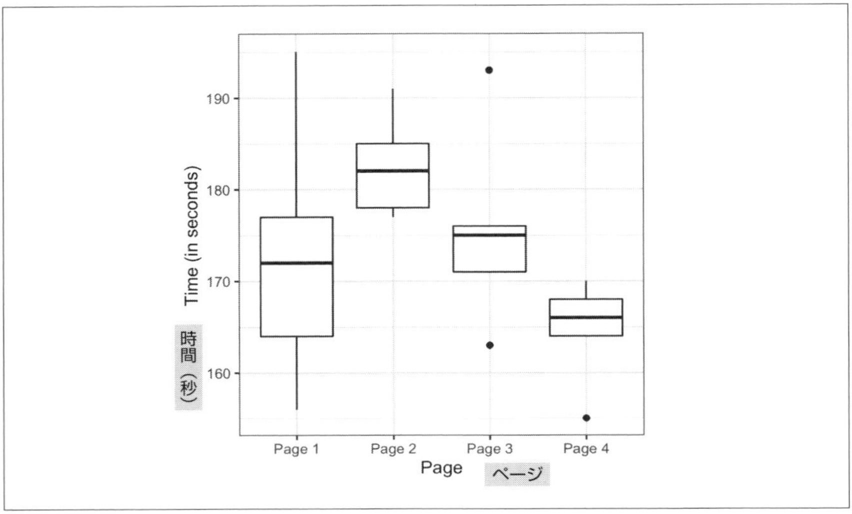

図3-6 4つのグループの箱ひげ図が互いの差を示す

この検定を行う手続きがANOVAで、基盤となるのは次のようなリサンプリングだ（ここでは、Webページ粘着性のA/B/C/D検定と呼ぶ）。

1. すべてのデータをまとめて1つの箱に入れる。
2. データをシャッフルし、それぞれの5つの値の4つのリサンプリングを行う。
3. 4つのグループの平均値を記録する。
4. 4つのグループ平均値の分散を記録する。
5. ステップ2-4を多数回（例えば1,000回）繰り返す。

観測された分散をリサンプリングした分散がどれぐらいの割合で超えただろうか。それがp値になる。

ここで使う並べ替え検定は、**「3.3.1　並べ替え検定」**で使ったのと少し異なり、`lmPerm`パッケージの`aovp`関数がこの場合の並べ替え検定を計算する。

```
(R)
library(lmPerm)
summary(aovp(Time ~ Page, data=four_sessions))
[1] "Settings:  unique SS "
Component 1 :
            Df R Sum Sq R Mean Sq Iter Pr(Prob)
```

```
Page         3    831.4    277.13 3104  0.09278 .
Residuals   16   1618.4    101.15
---
Signif. codes:  0 '***' 0.001 '**' 0.01 '*' 0.05 '.' 0.1 ' ' 1
```

Pr(Prob)のp値は0.09278。言い換えると、基となる同じ粘着性に対して、4ページ間の実際に観測された応答率のうち9.3％が偶然によるものだ。このレベルは、伝統的な統計的閾値の5％に達しない。よって、4ページ間の差は偶然によって生じるものだと結論付ける。

Iter列が並べ替え検定の回数を示す。他の列は、伝統的ANOVAの表にあるもので次に説明する。

Pythonでは、次のコードで並べ替え検定を計算できる。

（Python）
```
observed_variance = four_sessions.groupby('Page').mean().var()[0]
print('Observed means:', four_sessions.groupby('Page').mean().values.ravel())
print('Variance:', observed_variance)

def perm_test(df):
    df = df.copy()
    df['Time'] = np.random.permutation(df['Time'].values)
    return df.groupby('Page').mean().var()[0]

perm_variance = [perm_test(four_sessions) for _ in range(3000)]
print('Pr(Prob)', np.mean(
[var > observed_variance for var in perm_variance]))
```

3.8.1 F統計量

2グループの平均の比較において並べ替え検定の代わりにt統計量を使えたように、F統計量に基づいたANOVAの統計量検定がある。F統計量は、グループ平均（すなわち、処置の効果）間分散の残差誤差による分散に対する割合に基づいている。この割合が高いほど、結果が統計的に有意となる。データが正規分布に従うなら、統計理論から統計量がどんな分布になるかわかる。これによって、p値の計算ができる。

Rでは、aov関数でANOVA表が計算できる。

(R)
```
summary(aov(Time ~ Page, data=four_sessions))
            Df Sum Sq Mean Sq F value Pr(>F)
Page         3  831.4   277.1    2.74 0.0776 .
Residuals   16 1618.4   101.2
---
Signif. codes:  0 '***' 0.001 '**' 0.01 '*' 0.05 '.' 0.1 ' ' 1
```

Pythonでは、statsmodelsパッケージにANOVAが実装されている。

(Python)
```
model = smf.ols('Time ~ Page', data=four_sessions).fit()

aov_table = sm.stats.anova_lm(model)
aov_table
```

PythonコードのO出力はRの出力とほぼ同じだ。

Dfは自由度、Sum Sqは平方和、Mean Sqは（平均二乗偏差を略した）二乗平均、F valueはF統計量だ。全体平均については、平方和が0からの全体平均の差を二乗して20（観測数）倍する。全体平均の自由度は定義から1。

処置の平均については、自由度は3（3つの値が設定されると、全体平均が設定され、他の処置の平均値が変動しない）だ。処置の平均の平方和は、処置平均と全体平均との差の平方の和となる。

残差については、自由度は16（20の観測で、そのうち16が全体平均と処置平均が設定された後に変動できる）で、SSが個別観測と処置平均との差の平方和となる。二乗平均（MS）は平方和を自由度で割ったものだ。

F統計量＝MS（処置）/MS（誤差）。したがって、F値はこの比率にだけ依存して、標準F分布と比較することによって、処置平均間の差が偶然による変動の範囲を超えるかどうか決定できる。

分散分解

データセットの観測値は、異なる成分の和とみなせる。データセットのどんな観測データ値も、全体平均、処置効果、残差誤差に分解できる。これを「分散分解」と呼ぶ。

1. 全体平均（Webページ粘着性データでは173.75）から開始する。
2. 負のこともある処置効果（独立変数＝Webページ）を加える。

3. 負のこともある残差誤差を加える。

したがって、A/B/C/D検定表の左上値の分散分解は次のようになる。

1. 全体平均から始める：173.75
2. 処置（グループ）効果の追加：−1.75 (172−173.75)
3. 残差追加：−8 (164−172)
4. 結果：164

3.8.2 二元配置分散分析（二元ANOVA）

ここで述べたA/B/C/D検定は、「一元」ANOVAで、変動する因子（グループ）は1つだった。第2因子、例えば、「土日と平日」を収集データの組み合わせに追加（グループA土日、グループA平日、グループB土日など）できる。これは「二元」ANOVAと呼ばれ、「交互作用」を同定して一元ANOVAと同じように扱える。全体平均効果、処置効果を同定してから、各グループで平日の観測と土日の観測を分離し、これらの部分集合の平均と処置平均との差を探す。

ANOVAと二元ANOVAとが、回帰やロジスティック回帰のような複数の因子とその効果をモデル化した完全統計モデル（4章参照）に至る第1ステップであることがわかったはずだ。

基本事項28

- ANOVAは、複数のグループでの実験結果を分析する統計的手続きである。
- ANOVAは、A/Bテストの手続きの拡張で、グループ間の全体変動が偶然による変動の範囲内かどうかを評価するのに使われる。
- ANOVAは、グループ処置、交互作用、誤差のような分散成分を同定できる。

3.8.3 さらに学ぶために

- 『*Introductory Statistics and Analytics: A Resampling Perspective*』[Bruce-2014]には、ANOVAの章がある。
- 『*Introduction to Design and Analysis of Experiments*』[Cobb-2008]は、実験計画と分析について包括していて読みやすい。

3.9 カイ二乗検定

Webテストでは、しばしばA/Bテストの範囲を超えて、複数の処置を一度に検定する。カイ二乗検定は、離散データに対して、期待した分布にどの程度適合しているか検定するのに使われる。統計の現場で、**カイ二乗**統計量が使われるのは、通常、$r \times c$分割表で変数間の独立性に関する帰無仮説が成り立つかどうか評価するためだ（**「2.10 カイ二乗分布」**参照）。

カイ二乗検定は、ピアソンが1900年に開発した（http://www.economics.soton.ac.uk/staff/aldrich/1900.pdf）。用語「カイ」はピアソンが原論文で使用したギリシャ文字χによる。

基本用語27：カイ二乗検定

カイ二乗統計量（chi-square statistic）
観測データが期待から乖離した程度の指標。

期待度数（expectation）
ある仮定、普通は帰無仮説のもとで、データに期待する程度のこと。

$r \times c$は、「行と列」を意味する。2×3の表は、2行3列となる。

3.9.1 カイ二乗検定：リサンプリング方式

3つの異なる見出し、A, B, Cをテストしているとして、それぞれ1,000人の訪問者に対して**表3-4**の結果が得られたとする。

表3-4 3つの異なる見出しに対するWebテストの結果

	見出しA	見出しB	見出しC
クリックあり	14	8	12
クリックなし	986	992	988

見出しの効果は確かに異なるようだ。見出しAは、Bよりもクリック率が2倍近い。しかし、実際の数値は小さい。リサンプリング手続きは、クリック率が偶然によるよ

りは大きいことを検定できる。この検定には、クリック数の「期待」分布が必要であり、この場合には、3つの見出し全部が全体のクリック率34/3,000の同じクリック率を持つという帰無仮説のもとで考える。この仮定のもとで、分割表は**表3-5**のようになる。

表3-5 3つの見出しすべてが同じクリック率を保つ場合（帰無仮説）の期待度数

	見出しA	見出しB	見出しC
クリックあり	11.33	11.33	11.33
クリックなし	988.67	988.67	988.67

ピアソン残差は次のように定義される。

$$R = \frac{\text{観測度数} - \text{期待度数}}{\sqrt{\text{期待度数}}}$$

Rは、実際の度数が期待度数と異なる程度を測定する（**表3-6**参照）。

表3-6 ピアソン残差

	見出しA	見出しB	見出しC
クリックあり	0.792	−0.990	0.198
クリックなし	−0.085	0.106	−0.021

カイ二乗統計量は、ピアソン残差の平方和として定義される。

$$X = \sum_{i}^{r} \sum_{j}^{c} R^2$$

ここで、rとcは行数と列数を表す。この例のカイ二乗統計量は、1.666となる。これは、モデルで偶然生じるよりも十分大きいだろうか。

このリサンプリングアルゴリズムを次のように検定できる。

1. 34個の1（クリックあり）と2,966の0（クリックなし）からなる箱を考える。
2. シャッフルして、1,000個の標本を3つとり、それぞれでクリック数を数える。
3. シャッフルした回数と期待する回数との差の二乗を計算して和をとる。
4. 2から3のステップを1,000回繰り返す。
5. リサンプリングした偏差二乗和が観測値を超える頻度を計算する。それがp値となる。

Rではリサンプリングしたカイ二乗統計量の計算には関数`chisq.test`を使う。クリックデータのカイ二乗検定は次のようになる。

(R)
```
chisq.test(clicks, simulate.p.value=TRUE)

	Pearson's Chi-squared test with simulated p-value (based on 2000 replicates)

data:  clicks
X-squared = 1.6659, df = NA, p-value = 0.4853
```

検定は、結果がランダムでも容易に得られることを示す。

並べ替え検定をPythonで実行するには、次のように行う。

(Python)
```
box = [1] * 34
box.extend([0] * 2966)
random.shuffle(box)

def chi2(observed, expected):
    pearson_residuals = []
    for row, expect in zip(observed, expected):
        pearson_residuals.append([(observe - expect) ** 2 / expect
                                  for observe in row])
    # 平方和を返す
    return np.sum(pearson_residuals)

expected_clicks = 34 / 3
expected_noclicks = 1000 - expected_clicks
expected = [34 / 3, 1000 - 34 / 3]
chi2observed = chi2(clicks.values, expected)

def perm_fun(box):
    sample_clicks = [sum(random.sample(box, 1000)),
                     sum(random.sample(box, 1000)),
                     sum(random.sample(box, 1000))]
    sample_noclicks = [1000 - n for n in sample_clicks]
    return chi2([sample_clicks, sample_noclicks], expected)

perm_chi2 = [perm_fun(box) for _ in range(2000)]

resampled_p_value = sum(perm_chi2 > chi2observed) / len(perm_chi2)
print(f'Observed chi2: {chi2observed:.4f}')
```

```
print(f'Resampled p-value: {resampled_p_value:.4f}')
```

3.9.2 カイ二乗検定：統計理論

漸近的統計理論から、カイ二乗統計量の分布が**カイ二乗分布**（「**2.10 カイ二乗分布**」参照）で近似できる。適切な標準カイ二乗分布は、自由度（「**3.7 自由度**」参照）で決定される。分割表では、自由度は次のように行数（r）と列数（c）に関係する。

$$自由度 = (r - 1) \times (c - 1)$$

カイ二乗分布は、通常は歪んでいて右に裾が伸びる。**図3-7**に自由度が1, 2, 5, 10の場合を示す。観測した統計量がカイ二乗分布で端の方であればあるほど、p値は小さくなる。

関数chisq.testでカイ二乗分布を参照してp値を計算できる。

```
(R)
chisq.test(clicks, simulate.p.value=FALSE)

        Pearson's Chi-squared test

data:  clicks
X-squared = 1.6659, df = 2, p-value = 0.4348
```

Pythonではscipy.stats.chi2_contingency関数を使う。

```
(Python)
chisq, pvalue, df, expected = stats.chi2_contingency(clicks)
print(f'Observed chi2: {chisq:.4f}')
print(f'p-value: {pvalue:.4f}')
```

このp値はリサンプリングしたp値より少し小さい。カイ二乗分布が統計量の実際の分布の近似であるためだ。

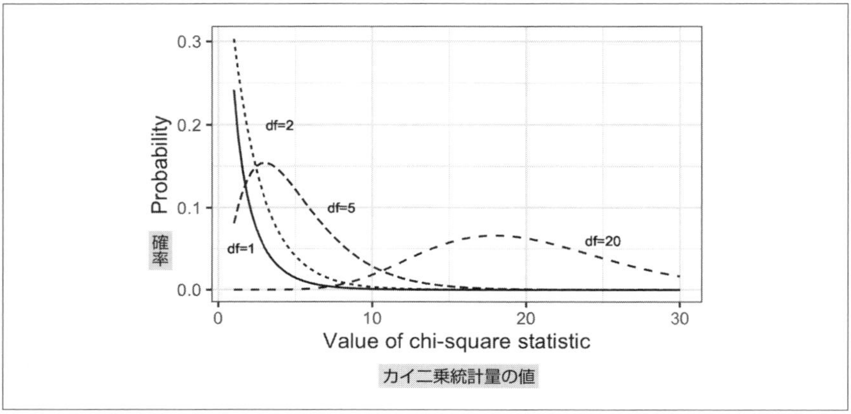

図3-7 さまざまな自由度でのカイ二乗分布

3.9.3 フィッシャーの正確確率検定

カイ二乗分布は、度数が非常に小さい場合（一桁、特に5以下）を除いては、シャッフルしたリサンプリング検定の良い近似となる。度数が小さい場合には、リサンプリング手続きでより正確なp値が得られる。実際、ほとんどの統計ソフトには、すべての可能な再配置（並べ替え）を数え上げて、その度数を変えて、観測結果が正確にどのくらい極端な値になっているかを決定する手続きが用意されている。これは、偉大な統計学者ロナルド・A・フィッシャーにちなんで**フィッシャーの正確確率検定**と呼ばれる。フィッシャーの正確確率検定を行うRコードは次のように単純だ。

（R）
```
fisher.test(clicks)

        Fisher's Exact Test for Count Data

data:  clicks
p-value = 0.4824
alternative hypothesis: two.sided
```

このp値は、リサンプリングを使って得られたp値の0.4853に非常に近い。

非常に小さい度数があるが他はかなり大きい場合（例：コンバージョン率の分母）、可能な並べ替えすべてを計算するのが難しいので、正確確率検定ではなくシャッフルした並べ替え検定が必要となる。先ほどのR関数には、この近似を使うかどうか

(simulate.p.value=TRUEまたはFALSE)、何回繰り返すか(B=...)、正確な結果を得るための計算上の制限(workspace=...)などを制御する引数が備わっている。

フィッシャーの正確確率検定が簡単に使えるPython実装はない。

科学上のごまかしを検出する

1991年に研究データを捏造したと訴えられたタフツ大学の研究者テレザ・イマニシ=カリの例が興味深い。下院議員ジョン・ディンゲルがこの問題を取り上げ、共著者のデビッド・ボルティモアは、ロックフェラー大学総長職を辞した。

この事件では、それぞれの観測に多数の数字が含まれる、彼女の実験データの数字の期待分布に関する統計的な証拠が問題となった。捜査員は、**一様乱数**に従うと期待される**内部**の数字に焦点を絞った。すなわち、それらはランダムで、どの数字も同じ出現確率のはずだ(先頭の数字は1がほとんどで、末尾の数字は丸めの影響を受ける)。**表3-7**にこの事件の実データからとった内部の数字の度数を示す。

表3-7 実験データの内部の数字

数字	度数
0	14
1	71
2	7
3	65
4	23
5	19
6	12
7	45
8	53
9	6

図3-8に示す315個の数字の分布は確かにランダムでないように見える。

捜査員は期待値(31.5、各数字が厳密に一様分布に従って出現する場合の度数)からの乖離を計算し、カイ二乗検定を使って(リサンプリング手続きも同様に用いることができた)実際の分布が正常な偶然変動の範囲を超えていることを示し、データが捏造されたとした(注記:イマニシ=カリは、長期にわたる審議の後で最終的に無罪となった)。

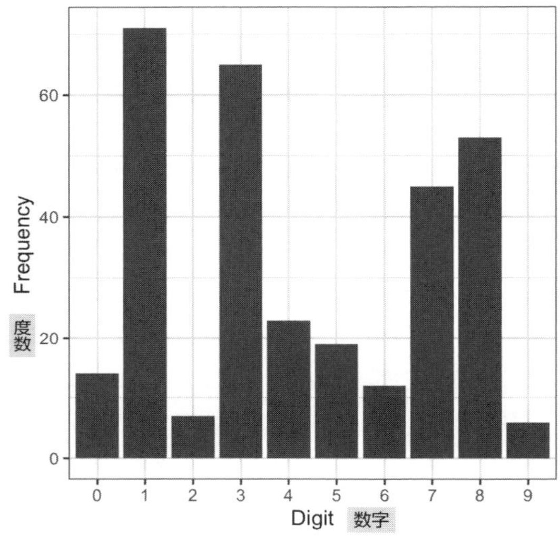

図3-8 イマニシ=カリの実験データの度数ヒストグラム

3.9.4 データサイエンスへの関わり

カイ二乗検定やフィッシャーの正確確率検定は、効果が実際にあるのか、それとも偶然によるのかを知りたい場合に使われる。カイ二乗検定のほとんどの古典的な統計アプリケーションでは、その役割は統計的有意性の決定にあり、研究なり実験なりの論文発表のために必要だったが、データサイエンティスとには通常必要がない。ほとんどのデータサイエンス実験では、A/BであれA/B/C…であれ、目標は、統計的有意性の確認ではなく、最良の処置を行うことだ。この目的には、多腕バンディット(**「3.10 多腕バンディットアルゴリズム」**参照)での方が、より正確な解が得られる。

カイ二乗検定、特にフィッシャーの正確確率検定のデータサイエンスへの適用場面は、Web実験で適切なサンプルサイズを決定することだ。この種の実験では、クリック率が非常に低いことがしばしばあり、何千人も来ているのに、カウントできる比率があまりに小さくて、はっきりした結論を実験から導けない。このような場合、フィッシャーの正確確率検定、カイ二乗検定、あるいは、その他の検定が、検定力とサンプルサイズ計算に役立つ（**「3.11　検定力とサンプルサイズ」**参照）。

カイ二乗検定は、研究においては、論文発表に値する統計的に有意なp値を求める研究者によって広く使われている。カイ二乗検定や同様のリサンプリングシミュレーションは、データサイエンスにおいては、有意性検定というよりは、ある効果または機能がさらに検討するだけの価値があるかどうかフィルタリングしたり決定するために用いられる。例えば、空間統計量と地図作成において、空間データが特定の帰無分布に合致するかどうか（例：犯罪が特定の場所に集中しているか）の決定に用いられる。また、機械学習においては、特徴量間でクラスが存在し、クラス所属がランダム変動を超えて異常に高いまたは低いという特徴量を識別する自動特徴量選択にも使われる。

基本事項29

- 統計学における共通手続きに、観測したデータカウントが独立性仮定（例：特定の商品の購買傾向が性別と独立）に矛盾していないかどうかの検定がある。
- カイ二乗分布は、観測に基づいて計算したカイ二乗統計量と比較される（独立性仮定を具現化した）参照分布だ。

3.9.5　さらに学ぶために

- フィッシャーの有名な「紅茶の違いのわかる婦人（Lady Tasting Tea）」という20世紀初頭の例は、正確確率検定の簡単でよくわかる例だ。Googleで検索すると多数の解説が表示される*1。
- Stat Trekにカイ二乗検定のチュートリアルがある（https://stattrek.com/chi-square-test/independence.aspx?Tutorial=AP）。

3.10　多腕バンディットアルゴリズム

多腕バンディットは、特にWebでのテストにおいて、実験計画のための伝統的な統計手法よりも、明示的な最適化とより迅速な意思決定を行う検定ができる。

＊1　訳注：『*The Lady Tasting Tea: How Statistics Revolutionized Science in the Twentieth Century*』［Salsburg-2001］参照

基本用語28：多腕バンディット

多腕バンディット（multi-arm bandit）

複数のアームを備えた架空のスロットマシンで、利用者はさまざまな払戻率の中から適当なものを選ぶことができる。複数処置実験の代替として使う。

アーム（arm）

実験の1つの処置（例：「Webテストの見出しA」）。

勝ち（win）

実験で、スロットマシンで勝ったことに相当する成功（例：「顧客がリンクをクリック」）。

伝統的なA/Bテストでは、指定された通りに、「処置Aと処置Bのどちらが良いか」というような問いに答えられるようにデータを収集する。質問に対する答えが得られたとすれば、その結果に対する作業に進むことができると想定する。

読者は、このアプローチに問題があると感じるだろう。第一に、答えが「効果が証明されない」など結論が出ないことがある。言い換えると、実験結果から効果は認められるが、標本から（伝統的な統計的標準を満たすと）証明できるほど十分大きな効果ではない場合、一体どんな決定を下せばよいのだろうか。第二に、実験の結論に達するより前に、それまでの結果を使いたいかもしれない。第三に、実験終了後に得られた追加データに基づき、当初の予定を変更して何か別のことを試したいかもしれない。実験および仮説検定に対する伝統的なアプローチは、1920年代に遡り、柔軟性に欠ける。コンピュータの能力とソフトウェアによって、より強力で柔軟なアプローチが可能になった。さらに、データサイエンス（およびビジネス全般）では、統計的有意性よりも全体の効果と結果を最適化することの方が重要だ。

バンディットアルゴリズムは、Webテストでは非常に一般的だが、複数の処置を一度にテストして、伝統的な統計学の実験計画よりも迅速に結論に達することができる。この名前は、ギャンブル用のスロットマシン（別名、片腕バンディット。ギャンブラーから着実にお金を奪い取るように作られているため山賊（bandit）と名付けられた）から来ている。アームがたくさんあり、アームごとに出金率の異なるスロットマシンを想像すれば、このアルゴリズムの名前である、多腕バンディットになる。

目標は、できるだけたくさんの金を稼ぐことで、より細かく言えば、勝つアームをできるだけ早く見つけて賞金を得ることだ。問題は、アームの払戻率が、アームを引いてみた結果を見るまでわからないことだ。どのアームでも、「勝ち」の金額が同じであると仮定しよう。相違点は、勝ちの出る確率だとする。さらに、始める前に、各アームで50回試して次の結果が得られたとする。

アームA：50回のうち10回の勝ち
アームB：50回のうち2回の勝ち
アームC：50回のうち4回の勝ち

極端なアプローチの1つは、「勝つのはアームAのようだ。他のアームは止めて、Aだけをやろう」というものだ。このアプローチは、試行結果の情報を利用している。本当にAが優れていれば、最初からその利益を享受できる。そうではなく、実はBまたはCの方が良かった場合は、それを発見する機会すら逃してしまう。別の極端なアプローチは、「どれも偶然の範囲内に見える。すべて等分に試すことにしよう」というものだ。このアプローチは、A以外のアームで勝つ機会を最大にする。しかし、劣った処置を続けるのかもしれない。いつまで処置を行うのかを決める必要がある。バンディットアルゴリズムは、ハイブリッド方式だ。Aの方が良さそうなので、より多く使うのだが、BとCを完全に諦めるのではなく、少ないけれども引き続ける。Aの方がより良い成果を出し続けるなら、資源をBやCからAに移す。一方、例えばCの方が良くなってAが悪くなってきたら、AからCへ引く回数を変える。もしも、BかCの方がAより良いのに、初期試行では、偶然わからなかったとしたら、より多く試すことで明らかになる。

これをWebテストに使うことを考える。スロットマシンの複数のアームの代わりに、複数のオファー、見出し、色などがWebサイトでテストされる。顧客は、クリック（Webマーケットでは「勝ち」）するかしないかだ。最初は、オファーはどれも等しくランダムに提供される。しかし、どれかが他よりも良いとわかると、より頻繁に表示（アームを引く）される。アルゴリズムのパラメータをどのようにして、表示率を変更すべきか。どの「表示率」を、いつ変更すべきだろうか。

A/Bテストに対するイプシロン貪欲アルゴリズムという単純なアルゴリズムは次のようになる。

1. 0から1までの範囲の一様乱数を生成する。
2. 数が0とイプシロン（イプシロンは0と1の間の数で、普通はかなり小さい）の間なら、硬貨投げ(50/50の確率)をする。

a. 表が出たら、Aを表示。

b. 裏が出たら、Bを表示。

3. 数がイプシロン以上なら、これまでの応答率が最高のものを表示する。

イプシロンがこのアルゴリズムを制御するパラメータだ。イプシロンが1なら、標準の単純A/Bテスト(被験者ごとにAとBをランダムに割り当てる)になる。イプシロンが0なら、純粋な**貪欲**アルゴリズム、すなわち、今できる最良の処置(局所最適解)を選ぶ。これは、一切の実験を止めて、これまでで最良の処置だけを被験者(Web訪問者)に割り当てる。

より高度なアルゴリズムでは、「トンプソンサンプリング」を用いる。この手続きは、各段階で最良のアームを選択する確率を最大化するために「標本をとる(アームを選ぶ)」。もちろん、どれが最良かはわからない。それが問題だが、選んだ結果を観測していれば、より多くの情報が得られる。トンプソンサンプリングでは、ベイズ推定を用い、**ベータ分布**と呼ばれるものを使い、これを事前分布として最初に仮定する(これは、ベイズ問題で事前情報を指定するのによく使われるメカニズムだ)。選択を行って情報が蓄積すると、この情報が更新され、次の選択がより最適化されて、最終的には正しいアームが選ばれる。

バンディットアルゴリズムでは、3つ以上の処置を効率的に扱い、「最良」の最適選択を目指す。伝統的な統計的検定手続きでは、3つ以上の処置の意思決定が、伝統的なA/Bテストより複雑となってしまうので、バンディットアルゴリズムがさらに有利となる。

基本事項30

- 伝統的なA/Bテストでは無作為抽出を想定するので、良くない処置を過度に行う。
- これに対して、多腕バンディットでは、サンプリングにおいて実験中に学習した情報を組み込み、良くない処置の度数を減らす。
- 多腕バンディットは、3つ以上の処置を効率的に扱える。
- サンプリング確率を劣った処置からより優れた(と想定される)処置へ転換するさまざまなアルゴリズムがある。

3.10.1 さらに学ぶために

- 『*Bandit Algorithms*』[White-2012] が多腕バンディットアルゴリズムを簡潔にうまく説明している。WhiteはPythonコードとバンディットの性能を評価するシミュレーション結果も示している。
- トンプソンサンプリングについて（技術的だが）詳しい情報が、論文「Analysis of Thompson Sampling for the Multi-armed Bandit Problem」[Agrawal-2012] にある。

3.11 検定力とサンプルサイズ

Webテストを行うとき、どのくらいの時間をかけるか（すなわち、処置についてどれだけの結果が必要か）をどのように決めるのだろうか。Web上には、Webテストについて、多数の指針があるが、一般的に良いと言える指針は存在しない。主として、目標を達成する度数に依存するからだ。

> **基本用語29：検定力とサンプルサイズ**
>
> **効果量（effect size）**
>
> 「クリック率の20％向上」のような統計的検定で検出できると期待する効果の最小量。
>
> **検定力（power）**
>
> 指定されたサンプルサイズで効果量を検出する確率。
>
> **有意水準（significance level）**
>
> 検定を行う統計的有意水準。

サンプルサイズを統計的に計算するステップの1つは、「仮説検定で、処置Aと処置Bの差が実際に示されるか」と問うことだ。仮説検定の結果、p値は、処置Aと処置Bの実際の差に依存する。実験に際して誰が選ばれるかのような標本抽出の偶然にも依存する。処置Aと処置Bの実際の差が大きければ大きいほど、実験で示される確率が増え、実際の差が小さければ、それだけより多くのデータが検出に必要となる、と考えるのは妥当だ。野球で打率が3割5分の打者と2割の打者との差を見出すのには、それほど多くの打席を必要としないが、3割5分の打者と2割8分の打者との差は、相当数の打席が回ってきた後でないとわからない。

検定力は、指定された**効果量**を指定された標本特性（サイズと変動性）で検出する確率だ。例えば、打率3割3分の打者と2割の打者との違いが25打席でわかる確率は（仮の話として）0.75だとする。この効果量は、1割3分の差となる。「検出する」とは、仮説検定が帰無仮説「違いがない」を棄却して実際に効果があると結論付けることだ。2人の打者の25打席（$n = 25$）の効果量1割3分の実験は（仮の話として）0.75すなわち75％の検出力だ。

これには、複数の流動的な要因が絡むことがわかったはずだ。また、（標本分散、効果量、サンプルサイズ、仮説検定のアルファ水準などを指定する）必要な統計的な仮定や公式が多数あるので混乱しやすい。実際、検出力を計算する専用の統計ソフトがある。ほとんどのデータサイエンティストは、例えば、論文発表で検出力を報告する正規の手続きを踏む必要はない。しかし、場合によると、A/Bテストのためにデータを収集しようとしたら、そのデータ収集や処理に費用がかかることがある。その場合に、どのくらいのデータが必要かをおよそでいいから知っておけば、努力してデータを集めたものの、結果から結論を出すことができなかったという状況を避けられる。次に、その手続きを直感的に示す。

1. データのもたらす結果について適切だと思われる（おそらくは過去のデータに基づき）仮定のデータ、例えば、2割打者を表す1が20、0が80の箱や「Webサイトでの滞在時間」の観測データを含んだ箱から始める。
2. 第1の標本に目的の効果量を追加して第2の標本を作る。例えば、1が33、0が67の箱や最初の「Webサイトでの滞在時間」に25秒追加した箱など。
3. それぞれの箱からサイズがnのブートストラップ標本を抽出する。
4. 並べ替え（または式を使った）仮説検定を2つのブートストラップ標本に行い、それらの差が統計的に有意かどうかを記録する。
5. 上の2つのステップを多数回繰り返し、差がどの程度有意であるかを決定する。これが推定検出力だ。

3.11.1 サンプルサイズ

通常、検出力計算を使うのは、必要なサイズがどの程度かを推定するためだ。

例えば、クリックスルー率（CTR、クリックのパーセント）を調べて、新しい広告と既存の広告との差を検定したいとする。この調査のために、クリック数は何回必要か。大きな差（例えば、50％）を示す結果だけが必要だとすれば、比較的小さな標本の方が都合がよいかもしれない。一方で、わずかな差にも興味があるなら、かなり大きな標本が必要となる。標準的な方式では、新しい広告が既存の広告より良いことが、例えば、10％で示されねばならないという目標を立てておく。これが達成されないなら、既存の広告を使い続ける。この目標には、まず「効果量」を決めて、それからサンプルサイズを決める。

例えば、現在のCTRが約1.1％で、10％上げて1.21％にしようとしている場合を考える。2つの箱のうち、1.1％の1（例えば、110の1と9,890の0）の箱Aと1.21％の1（例えば、121の1と9,879の0）の箱Bを考える。初めに、各箱から300回抽出する（広告に対する300人の「表示回数」に相当する）。この最初の結果は次のようになった。

箱A：3つの1
箱B：5つの1

どのような仮説検定でも、この相違（5対3）は偶然変動の範囲内になるだろう。このサンプルサイズ（各グループで$n = 300$）と効果量（10％の差異）との組み合わせは小さすぎて、仮説検定で差を示す信頼性に欠ける。

そこで、サンプルサイズを増やし（2,000）、改善度を大きくする（10％ではなく50％）。

例えば、現在のCTRは1.1％のままだが、50％増の1.65％を狙うとする。そうすると、2つの箱、1.1％の1（例えば、110の1と9,890の0）の箱Aと1.65％の1（例えば、165の1と9,868の0）の箱Bになる。それぞれの箱から2,000回抽出する。最初の抽出では次のようになった。

箱A：19の1
箱B：34の1

この差（34 − 19）の有意度検定は、まだ「有意でない」（ただし、前の5−3の差よりは有意にずっと近い）。検出力を計算するには、この手続きを多数回行うか、統計ソフトと使うのだが、最初の抽出から、50％の改善率を検出するには、数千の広告に対する表示回数を集める必要があることが想定できる。

まとめると、検出力や必要なサンプルサイズを計算するためには、次の4つの変動要因が必要となる。

- サンプルサイズ
- 検出したい効果量
- 検定を行う有意水準（アルファ）
- 検定力

このうちの3つを決めれば、4番目が計算できる。通常は、サンプルサイズを求めたいので、残りの3つを指定する。RやPythonでは、片側検定のために対立仮説を「大きい」と定めねばならない。片側検定と両側検定についてのより詳細な議論は、**「3.2.3 片側、両側仮説検定」**参照。両方の標本が同じサイズの場合、2つの割合を含んだ検定のためのRコードは次のようになる（pwrパッケージを使う）。

（R）
```
effect_size <- ES.h(p1=0.0121, p2=0.011)
pwr.2p.test(h=effect_size, sig.level=0.05, power=0.8,
            alternative='greater')
     Difference of proportion power calculation for binomial distribution
                                                   (arcsine transformation)

              h = 0.01029785
              n = 116601.7
      sig.level = 0.05
          power = 0.8
    alternative = greater

NOTE: same sample sizes
```

関数ES.hが効果量を計算する。検出力80％を望むなら、ほぼ120,000の表示回数のサンプルサイズが要る。50％ブースト（p1=0.0165）を求めるなら、サンプルサイズは55,000に削減される。

Pythonでは、statsmodelsパッケージに検定力計算のメソッドが複数ある。ここでは、proportion_effectsizeを使って効果量を計算し、TTestIndPowerでサンプルサイズについて解く。

（Python）
```
effect_size = sm.stats.proportion_effectsize(0.0121, 0.011)
analysis = sm.stats.TTestIndPower()
result = analysis.solve_power(effect_size=effect_size,
```

```
                                alpha=0.05, power=0.8, alternative='larger')
print('Sample Size: %.3f' % result)
Sample Size: 116602.393
```

基本事項31

- 必要なサンプルサイズを求めるには、あらかじめ、実行する統計検定について考えておく必要がある。
- 検出したい効果の最小サイズを指定しなければならない。
- その効果量を検出するのに必要な確率（検定力）も指定しなければならない。
- 最後に、検定を行う有意水準（アルファ）を指定しなければならない。

3.11.2 さらに学ぶために

- 『*Sample Size Determination and Power*』[Ryan-2013]は、検定力とサンプルサイズについて包括的に書かれており読みやすい。
- 統計コンサルタントのSteve Simonが、サンプルサイズについてわかりやすい語り口の投稿（http://www.pmean.com/09/AppropriateSampleSize.html）をしている。

3.12 まとめ

実験計画法の大原則、「異なる処置を受ける被験者を無作為抽出で2つ以上のグループに分ける」によって、処置がどれだけ良かったかについて妥当な結論を引き出せる。「変更を含まない」という統制群を含める方が良い。式を用いた統計推論の対象、仮説検定、p値、t検定その他には、伝統的な統計学のコースや教科書で多くの時間とスペースが割かれているのだが、この種の統計手法はデータサイエンスの観点では不必要となる。しかし、ランダムな変動が人間の頭脳を惑わせるということを認識することは相変わらず重要だ。直感的なリサンプリング（並べ替えとブートストラップ）は、偶然の変動がデータ分析における役割を演じることのできる限界をデータサイエンティストに示している。

4章 回帰と予測

統計学で、おそらく最も多い目標は、「変量X（あるいは、$X_1, ..., X_p$）は変量Yに関連するか、そして、関連するなら関係式はどうなるか、それを使ってYを予測できるか」という質問に答えるものだろう。

統計学とデータサイエンスとの関連は、予測、特に、「予測」変数値に基づいて成果（目標）変数の値を予測する分野ほど強いところはないだろう。成果の値が既知のデータでモデルを訓練して、成果が未知のデータに対して予測するというプロセスは、**教師あり学習**と呼ばれる。統計学とデータサイエンスとの別の重要な関連分野は**異常検出**で、データ分析における回帰診断はそのために開発され、回帰モデルを改善して異常なレコードを検出するのに使われる。

4.1 単回帰[*1]

単回帰は、ある変数と別の変数との間の関係、例えば、Xが増えるとYも増える、をモデル化する。2変数の関係を測るもう1つの方法は相関だ（**「1.7 相関」**を参照）。相関は2変数の関連の**強さ**を測るが、回帰は関係性の**性質**を定量化するという違いがある。

基本用語30：単回帰

応答変数（response）

予測しようとする変数（関連語：従属変数、Y変数、目標、成果）

＊1 原注：本章のこの節以降は、Datastats, LLC, Peter Bruce, Andrew Bruce, and Peter Gedeck ©2020から許可を得て転載。

独立変数（independent variable）
応答を予測するために使われる変数
（関連語：X変数、特徴量、属性、予測変数）

レコード（record）
特定データまたはケースの予測変数と成果値のベクトル
（関連語：行、ケース、インスタンス、事例）

切片（intercept）
回帰直線の切片、すなわち、$X = 0$のときの予測値（関連語：b_0、β_0）

回帰係数（regression coefficient）
回帰直線の傾き（関連語：傾き、b_1、β_1、パラメータ推定値、重み）

あてはめ値（fitted value）
回帰直線から得られる推定値$\hat{Y}_i$（関連語：予測値）

残差（residuals）
観測値とあてはめ値との間の差（関連語：誤差）

最小二乗法（least squares）
残差平方和を最小化して回帰のあてはめを行う手法
（関連語：最小二乗推定法（OLS：ordinary least squares））

4.1.1 回帰式

単回帰では、Xがある量だけ変わるとYがどれほど変わるかを推定する。相関係数では、変数XとYとは交換可能だが、回帰では、線形関係（すなわち、直線）を用いて、Xから変数Yを次の式で予測する。

$$Y = b_0 + b_1 X$$

これは、「Yは、b_1とXを掛けたものに定数b_0を足したものに等しい」と読む。記号b_0は、**切片**（あるいは定数）で、記号b_1は、Xの**傾き**だ。Rの出力では、両方とも**係数**となるが、一般的には係数という用語はb_1に用いられる。変数Yは、応答変数またはXに依存するので従属変数と呼ばれる。変数Xは、予測変数または独立変数と呼ばれる。機械学習コミュニティでは、Yを**目標**、Xを**特徴量ベクトル**と言うように他の用語を使う傾向がある。本書では、**予測変数**と**特徴量**を同じものを指すとして扱う。

労働者が石綿の粉塵にさらされていた年数(Exposure)に対して肺活量測定値(PEFR すなわち「peak expiratory flow rate(最大呼気流速度)」)を示す**図4-1**の散布図を考えよう。PEFRはExposureにどう関係しているか。この図からだけで答えを導き出すのは難しい。

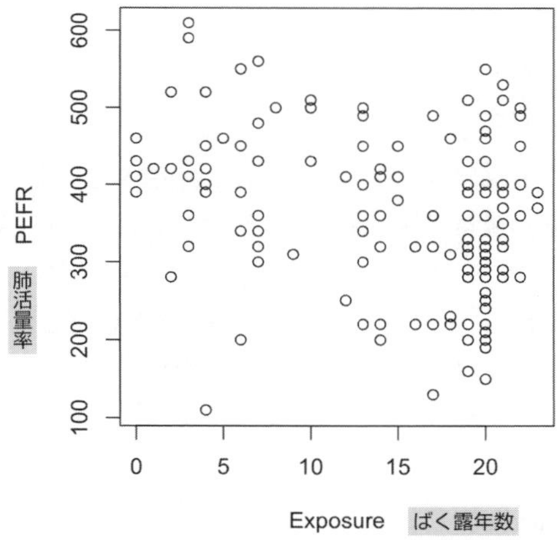

図4-1 石綿ばく露年数対肺活量

単回帰は、予測変数Exposureの関数として応答PEFRを予測する「最良」の直線を探す。

$$肺活量 = b_0 + b_1 \times ばく露年数$$

Rの`lm`関数で、線形回帰への予測適合ができる。

(R)
```
model <- lm(PEFR ~ Exposure, data=lung)
```

`lm`はlinear model(線形モデル)の略で、記号~は、PEFRがExposureで予測されることを示す。このモデル定義では、切片は自動的に含まれて適合する。モデルから切片を除きたければ、モデル定義を次のようにする。

```
PEFR ~ Exposure - 1
```

modelオブジェクトを出力すると次のようになる。

```
(R)
model

Call:
lm(formula = PEFR ~ Exposure, data = lung)

Coefficients:
(Intercept)     Exposure
    424.583       -4.185
```

切片b_0は424.583で、ばく露年数が0の作業者の予測PEFRだ。回帰係数b_1は次のように解釈できる。作業者の綿粉塵ばく露が1年増すごとに、そのPEFR測定値が4.185だけ減る。

Pythonではscikit-learnパッケージのLinearRegressionを使うことができる(statsmodelsパッケージにはRにより近い線形回帰の実装sm.OLSがあり、本章の後半で使用する)。

```
(Python)
predictors = ['Exposure']
outcome = 'PEFR'

model = LinearRegression()
model.fit(lung[predictors], lung[outcome])

print(f'Intercept: {model.intercept_:.3f}')
print(f'Coefficient Exposure: {model.coef_[0]:.3f}')
```

このモデルの回帰直線を**図4-2**に示す。

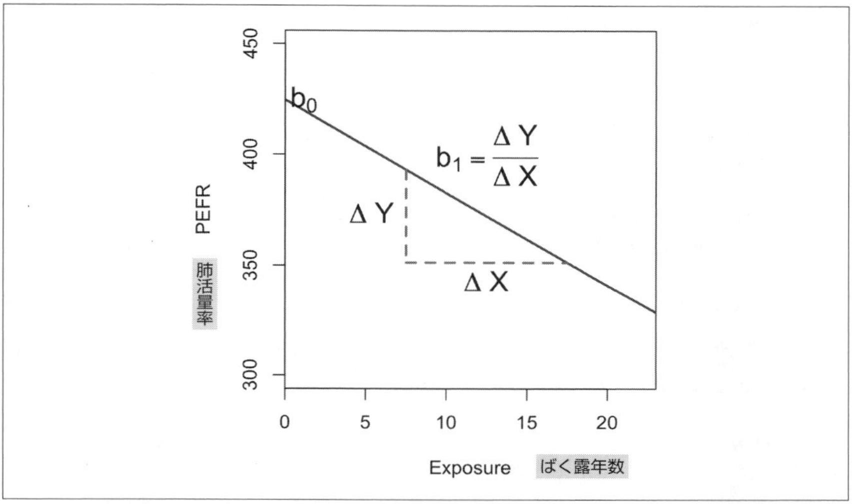

図4-2 肺活量データの適合回帰直線の傾きと切片

4.1.2 あてはめ値と残差

回帰分析で重要な概念は**あてはめ値**（予測値）と**残差**（予測誤差）だ。一般に、データが正確に直線状に乗ることはないから、回帰式は誤差項e_iを明示的に含む。

$$Y_i = b_0 + b_1X_i + e_i$$

あてはめ値は**予測値**とも呼ばれるが、通常$\hat{Y}_i$（Yハット）と表記して、次のように記述する。

$$\hat{Y}_i = \hat{b}_0 + \hat{b}_1X_i$$

$\hat{b}_0, \hat{b}_1$という表記は、係数が既知のものではなく推定されたものであることを示す。

ハット表記：推定値と既知の値

「ハット」表記は、推定値と既知の値の違いを示す。記号$\hat{b}$（bハット）は、未知パラメータbの推定値を示す。なぜ統計学者は、推定値と真値とを区別するのだろうか。推定値には不確定性があるが、真値は固定[*1]だからだ。

＊1　原注：ベイズ統計では、真値は指定分布の乱数と想定される。ベイズ統計においては、未知パラメータの推定の代わりに事前分布および事後分布を使う。

残差$\hat{e}_i$は、元のデータ値から予測値を引いて計算できる。

$$\hat{e}_i = Y_i - \hat{Y}_i$$

Rでは、関数predictとresidualsを用いて予測値と残差を計算する。

(R)
```
fitted <- predict(model)
resid <- residuals(model)
```

Pythonのscikit-learnのLinearRegressionモデルでは、訓練データにpredictメソッドを使ってあてはめ値fittedと残差residualsが求まる。これは、scikit-learnのすべてのモデルに一般的なパターンだ。

(Python)
```
fitted = model.predict(lung[predictors])
residuals = lung[outcome] - fitted
```

図4-3は、肺活量データにあてはめた回帰直線の残差を示す。残差は、データから回帰直線への鉛直点線の長さとなる。

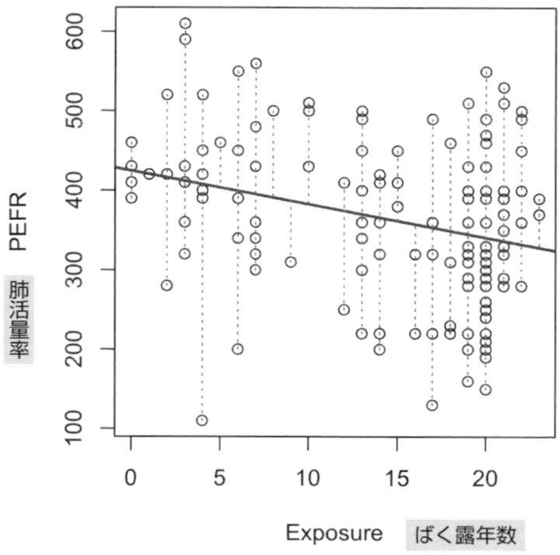

図4-3 回帰直線からの残差（すべてのデータを表示するためy軸のスケールが**図4-2**と違うので、傾きが違って見えることに注意）

4.1.3 最小二乗法

データへのモデルの適合度はどんなものだろうか。明確な関係がある場合、手作業でも直線をあてはめられると考えることだろう。実際には、回帰直線は、**残差平方和**（RSS：residual sum of squares）を最小化する推定になる。

$$\begin{aligned} RSS &= \sum_{i=1}^{n} \left(Y_i - \hat{Y}_i\right)^2 \\ &= \sum_{i=1}^{n} \left(Y_i - \hat{b}_0 - \hat{b}_1 X_i\right)^2 \end{aligned}$$

推定値$\hat{b}_0$と$\hat{b}_1$がRSSを最小化する値だ。

残差平方和を最小化する手法は、**最小二乗回帰**（OLS：Ordinary Least Squares）だ。これは、ドイツの数学者カール・フリードリヒ・ガウスの考案とされることが多いが、1805年にフランスの数学者アドリアン＝マリー・ルジャンドルが最初に発表している。最小二乗回帰は標準的な統計ソフトで簡単に計算できる。

歴史的に見れば、最小二乗法が広まった1つの理由は計算の容易さだ。ビッグデータ時代が到来したが、計算速度がなおも重要な要素となっている。最小二乗法は、平均値と同様に外れ値の影響を受けるが（**「1.3.2　中央値と頑健推定」**参照）、データセットのサイズが小さいかある程度の範囲でなければ重大な問題ではない。回帰における外れ値の議論については、**「4.6.1　外れ値」**を参照のこと。

回帰という用語

アナリストや研究者が**回帰**という用語を使う場合、普通は線形回帰を指している。通常、予測変数と目的変数の数値との間の関係を説明する線形モデルの開発に焦点が絞られている。統計学の正式な意味では、回帰には予測変数と目的変数との間の関数関係となる非線形モデルも含まれる。機械学習コミュニティにおいては、回帰という用語が、数値的な成果を予測するどのような予測モデルでも（二値またはカテゴリ値の成果を予測する分類手法と区別して）指すのに使われることがよくある。

4.1.4 予測と説明（プロファイリング）

歴史的には、回帰の主たる用途は、予測変数と目的変数とに予想される線形関係を説明することにあった。目標は、回帰にあてはめられるデータを使って関係を理解して説明することだった。そのときに一番注目することは、回帰式の傾き$\hat{b}$の推定だった。経済学者は、消費動向とGDP成長の関係を知ろうとする。公衆衛生の担当者は、安全な性行為を促進するための周知キャンペーンが効果的かどうか理解しようとする。このような場合、個々の事例の予測ではなく、全体的な変数間の関係性を把握しようとする。

ビッグデータの到来とともに、回帰は手元のデータを説明することではなく、新たなデータで個別成果を予測するモデル作成（すなわち、予測モデル）に広く使われるようになった。この場合には、主要な関心事は予測値$\hat{Y}$だ。マーケティングでは、回帰が広告キャンペーンの規模で売上がどれだけ変わるか予測するのに使われる。大学では学生のSAT点数に基づいて、学生のGPAを予測するのに回帰を使う[*1]。

データによく適合する回帰モデルでは、Xの変化がYの変化につながるようになっている。しかし、回帰式それ自体では、因果関係は証明できない。因果的な結論は、関係理解のより広い文脈から採る必要がある。例えば、回帰式がWeb広告のクリック数とコンバージョン率の間にはっきりした関係があることを示すかもしれない。しかし、広告のクリックが売上につながると結論付けるのは、回帰式ではなく購買プロセスに関する我々の知識であり、その逆ではない。

基本事項32

- 回帰式は、応答変数Yと予測変数Xとの関係を直線でモデル化する。
- 回帰モデルから、予測値と残差、応答の予測と予測誤差が得られる。
- 回帰モデルは通常、最小二乗法であてはめを行う。
- 回帰は、予測と説明の両方に用いられる。

4.1.5 さらに学ぶために

予測と説明とについてさらに深く論じたものには、Galit Shmueliの論文「To Explain or to Predict」[Shmueli-2010]がある。

＊1 訳注：SATはアメリカの大学入試判定に使われる試験（高校での成績）、GPAは大学院の入試判定に使われる（大学での成績）。

4.2 重回帰

予測変数が複数の場合には、回帰式を拡張して扱えるようにする。

$$Y = b_0 + b_1 X_1 + b_2 X_2 + \cdots + b_p X_p + e$$

この場合、関係は直線ではなく、線形モデルで表現される。各係数と変数（特徴量）の関係が線形になっている。

基本用語31：重回帰

平均二乗誤差平方根（Root Mean Squared Error：RMSE）

回帰の平均二乗誤差の平方根（これは、回帰モデルの比較に最もよく使われる指標）。

残差標準誤差（Residual Standard Error：RSE）

平均二乗誤差平方根と同じだが、自由度で調整されている。

R^2（R-squared）

モデルから説明される変動の割合、0から1の範囲
（関連語：決定係数、R二乗）

t統計量（t-statistic）

予測変数の係数を標準誤差で割ったもの。モデル中の変数の重要度を表す指標（**「3.5　t検定」**参照）。

加重回帰（weighted regression）

レコードが異なる重みを持つ回帰。

最小二乗法によるあてはめや、予測値と残差などの他の概念は、単回帰と同じで、重回帰に自然に拡張される。例えば、予測値は次のようになる。

$$\hat{Y}_i = \hat{b}_0 + \hat{b}_1 X_{1,i} + \hat{b}_2 X_{2,i} + \cdots + \hat{b}_p X_{p,i}$$

4.2.1 例：キング郡住宅データ

回帰を使った例に住宅価値の推定を取り上げる。米国の地方自治体では、課税のた

めに住宅価値を査定する郡税査定官という担当者がいる。不動産を購入する人や、不動産関係者は、Zillow（https://www.zillow.com/）のようなWebサイトで、正当な価格を確認しなければならない。ワシントン州シアトル市を含むキング郡での住宅価格を集めたデータは、次のようにhouse data.frameで行の一部を示す。

(R)
```
head(house[, c('AdjSalePrice', 'SqFtTotLiving', 'SqFtLot', 'Bathrooms',
               'Bedrooms', 'BldgGrade')])
Source: local data frame [6 x 6]

  AdjSalePrice SqFtTotLiving SqFtLot Bathrooms Bedrooms BldgGrade
         (dbl)         (int)   (int)     (dbl)    (int)     (int)
1       300805          2400    9373      3.00        6         7
2      1076162          3764   20156      3.75        4        10
3       761805          2060   26036      1.75        4         8
4       442065          3200    8618      3.75        5         7
5       297065          1720    8620      1.75        4         7
6       411781           930    1012      1.50        2         8
```

Pythonでは、pandasのheadメソッドで先頭の行の一部を示す。

(Python)
```
subset = ['AdjSalePrice', 'SqFtTotLiving', 'SqFtLot', 'Bathrooms',
          'Bedrooms', 'BldgGrade']
house[subset].head()
```

目標は、他の変数から販売価格を予測することだ。Rの関数lmは、方程式の右側に複数の項があれば、自然に重回帰として扱う。引数na.action=na.omitは、欠損値のあるレコードをモデルから除外することを意味する。

(R)
```
house_lm <- lm(AdjSalePrice ~ SqFtTotLiving + SqFtLot + Bathrooms +
               Bedrooms + BldgGrade,
               data=house, na.action=na.omit)
```

Pythonでは、scikit-learnのLinearRegressionが重回帰にも使える。

(Python)
```
predictors = ['SqFtTotLiving', 'SqFtLot', 'Bathrooms', 'Bedrooms',
              'BldgGrade']
```

```
outcome = 'AdjSalePrice'

house_lm = LinearRegression()
house_lm.fit(house[predictors], house[outcome])
```

house_lmオブジェクトの出力は次のようになる。

(R)

```
house_lm

Call:
lm(formula = AdjSalePrice ~ SqFtTotLiving + SqFtLot + Bathrooms +
    Bedrooms + BldgGrade, data = house, na.action = na.omit)

Coefficients:
  (Intercept)  SqFtTotLiving        SqFtLot      Bathrooms
   -5.219e+05      2.288e+02     -6.047e-02     -1.944e+04
     Bedrooms      BldgGrade
   -4.777e+04      1.061e+05
```

PythonのLinearRegressionモデルでは、切片と係数が適合モデルのフィールドintercept_とcoef_にある。

(Python)

```
print(f'Intercept: {house_lm.intercept_:.3f}')
print('Coefficients:')
for name, coef in zip(predictors, house_lm.coef_):
    print(f' {name}: {coef}')
```

係数の解釈は単回帰と同じだ。予測値$\hat{Y}$は、$k \neq j$について他の変数X_kが変わらないと仮定すると、X_jが1単位変動すると係数b_jだけ変化する。例えば、家の床面積が1平方フィート増えると、約229ドル高くなる。1,000平方フィート追加すれば、価値が228,800ドル増えることを意味する。

4.2.2 モデルの評価

データサイエンスの観点で、最も重要な性能指標は、**平均二乗誤差平方根**(RMSE)だ。RMSEは、予測した$\hat{y}_i$値の平均二乗誤差の平方根である。

$$RMSE = \sqrt{\frac{\sum_{i=1}^{n} (y_i - \hat{y}_i)^2}{n}}$$

これは、モデルの全体としての適合率の指標であり、（機械学習で使うモデル適合を含め）他のモデルと比較するときの基準になる。RMSEによく似たものに、**残差標準誤差**（RSE）がある。p個の予測変数があると、RSEは次の式で求められる。

$$RSE = \sqrt{\frac{\sum_{i=1}^{n} (y_i - \hat{y}_i)^2}{n - p - 1}}$$

唯一の違いは、分母がレコード数ではなく自由度（**「3.7 自由度」**参照）であることだ。実際には、線形回帰では、RMSEとRSEとの差異は、特にビッグデータに適用する場合は、非常に小さい。

Rのsummary関数は、回帰モデルのRSEを他の指標とともに計算する。

(R)
```
summary(house_lm)

Call:
lm(formula = AdjSalePrice ~ SqFtTotLiving + SqFtLot + Bathrooms +
    Bedrooms + BldgGrade, data = house, na.action = na.omit)

Residuals:
     Min       1Q   Median       3Q      Max
-1199479  -118908   -20977    87435  9473035

Coefficients:
                Estimate Std. Error t value Pr(>|t|)
(Intercept)   -5.219e+05  1.565e+04 -33.342  < 2e-16 ***
SqFtTotLiving  2.288e+02  3.899e+00  58.694  < 2e-16 ***
SqFtLot       -6.047e-02  6.118e-02  -0.988    0.323
Bathrooms     -1.944e+04  3.625e+03  -5.363 8.27e-08 ***
Bedrooms      -4.777e+04  2.490e+03 -19.187  < 2e-16 ***
BldgGrade      1.061e+05  2.396e+03  44.277  < 2e-16 ***
---
Signif. codes:  0 '***' 0.001 '**' 0.01 '*' 0.05 '.' 0.1 ' ' 1

Residual standard error: 261300 on 22681 degrees of freedom
```

```
Multiple R-squared:  0.5406,
Adjusted R-squared:  0.5405
F-statistic:  5338 on 5 and 22681 DF,  p-value: < 2.2e-16
```

Pythonの`scikit-learn`には、回帰や分類に対する多数の指標がある。ここでは、RMSEを計算する`mean_squared_error`と係数を決定する`r2_score`を示す。

(Python)
```
fitted = house_lm.predict(house[predictors])
RMSE = np.sqrt(mean_squared_error(house[outcome], fitted))
r2 = r2_score(house[outcome], fitted)
print(f'RMSE: {RMSE:.0f}')
print(f'r2: {r2:.4f}')
```

`statsmodels`を使うと回帰モデルの詳細な分析結果が得られる。

(Python)
```
model = sm.OLS(house[outcome], house[predictors].assign(const=1))
results = model.fit()
results.summary()
```

ここで使ったpandasメソッド`assign`は、値1の定数カラムを予測変数に追加する。これは切片のモデルに必要となる。

統計ソフトの出力で目にするもう1つの指標は、**決定係数**、すなわち、R二乗統計量、R^2だ。R^2は0から1までの範囲で、モデルに対するデータの変動の比率を示す。これは主として、モデルがデータにどれだけよく適合しているかを評価したいときに、回帰の説明に使われる。R^2は次の式で求められる。

$$R^2 = 1 - \frac{\sum_{i=1}^{n} (y_i - \hat{y}_i)^2}{\sum_{i=1}^{n} (y_i - \bar{y})^2}$$

分母は、Yの分散に比例する。上のR関数からは、モデルに対して予測変数を追加するとペナルティを課すことになる、自由度で調整されたR^2も出力される。大規模なデータセットを使った重回帰では、これがR^2と大きく異なることはほとんどない。

推定係数とともに、同じく上のR関数や`statsmodels`からは、係数の標準誤差（SE）と次の式で計算される**t統計量**も出力される。

$$t_b = \frac{\hat{b}}{\mathrm{SE}(\hat{b})}$$

t統計量およびその鏡像にあたるp値は、係数が「統計的に有意」である程度、すなわち、偶然によって予測変数と目標変数が統計的に有意となる範囲からどのくらい外側にあるかの指標となる。t統計量が大きい(p値が小さい)ほど、予測変数は有意となる。節約性がモデルの評価で重要なため、このようなツールを使って予測変数として含める変数を選択するのが有用だ(**「4.2.4 モデル選択と段階的回帰」**参照)。

Rやその他のパッケージでは、t統計量の他に、**p値**(上のRの出力ではPr(>|t|))と**F統計量**が出力されることが多い。データサイエンティストは、一般に、これらの統計量について気にせず、統計的有意性の問題にもそれほど関わらない傾向にある。データサイエンティストがt統計量に焦点を当てるのは主としてモデルに予測変数を含めるべきかどうかの基準として役立つからだ。t統計量が大きい(p値は0に近い)と予測変数はモデルに含めておくべきで、t統計量が小さいと予測変数から除外できる。詳しい説明は、**「3.4.1 p値」**参照。

4.2.3 交差検証

古典的統計学での回帰指標(R^2、F統計量、p値)は、すべて「標本内」指標、すなわち、モデル適合に用いられたデータと同じデータを使う。直感的には、元のデータの一部を取り分けておいて、それをモデル適合には使用せず、取り分けておいた(ホールドアウト)データにモデルを適用して、どの程度うまくいくかを調べるのが意味のあることがわかるはずだ。通常、データの過半数をモデル適合に用い、少ない方の部分でモデルをテストする。

この「標本外」確認検証は新しいものではないが、より巨大なデータセットが今のように容易に入手できるようになるまでは、実際に行われることがなかった。小さなデータセットでは、アナリストは普通はすべてのデータを使って、最良のモデルを作ろうとする傾向がある。

しかし、ホールドアウト集合を使うことは、小さなホールドアウト集合の変動性に由来する不確実性にも直面する。異なるホールドアウト集合を選ぶと、評価はどれほど変わるものだろうか。

交差検証は、ホールドアウト集合の考え方を拡張して、複数逐次ホールドアウト集合を使う。基本となる**k分割交差検証**のアルゴリズムは次のようになる。

1. データの1/*k*をホールドアウト集合として取り分ける。
2. 残りのデータでモデルを訓練する。
3. モデルを1/*k*ホールドアウトに適用（スコア計算）して、必要なモデル評価指標を記録する。
4. 最初のデータの1/*k*を元に戻し、（最初に使ったレコードを除く）次の1/*k*を取り分ける。
5. ステップ2と3を繰り返す。
6. どのレコードもホールドアウトに使われるまで繰り返す。
7. モデル指標の平均をとるか、さもなければ組み合わせる。

データを訓練用の標本とホールドアウト集合とに分離することも**分割**と呼ばれる。

4.2.4 モデル選択と段階的回帰

問題によっては、多数の変数が回帰の予測変数として使える。例えば、住宅価値を予測するには、地下室の広さや建築年などが追加変数として使える。Rでは、回帰式に簡単に変数を追加できる。

（R）
```
house_full <- lm(AdjSalePrice ~ SqFtTotLiving + SqFtLot + Bathrooms +
                 Bedrooms + BldgGrade + PropertyType + NbrLivingUnits +
                 SqFtFinBasement + YrBuilt + YrRenovated +
                 NewConstruction,
                 data=house, na.action=na.omit)
```

Pythonでカテゴリ変数や二値変数を数量変数に変換する必要がある。

（Python）
```
predictors = ['SqFtTotLiving', 'SqFtLot', 'Bathrooms', 'Bedrooms', 'BldgGrade',
              'PropertyType', 'NbrLivingUnits', 'SqFtFinBasement', 'YrBuilt',
              'YrRenovated', 'NewConstruction']

X = pd.get_dummies(house[predictors], drop_first=True)
X['NewConstruction'] = [1 if nc else 0 for nc in X['NewConstruction']]

house_full = sm.OLS(house[outcome], X.assign(const=1))
```

```
results = house_full.fit()
results.summary()
```

しかし、変数を追加することは、必ずしもより良いモデルを意味しない。統計学者は、オッカムの剃刀をモデル選択の指針に使っている。すべてが同じなら、複雑なモデルよりも単純なモデルの方を使うべきだ。

変数を追加すると、いかなる場合でも訓練データのRMSEが減り、R^2が増える。したがって、これはモデル選択の基準としてふさわしくない。モデルの複雑さに対する1つの方法は、自由度調整済みR^2を使うことだ。

$$R_{adj}^2 = 1 - (1 - R^2)\frac{n-1}{n-p-1}$$

ここでnはレコード数、pは変数の個数である。

1970年代に、日本の高名な統計学者、赤池弘次は、**赤池情報量基準**（AIC：Akaike's Information Criteria）という指標を開発して、モデルへの項追加に罰則（ペナルティ）を与えた。回帰の場合、AICは次の式で求める。

$$\mathrm{AIC} = 2p + n\log(\mathrm{RSS}/n)$$

ここでも、pは変数の個数、nはレコード数だ。目標はAICを最小化するモデルを見出すこと。変数がk個余分に増えると罰が$2k$増える。

AIC、BIC、Mallows Cp

AICの式は少し不思議に思えるかもしれないが、情報理論の漸近的結果に基づくものだ。AICには次のような変形がある。

AICc

標本数が小さい場合にAICを修正したもの。

BIC（ベイズ情報基準）

AICとよく似ているが、モデルに追加変数を含めると罰則がより厳しくなる。

Mallows Cp

Colin Mallowsが開発したAICの変形。

これらは通常標本内（訓練データ）指標として報告され、モデル評価にホールドアウト集合を用いるデータサイエンティストはそれらの違いや背後の基盤理論について気にする必要はない

AICを最小化または自由度調整済みR^2を最大化するモデルをどのようにして見つけるのだろうか。1つの方式は、**全部分集合回帰**と呼ばれるあらゆる可能モデルを探索するものだ。これは、コストがかかり、大規模データや多数の変数を含む問題には妥当でない。他に、**段階的回帰**という興味深い方式があり、完全なモデルから始めて、寄与しない予測変数を次々に削除する**後方削除**を行う。さらに別の方式としては、定常モデルから始めて次々に変数を追加(**前方選択**)するものもある。第3のオプションとしては、次々に予測変数を追加削除して、AICまたは調整済みR^2を最小または最大化するものがある。Rでは、ヴェナブレスとリプリーが開発したMASSパッケージで、stepAICと呼ばれる段階的回帰関数を提供する。

(R)
```
library(MASS)
step <- stepAIC(house_full, direction="both")
step

Call:
lm(formula = AdjSalePrice ~ SqFtTotLiving + Bathrooms + Bedrooms +
    BldgGrade + PropertyType + SqFtFinBasement + YrBuilt, data = house,
    na.action = na.omit)

Coefficients:
              (Intercept)              SqFtTotLiving
                6.179e+06                  1.993e+02
                Bathrooms                   Bedrooms
                4.240e+04                 -5.195e+04
                BldgGrade  PropertyTypeSingle Family
                1.372e+05                  2.291e+04
    PropertyTypeTownhouse            SqFtFinBasement
                8.448e+04                  7.047e+00
                  YrBuilt
               -3.565e+03
```

scikit-learnには、段階的回帰の実装がない。Pythonでは私たちのdmbaパッケージで関数stepwise_selection, forward_selection,backward_eliminationを次のように実装する。

(Python)
```
y = house[outcome]
```

```
def train_model(variables): ❶
    if len(variables) == 0:
        return None
    model = LinearRegression()
    model.fit(X[variables], y)
    return model

def score_model(model, variables): ❷
    if len(variables) == 0:
        return AIC_score(y, [y.mean()] * len(y), model, df=1)
    return AIC_score(y, model.predict(X[variables]), model)

best_model, best_variables = stepwise_selection(X.columns, train_model,
                                                score_model, verbose=True)

print(f'Intercept: {best_model.intercept_:.3f}')
print('Coefficients:')
for name, coef in zip(best_variables, best_model.coef_):
    print(f' {name}: {coef}')
```

❶ 与えられた変数に対して適合モデルを返す関数の定義。

❷ 与えられたモデルと変数に対してスコアを返す関数の定義。この場合はdmbaパッケージで実装したAIC_scoreを用いる。

この関数は、house_fullから変数SqFtLot, NbrLivingUnits, YrRenovated, NewConstructionを削除したモデルを選ぶ。

より単純なのは、**前方選択**と**後方選択**だ。前方選択では、予測変数のない状態で始め、次々とR^2に最大の寄与をする予測変数を追加していき、寄与率が統計的に有意でなくなれば止める。後方選択（**後方削除**ともいう）では、完全モデルから始めて、統計的に有意でない予測変数を除いていき、すべての予測変数が統計的に有意なモデルになったところで止める。

罰則付き回帰は、AICと似ている。モデルの離散的集合を明示的に探索する代わりに、あまりに多くの変数（パラメータ）を含むモデルに罰則を付ける制約をモデル適合した方程式に含めている。段階的な前方/後方選択でのように予測変数全体を削除する代わりに、罰則付き回帰では、係数を減らすことで罰則を適用し、場合によるとゼロ近くにする。よく使われる罰則付き回帰には、**Ridge回帰**と**Lasso回帰**がある。

段階的回帰とすべての部分集合回帰は、**標本内**手法でモデルを評価調整する。これは、モデル選択が過剰適合（データのノイズに適合）の危険があり、新たなデータに適用すると性能が出ないことがあることを意味する。これを避けるために良く使われる手法は交差検証でモデルを確認検証することだ。線形回帰では、データの線形構造のおかげで、過剰適合は主たる問題ではない。より高度なモデル、特に、局所データ構造に対応した反復手続きの場合には、交差検証が非常に重要な手段となる。詳細は、**「4.2.3　交差検証」**参照。

4.2.5　加重回帰

統計学者は加重回帰をさまざまな目的に使うが、特に、複雑な調査分析において重要となる。データサイエンスでは、次の2つの場合に加重回帰が役立つ。

- 観測によって測定精度が異なる場合の逆分散加重。分散が大きいほど、重みが小さい。
- 行が複数のケースを表す集約データ表現での分析。各行に元の観測データが何個あったかを重み付き変数で表す。

例えば、住宅データにおいて、古い販売データは最近の販売データより信頼性が劣る。販売年の決定にDocumentDateを用いて、Weightを2005年（販売データ開始年）からの年数として計算できる。

(R)
```
library(lubridate)
house$Year = year(house$DocumentDate)
house$Weight = house$Year - 2005
```

(Python)
```
house['Year'] = [int(date.split('-')[0]) for date in house.DocumentDate]
house['Weight'] = house.Year - 2005
```

加重回帰を、weight引数を使ったlm関数で計算できる。

(R)
```
house_wt <- lm(AdjSalePrice ~ SqFtTotLiving + SqFtLot + Bathrooms +
                 Bedrooms + BldgGrade,
               data=house, weight=Weight)
round(cbind(house_lm=house_lm$coefficients,
```

```
              house_wt=house_wt$coefficients), digits=3)

                   house_lm     house_wt
(Intercept)    -521871.368 -584189.329
SqFtTotLiving      228.831     245.024
SqFtLot             -0.060      -0.292
Bathrooms       -19442.840  -26085.970
Bedrooms        -47769.955  -53608.876
BldgGrade       106106.963  115242.435
```

加重回帰の係数は、元の回帰の係数と少し異なる。

Pythonのscikit-learnのほとんどのモデルではfitメソッドの呼び出しでキーワード引数sample_weightをとる。

(Python)

```
predictors = ['SqFtTotLiving', 'SqFtLot', 'Bathrooms', 'Bedrooms', 'BldgGrade']
outcome = 'AdjSalePrice'

house_wt = LinearRegression()
house_wt.fit(house[predictors], house[outcome], sample_weight=house.Weight)
```

基本事項33

- 重回帰は、応答変数Yと複数の予測変数$X_1, \cdots, X_p$との関係をモデル化する。
- モデル評価で最も重要な指標は、平均二乗誤差平方根（RMSE）とR二乗（R^2）だ。
- 係数の標準誤差は、変数のモデルへの寄与を測定するのに使える。
- 段階的回帰は、どの変数をモデルに含めるかを自動的に決定する手法の1つだ。
- 加重回帰は、方程式への適合であるレコードに重みの増減をしたときに使える。

4.2.6　さらに学ぶために

交差検証とリサンプリングについては、『*An Introduction to Statistical Learning: with Applications in R*』［James-2013］が優れている。

4.3 回帰を使った予測

データサイエンスでの回帰の主目的は予測だ。これは、覚えておくとよい。以前からの確立した統計手法である回帰は、伝統的には予測よりも説明モデルとして使われてきたからだ。

> **基本用語32：回帰を使った予測**
>
> **予測区間（prediction interval）**
> 個別予測値の周辺の不確実性区間
>
> **外挿（extrapolation）**
> 適合に使われたデータの範囲を超えてモデルを拡張すること

4.3.1 外挿の危険性

回帰モデルは、データの範囲を超えてモデルを外挿するのに使うべきではない（時系列予測に回帰を使うときには別として）。モデルが妥当なのは、予測変数の値がデータに十分な値がある範囲だけだ（たとえ十分な値があっても他に問題があることもある、**「4.6 回帰診断」**）。極端な場合として、`model_lm`で5,000平方フィートの空き地の価格を予測したとしよう。そのような場合、建物に関連する全予測変数の値が0になり、回帰式からは$-521{,}900 + 5{,}000 \times (-0.0605) = -522{,}202$ドルという、あり得ない予測となる。なぜ、こんなことが起こるのだろうか。データは建物についてしか存在しない。空き地に対応するレコードはない。結果として、空き地の販売価格をどのように予測すべきかの情報がモデルには欠落しているのだ。

4.3.2 信頼区間と予測区間

統計学の多くの分野では、変動性（不確実性）を測定し理解することが必要とされている。回帰出力で報告されるt統計量とp値はこれを正式な形で扱い、変数選択に役立つこともある（**「4.2.2 モデルの評価」**参照）。最も有用な指標は信頼区間で、回帰係数や予測値のまわりの不確実性区間を表す。これを理解する簡単な方法はブートストラップ（一般ブートストラップ手続きの詳細については**「2.4 ブートストラップ」**参照）によるものだ。ソフトウェア出力で最もよく使われる回帰信頼区間は回帰パラメータ（係数）

のものだ。p個の予測変数とnレコード（行）のデータセットの回帰パラメータ（係数）の信頼区間を生成するアルゴリズムは次のようになる。

1. 各行（目的変数を含む）を1つの「チケット」と考え、nチケット全部を箱に入れる。
2. チケットを無作為抽出して、値を記録し、箱に戻す。
3. ステップ2をn回繰り返す。ブートストラップのリサンプルが1つできる。
4. ブートストラップサンプルに回帰適合して、推定パラメータを記録する。
5. ステップ2から4を1,000回繰り返す。
6. 各係数にブートストラップ値が1,000個出来た。それぞれに適切なパーセンタイル（例：90％信頼区間なら5パーセンタイルと95パーセンタイル）を求める。

Rの`Boot`関数を使って係数の実際のブートストラップ信頼区間を生成するか、Rのルーチン出力の公式による信頼区間を使うことができる。概念としての意味と解釈はどちらも同じで、データサイエンティストには、回帰係数の方が大事なので、そう気にしなくてもよい。データサイエンティストにとって重要なのは、予測したy値（$\hat{Y}_i$）の区間だ。$\hat{Y}_i$の不確実さは、次の2つによる。

- 関連する予測変数とその係数に関する不確実性（上のブートストラップアルゴリズム参照）
- 個別データポイントに固有の追加誤差

個別データポイントの誤差は次のように考えることができる。回帰式がどんなものかを知っていても（例：適合するレコード数が巨大だとすれば）、予測値の集合に対する実際の成果値は変動する。例えば、8部屋、6,500平方フィート、3つの浴室、地下付きの住宅の値がそれぞれ異なることがある。この個別誤差はあてはめ値からの残差でモデル化できる。回帰モデル誤差と個別データポイント誤差の両方をモデル化するブートストラップアルゴリズムを次に示す。

1. データからブートストラップサンプルをとる（詳細は既に述べた）。
2. 回帰を適合し、新たな値を予測する。
3. 元の回帰適合から残差をランダムに選び、予測値にそれを加え、結果を記録する。
4. 1から3のステップを1,000回繰り返す。
5. 結果の2.5パーセンタイルと97.5パーセンタイルを求める。

基本事項34

- データの範囲を越えた外挿はエラーを引き起こす。
- 信頼区間は回帰係数の不確実性を定量化する。
- 予測区間は個別予測値の不確実性を定量化する。
- ほとんどのソフトウェアは、Rを含めて、予測区間と信頼区間とを公式に従い、デフォルトまたは特定の出力にする。
- ブートストラップも予測と信頼区間の生成に使える。解釈と考え方は同じだ。

予測区間か信頼区間か

予測区間は単一の値の不確実性を示すが、信頼区間は複数値から計算された平均値や他の統計量の不確実性を示す。したがって、通常は、同じ値でも予測区間の方が信頼区間よりもずっと幅が広い。ブートストラップモデルのこの個別誤差は、個別残差を予測値に追加することでモデル化できる。さて、どちらを使うべきだろうか。これは、分析の文脈と目的に依存するが、一般にデータサイエンティストは特定の個別予測値に興味があるので、予測区間の方が適当だろう。予測区間を使うべきときに信頼区間を使うと、予測値の不確実性を大幅に低く見積もりすぎる。

4.4 回帰でのファクタ変数

ファクタ変数は**カテゴリ**変数とも呼ばれるが、有限個の離散値をとる。例えば、ローンの目的は、「借金の統合」、「結婚」、「クルマ」などだ。二値（yes/no）変数は、**指標**変数と呼ばれることもあるが、カテゴリ変数の特殊なものだ。回帰には数値入力がいるので、ファクタ変数をモデルで使うには数値に変換する必要がある。二値**ダミー**変数を使って変換する方法が最もよく使われる。

基本用語33：ファクタ変数

ダミー変数（dummy variables）

回帰やその他モデルで使うためファクタ変数を変換した二値0/1変数。

参照符号化（reference coding）
最も一般的な符号化のこと。ファクタのある水準を参照として使い、他のファクタをこの水準と比較する（関連語：処理符号化）

one-hotエンコーダ（one hot encoder）
機械学習コミュニティで最もよく使われる符号化方式で、すべてのファクタ水準を保持する。ある種の機械学習アルゴリズムに使うことができるが、重回帰には向かない。

偏差符号化（deviation coding）
参照水準ではなく全体の平均値と比較する符号化（関連語：和コントラスト）

4.4.1 ダミー変数表現

キング郡住宅データでは、住宅の種類を示すファクタ変数がある。6レコードの部分集合に示されている。

（R）
```
head(house[, 'PropertyType'])
Source: local data frame [6 x 1]

   PropertyType
         (fctr)
1     Multiplex
2 Single Family
3 Single Family
4 Single Family
5 Single Family
6     Townhouse
```

（Python）
```
house.PropertyType.head()
```

Multiplex（アパート）、Single Family（一戸建て）、Townhouse（低層集合住宅）という3種類の値がある。このファクタ変数の利用には、二値変数の集合に変換する必要がある。ファクタ変数のとる値ごとに二値変数を作って変換を行う。これをRで行うには、

model.matrix関数を使う[*1]。

(R)
```
prop_type_dummies <- model.matrix(~PropertyType -1, data=house)
head(prop_type_dummies)
  PropertyTypeMultiplex PropertyTypeSingle Family PropertyTypeTownhouse
1                     1                         0                     0
2                     0                         1                     0
3                     0                         1                     0
4                     0                         1                     0
5                     0                         1                     0
6                     0                         0                     1
```

関数model.matrixはデータフレームを線形モデルに適した行列に変換する。3つの異なる水準を持つファクタ変数PropertyTypeは、3列の行列で表される。機械学習コミュニティでは、この表現をone-hotエンコーダ（**「6.1.3　one-hotエンコーダ」**参照）と呼ぶ。

Pythonでは、pandasメソッドget_dummiesを使い、カテゴリ変数をダミー変数に変換する。

(Python)
```
pd.get_dummies(house['PropertyType']).head() ❶
pd.get_dummies(house['PropertyType'], drop_first=True).head() ❷
```

❶ デフォルトでは、カテゴリ変数のone-hotエンコーダを返す。
❷ キーワード引数drop_firstは、$p-1$列を返す。これを使って、多重共形性の問題を回避する。

最近傍モデルや木モデルのような、機械学習アルゴリズムによっては、one-hotエンコーダがファクタ変数を表す標準的な手法となる（**「6.2　木モデル」**参照）。

回帰の状況では、p個の異なる水準を持つファクタ変数を通常$p-1$列しかない行列で表す。これは、回帰モデルには普通は切片項を含んでいるためだ。切片があるので、$p-1$個の二値の値を定義すれば、p番目の値が定まるので、それを追加するのは冗長となる。p番目の列の追加は、多重共線性エラー（**「4.5.2　多重共線性」**参照）を引き起

＊1　原注：model.matrixの引数-1は（切片を取り除くので「-」がつく）ホットな符号化表現を1つ作る。そうでないと、Rはデフォルトで最初のファクタ水準を参照として、$p-1$列の行列を作る。

こす。

Rのデフォルト表現では、最初のファクタ**水準**を参照に用い、残りの水準をそのファクタに関連して解釈する。

(R)
```
lm(AdjSalePrice ~ SqFtTotLiving + SqFtLot + Bathrooms +
       Bedrooms + BldgGrade + PropertyType, data=house)

Call:
lm(formula = AdjSalePrice ~ SqFtTotLiving + SqFtLot + Bathrooms +
    Bedrooms + BldgGrade + PropertyType, data = house)

Coefficients:
              (Intercept)              SqFtTotLiving
               -4.468e+05                  2.234e+02
                  SqFtLot                  Bathrooms
               -7.037e-02                 -1.598e+04
                 Bedrooms                  BldgGrade
               -5.089e+04                  1.094e+05
PropertyTypeSingle Family       PropertyTypeTownhouse
               -8.468e+04                 -1.151e+05
```

Pythonのメソッドget_dummiesは、オプションのキーワード引数drop_firstで最初のファクタ水準を**参照**に用いて除外する。

(Python)
```
predictors = ['SqFtTotLiving', 'SqFtLot', 'Bathrooms', 'Bedrooms',
              'BldgGrade', 'PropertyType']

X = pd.get_dummies(house[predictors], drop_first=True)

house_lm_factor = LinearRegression()
house_lm_factor.fit(X, house[outcome])

print(f'Intercept: {house_lm_factor.intercept_:.3f}')
print('Coefficients:')
for name, coef in zip(X.columns, house_lm_factor.coef_):
    print(f' {name}: {coef}')
```

Rの回帰の出力には、PropertyTypeのPropertyTypeSingle FamilyとProperty

TypeTownhouseに対応する2つの係数が含まれている。Multiplexに対応する係数はPropertyTypeSingle Family == 0かつPropertyTypeTownhouse == 0のときに定義されるので、存在しない。係数は、Multiplexに対して解釈されるので、Single Familyは、約85,000ドル低く、Townhouseは約150,000ドル低い[*1]。

ファクタ符号化の相違

ファクタ変数の符号化には。**対照的符号化**系として知られるいくつかの異なる方式がある。例えば、**偏差符号化**は総和対比とも呼ばれるが、各水準を全体平均と比較する。他の対比としては順序ファクタに適した**多項式符号化**がある（**「4.4.3　順序ファクタ変数」**参照）。順序ファクタの場合を除けば、データサイエンティストは一般に参照符号化かone-hotエンコーダ以外の符号化を扱うことはない。

4.4.2　多水準のファクタ変数

ファクタ変数によっては、膨大な個数の二値ダミー変数を生成する。例えば米国の郵便番号はファクタ変数だが、43,000個ある。このような場合、データを調べて、予測変数と成果との関係から、カテゴリに有用な情報が含まれていないか検討することが役に立つ。有用な情報があれば、次には、全ファクタを保持するか、水準を集約すべきか決定しなければならない。

キング郡の住宅販売で80個の郵便番号が用いられている。

(R)
```
table(house$ZipCode)

98001 98002 98003 98004 98005 98006 98007 98008 98010 98011 98014 98019
  358   180   241   293   133   460   112   291    56   163    85   242
98022 98023 98024 98027 98028 98029 98030 98031 98032 98033 98034 98038
  188   455    31   366   252   475   263   308   121   517   575   788
98039 98040 98042 98043 98045 98047 98050 98051 98052 98053 98055 98056
   47   244   641     1   222    48     7    32   614   499   332   402
98057 98058 98059 98065 98068 98070 98072 98074 98075 98077 98092 98102
    4   420   513   430     1    89   245   502   388   204   289   106
```

*1　原注：これは直感に反するが、交絡変数の位置の影響として説明できる。**「4.5.3　交絡変数」**参照。

```
98103 98105 98106 98107 98108 98109 98112 98113 98115 98116 98117 98118
  671   313   361   296   155   149   357     1   620   364   619   492
98119 98122 98125 98126 98133 98136 98144 98146 98148 98155 98166 98168
  260   380   409   473   465   310   332   287    40   358   193   332
98177 98178 98188 98198 98199 98224 98288 98354
  216   266   101   225   393     3     4     9
```

pandasのvalue_countsメソッドが同じ情報を返す。

```
(Python)
pd.DataFrame(house['ZipCode'].value_counts()).transpose()
```

住宅の価値に及ぼす立地の効果を代わりに表す変数ZipCodeが重要となる。全水準を含めると79個の係数が必要となり、自由度79に相当する。元のモデルでは、house_lmには5自由度しかない（**「4.2.2 モデルの評価」**参照）。さらに、郵便番号の中には1件しか売買のないものがある。問題によっては、郵便番号を先頭の2桁、または3桁に縮めて、大都市の区に対応できる。キング郡の場合には、ほとんどの販売が、980xxと981xxで起こっているので、この方式は役立たない。

別の方式としては、郵便番号を、例えば販売価格のような他の変数に従ってグループ分けするやり方がある。もっと良いのは、最初のモデルの残差を使って郵便番号をグループ分けすることだ。次のRのdplyrコードは、80個の郵便番号をhouse_lm回帰の残差の中央値に基づいて5グループに集約する。

```
(R)
zip_groups <- house %>%
  mutate(resid = residuals(house_lm)) %>%
  group_by(ZipCode) %>%
  summarize(med_resid = median(resid),
            cnt = n()) %>%
  arrange(med_resid) %>%
  mutate(cum_cnt = cumsum(cnt),
         ZipGroup = ntile(cum_cnt, 5))
house <- house %>%
  left_join(select(zip_groups, ZipCode, ZipGroup), by='ZipCode')
```

各郵便番号の中央値残差を計算して、ntile関数を用いて郵便番号を分割し、中央値でソートして、5グループにする。これを元の適合を改善する回帰の項としてどのように使うかの例は、**「4.5.3 交絡変数」**を参照してほしい。

Pythonでは次のようにこの情報を計算できる。

(Python)
```
zip_groups = pd.DataFrame([
    *pd.DataFrame({
        'ZipCode': house['ZipCode'],
        'residual' : house[outcome] - house_lm.predict(house[predictors]),
    })
    .groupby(['ZipCode'])
    .apply(lambda x: {
        'ZipCode': x.iloc[0,0],
        'count': len(x),
        'median_residual': x.residual.median()
    })
]).sort_values('median_residual')
zip_groups['cum_count'] = np.cumsum(zip_groups['count'])
zip_groups['ZipGroup'] = pd.qcut(zip_groups['cum_count'], 5, labels=False,
                                 retbins=False)

to_join = zip_groups[['ZipCode', 'ZipGroup']].set_index('ZipCode')
house = house.join(to_join, on='ZipCode')
house['ZipGroup'] = house['ZipGroup'].astype('category')
```

残差を使って回帰適合の基準に役立てるという考えは、モデル化の過程で基本的なものだ(**「4.6 回帰診断」**参照)。

4.4.3 順序ファクタ変数

ファクタ水準を反映するファクタ変数もある。そのような変数には**順序ファクタ変数**または**順序カテゴリ変数**がある。例えば、ローンの等級は、A, B, C, …となっていて、等級が進むにつれて前の等級よりもリスクが増える。順序ファクタ変数は、通常、数値に変換されてそれが使われる。例えば、変数`BldgGrade`は順序ファクタ変数だ。その等級の型の一部を**表4-1**に示す。等級にはそれぞれ意味があり、数値は昇順になっていて、高いものが高級な住宅に対応している。**「4.2 重回帰」**で適合した回帰モデル`house_lm`では、`BldgGrade`は数値として扱われた。

表4-1 住宅の等級と対応する数値

値	記述
1	キャビン
2	標準以下
5	普通
10	非常に良い
12	豪邸
13	超高級邸宅

順序ファクタを数量変数として扱うと、ファクタに変換した際に失われる順序に含まれた情報が保持される。

基本事項35

- ファクタ変数を回帰で使うには、数量変数に変換する必要がある。
- ファクタ変数をp個の異なる値に変換するごく普通の方式は、$p-1$個のダミー変数を使うものだ。
- 複数水準のファクタ変数は、莫大な個数のデータセットでも、より少ない水準の変数にまとめる必要がある。
- ファクタによっては水準に順序があり、1つの数量変数で表せる。

4.5 回帰式の解釈

データサイエンスにおいて、最も重要な回帰の利用は従属（成果）変数の予測だ。しかし、場合によると、回帰式そのものから予測変数と目的変数との関係の性質を理解するための洞察が得られることがある。本節では、回帰式を調べて解釈するための指針を示す。

基本用語34：回帰式の解釈

相関変数（correlated variable）

同じ方向に動く傾向のある変数。一方が上に動くと、もう一方も上に動く。逆も同様（負の相関では、一方が上なら、もう一方は下に動く）。予測変数が高相関だと、個別係数の解釈が難しくなる。

多重共線性（multicollinearity）

予測変数が完全または準完全相関だと、回帰が不安定または計算不能になること（関連語：共線性）

交絡変数（confounding variable）

除外すると、回帰式が誤った関係を導いてしまう、重要な予測変数。

主効果（main effect）

他の変数とは独立な、予測変数と目的変数との関係。

交互作用（interactions）

複数の予測変数と応答変数との相互依存関係。

4.5.1 予測変数の相関

重回帰においては、予測変数が互いに相関していることも多い。例えば、**「4.2.4 モデル選択と段階的回帰」**で適合したstep_lmモデルの回帰係数を調べてみよう。

（R）

```
step_lm$coefficients
            (Intercept)            SqFtTotLiving                Bathrooms
           6.178645e+06             1.992776e+02             4.239616e+04
               Bedrooms                BldgGrade PropertyTypeSingle Family
          -5.194738e+04             1.371596e+05             2.291206e+04
  PropertyTypeTownhouse          SqFtFinBasement                  YrBuilt
           8.447916e+04             7.046975e+00            -3.565425e+03
```

（Python）

```
print(f'Intercept: {best_model.intercept_:.3f}')
print('Coefficients:')
for name, coef in zip(best_variables, best_model.coef_):
    print(f' {name}: {coef}')
```

Bedroomsの係数が負となっているのは、寝室を追加すると価値が減ることを意味する。どうしてこんなことになるのだろうか。予測変数間に相関があるからだ。大きな住宅ほど寝室が多くて、寝室の個数ではなく広さが住宅の価値を押し上げる要因となっているからだ。同じ広さの住宅2軒を考えよう。寝室が狭く数が多い家の方が人気がない。

相関のある予測変数があると、回帰係数の符号と値の解釈が難しく（そして、推定値の標準誤差が大きく）なる。寝室、住宅の広さ、浴室数はすべて関連している。これは、方程式から変数SqFtTotLiving, SqFtFinBasement, Bathroomsを取り除いた別の回帰に適合するRの次の例からもわかる。

（R）
```
update(step_lm, . ~ . - SqFtTotLiving - SqFtFinBasement - Bathrooms)

Call:
lm(formula = AdjSalePrice ~ Bedrooms + BldgGrade + PropertyType +
    YrBuilt, data = house, na.action = na.omit)

Coefficients:
              (Intercept)                   Bedrooms
                  4913973                      27151
                BldgGrade  PropertyTypeSingle Family
                   248998                     -19898
    PropertyTypeTownhouse                    YrBuilt
                   -47355                      -3212
```

update関数は、モデルに変数を追加削除するのに使う。寝室の係数が、期待通り正になっている（しかし、住宅の広さに関する変数が取り除かれたので、住宅の広さの代用変数となっている）。

PythonにはRのupdate関数に相当するものがない。変更した予測関数のリストでモデルに再適合させる必要がある。

（Python）
```
predictors = ['Bedrooms', 'BldgGrade', 'PropertyType', 'YrBuilt']
outcome = 'AdjSalePrice'

X = pd.get_dummies(house[predictors], drop_first=True)

reduced_lm = LinearRegression()
reduced_lm.fit(X, house[outcome])
```

変数の相関は、回帰係数の解釈における問題の1つにすぎない。house_lmでは、住宅の立地に関する変数がなく、モデルは大きく異なる種類の地域を組み合わせている。立地は交絡変数だ。詳しくは「**4.5.3　交絡変数**」を参照してほしい。

4.5.2 多重共線性

変数の相関の極端な場合が、予測変数の間で冗長性が存在する条件である多重共線性だ。完全多重共線性は、ある予測変数が他の予測変数の線形結合で表現できる場合だ。多重共線性は次のような場合に生じる。

- 変数が誤って二重に含まれている。
- $p-1$ 個のダミー変数ではなく、p 個のダミー変数をファクタ変数から作成した（**「4.4 回帰でのファクタ変数」**参照）。
- 2変数が互いにほとんど完全に相関している。

回帰では、多重共線性をチェックしなければならない。共線性がなくなるまで変数を取り除くべきだ。完全共線性があれば、回帰はきちんと定義された解をもたない。RやPythonを含めて、多くのソフトウェアパッケージは、ある種の共線性を自動的に処理する。例えば、houseデータにSqFtTotLivingが重複していても、house_lmモデルの結果は同じとなる。不完全な多重共線性の場合、ソフトウェアで解を得られるが、結果は不安定な可能性もある。

多重共線性は、木、クラスタ化、最近傍法などの非線形回帰手法ではそれほど問題ではなく、このような手法では、（$p-1$ 個ではなく）p 個のダミー変数を保持する方が望ましい。そうは言っても、このような手法でも、予測変数が冗長でない方が優れている。

4.5.3 交絡変数

変数の相関において、問題は、応答変数と同じような予測に関係のある変数が含まれていることだ。**交絡変数**においては、問題はそれが欠落してしまうことだ。すなわち重要な変数が回帰式に含まれない。方程式の係数を素朴に解釈すれば、不当な結論を出してしまう。

例えば、**「4.2.1　例：キング郡住宅データ」**のキング郡の回帰式house_lmを考えよう。元の回帰モデルには、住宅の価格の非常に重要な予測変数である、立地を表す変数が含まれていない。立地をモデル化するには、郵便番号を最も値段が低い (1) から最も高価(5)までグループ化したカテゴリ変数ZipGroupを含める[*1]。

(R)
```
lm(formula = AdjSalePrice ~ SqFtTotLiving + SqFtLot + Bathrooms +
    Bedrooms + BldgGrade + PropertyType + ZipGroup, data = house,
    na.action = na.omit)

Coefficients:
              (Intercept)              SqFtTotLiving
               -6.666e+05                  2.106e+02
                  SqFtLot                  Bathrooms
                4.550e-01                  5.928e+03
                 Bedrooms                  BldgGrade
               -4.168e+04                  9.854e+04
PropertyTypeSingle Family     PropertyTypeTownhouse
                1.932e+04                 -7.820e+04
                ZipGroup2                  ZipGroup3
                5.332e+04                  1.163e+05
                ZipGroup4                  ZipGroup5
                1.784e+05                  3.384e+05
```

Pythonで同じモデルは次の通り。

(Python)
```
predictors = ['SqFtTotLiving', 'SqFtLot', 'Bathrooms', 'Bedrooms',
              'BldgGrade', 'PropertyType', 'ZipGroup']
outcome = 'AdjSalePrice'

X = pd.get_dummies(house[predictors], drop_first=True)

confounding_lm = LinearRegression()
confounding_lm.fit(X, house[outcome])

print(f'Intercept: {confounding_lm.intercept_:.3f}')
print('Coefficients:')
for name, coef in zip(X.columns, confounding_lm.coef_):
    print(f' {name}: {coef}')
```

＊1　原注：キング郡には80個の郵便番号があり、そのうちの一部は販売が5軒以下だ。郵便番号を直接ファクタ変数として使う代わりに、ZipGroupが同じような郵便番号を1つのグループにクラスタ化する。詳細は「**4.4.2　多水準のファクタ変数**」参照。

ZipGroupが重要な変数なのは明らかだ。最高の郵便番号グループでは、ほとんど340,000ドルも販売価格が高くなると推定できる。SqFtLotとBathroomsの係数が正なので、浴室を追加すると5,928ドルも販売価格が上がる。

Bedroomsの係数はまだ負のままだ。これは直感に反するが、不動産市場ではよく知られた現象だ。同じ広さで浴室とトイレ数が同じ場合、寝室の数が多くて狭いと住宅価格が低くなる。

4.5.4 交互作用と主効果

統計学者は**主効果**、すなわち独立変数と、主効果間の**交互作用**とを区別することが好きだ。主効果は、回帰式では**予測変数**と呼ばれることが多い。モデルで主効果だけが使われる場合の暗黙の仮定は、応答との関係がある予測変数と他の予測変数とが独立ということだ。実際にはそうでないことが多い。

例えば、「**4.5.3 交絡変数**」のキング郡住宅データに適合するモデルには、ZipCodeをはじめとする複数の変数が主効果として含まれている。不動産では立地が決め手だ。例えば、住宅の大きさと販売価格との関係は、立地に依存すると仮定するのが自然だろう。家賃が低い地域にある大邸宅は、高級地域の大邸宅と同じ価格にはならない。Rでは、*演算子を使って変数間の交互作用を考慮することができる。キング郡データでは、次のコードがSqFtTotLivingとZipGroupとの交互作用に適合する。

(R)

```
lm(formula = AdjSalePrice ~ SqFtTotLiving * ZipGroup + SqFtLot +
    Bathrooms + Bedrooms + BldgGrade + PropertyType, data = house,
    na.action = na.omit)
```

```
Coefficients:
                (Intercept)                SqFtTotLiving
                 -4.853e+05                    1.148e+02
                  ZipGroup2                    ZipGroup3
                 -1.113e+04                    2.032e+04
                  ZipGroup4                    ZipGroup5
                  2.050e+04                   -1.499e+05
                    SqFtLot                    Bathrooms
                  6.869e-01                   -3.619e+03
                   Bedrooms                    BldgGrade
                 -4.180e+04                    1.047e+05
PropertyTypeSingle Family      PropertyTypeTownhouse
```

```
                 1.357e+04                    -5.884e+04
    SqFtTotLiving:ZipGroup2    SqFtTotLiving:ZipGroup3
                 3.260e+01                     4.178e+01
    SqFtTotLiving:ZipGroup4    SqFtTotLiving:ZipGroup5
                 6.934e+01                     2.267e+02
```

結果のモデルには、SqFtTotLiving:ZipGroup2, SqFtTotLiving:ZipGroup3など4項が新たに含まれる。

Pythonでは、statsmodelsパッケージを使って、交互作用の線形回帰モデルを訓練する必要がある。このパッケージはRと同じくformulaインタフェースでモデルを定義できる。

(Python)

```
model = smf.ols(formula='AdjSalePrice ~ SqFtTotLiving*ZipGroup + SqFtLot + ' +
     'Bathrooms + Bedrooms + BldgGrade + PropertyType', data=house)
results = model.fit()
results.summary()
```

statsmodelsパッケージは、カテゴリ変数（例：ZipGroup[T.1], PropertyType[T.Single Family]）と交互作用項（例：SqFtTotLiving:ZipGroup[T.1]）を扱う。

立地と住宅の広さには強い交互作用があるようだ。最安のZipGroupの住宅では、傾きが主効果SqFtTotLivingの傾きと同じで、1平方フィート当たり115ドルだ（これはRが参照符号化をファクタ変数に使っているためだ。**「4.4　回帰でのファクタ変数」**参照）。最も価格の高いZipGroupの住宅では、傾きが主効果にSqFtTotLiving:ZipGroup5を加えたもので、1平方フィート当たり115 + 227 = 342ドルとなる。言い換えると、最高値の地域で1平方フィート住宅を建て増せば予測販売価格は、最安値地域と比較すると、価格押し上げ幅がほぼ3倍だ。

交互作用項でモデル選択

多変数を含む問題では、どの交互作用項をモデルに含めるべきかを決定することは大きな課題だ。通常、次のようなさまざまな方法がとられる。

- 問題によっては、前知識と直感がどの交互作用項をモデルに含めるかの選択の指針となる。
- 段階的選択（**「4.2.4　モデル選択と段階的回帰」**参照）は、さまざまなモデルの選択に使える。

- 罰則付き回帰で、多数の可能性がある交互作用項を自動適合できる。
- おそらく最もよく使われるのが、**木モデル**とそれから派生した**ランダムフォレスト**や**勾配ブースト木**を使うという方式だろう。このクラスのモデルは、最適交互作用項を自動的に探し出す（**「6.2　木モデル」**参照）。

基本事項36

- 予測変数間の相関により、重回帰では係数の解釈に気をつけねばならない。
- 多重共線性は回帰式への適合で数値的不安定を引き起こすことがある。
- 交絡変数は、モデルから欠落した重要な予測変数で回帰式から偽の関係を導き出す危険性がある。
- 変数と応答との関係が互いに独立ならば、2変数間の交互作用項が必要だ。

4.6　回帰診断

探索的モデル化（すなわち、研究調査では）では、既に述べた指標（**「4.2.2　モデルの評価」**参照）の他にも、データがモデルにどの程度適合しているかさまざまな評価が行われる。ほとんどは残差分析に基づくもので、モデルのもととなる仮説を検定する。これらの評価は予測精度を直接扱わないが、予測において役立つ洞察が得られる。

基本用語35：回帰診断

標準化残差（standardized residuals）
　残差を残差の標準誤差で割ったもの。

外れ値（outlier）
　他の多くのデータから離れたデータ値。

影響値（influential value）
　その存在や欠如が回帰式に大きな差をもたらす値またはレコード。

レバレッジ（leverage）
　単一レコードが持つ回帰式への影響の程度（関連語：ハット値）

非正規残差（non-normal residuals）
　非正規分布残差は、回帰の技術要件のいくつかを無効にすることがあるが、データサイエンスにおいては通常は問題にならない。

不等分散性（heteroskedasticity）
　応答がある範囲で残差の分散が高くなる場合（式で予測変数が欠落していることを示唆する）。

偏残差プロット（partial residual plot）
　目的変数と予測変数との関係を示す診断プロット
　（関連語：追加変数プロット）

4.6.1　外れ値

一般的に、外れ値と呼ばれる極端な値は、他の観測値と離れた値だ。外れ値は位置や散らばりの推定に際して（**「1.3　位置の推定」**および**「1.4　散らばりの推定」**参照）処理が必要なだけでなく、回帰モデルでも問題になる。回帰では、実際のy推定に際して（**「1.3　位置の推定」**および**「1.4　散らばりの推定」**参照）処理が必要なだけでなく、回帰モデルでも問題になる。回帰では、実際のy値が予測値から離れているレコードが外れ値となる。残差の標準誤差で残差を割った、**標準化残差**を調べて外れ値を検出できる。

外れ値を非外れ値と分離する統計理論はない。外れ値と呼ばれるにはほとんどのデータからどれだけ離れている必要があるかというおよその規則が複数個存在している。例えば、箱ひげ図（**「1.5.1　パーセンタイルと箱ひげ図」**参照）では、「四分位範囲の1.5倍より離れている」＝「ひどく離れた」という意味だ。回帰では、外れ値を決定する指標として標準化残差を使う。標準化残差は、「回帰直線から標準誤差何個分離れている」と解釈できる。

郵便番号98105の全販売に関するキング郡住宅販売データをRで適合させてみる。

(R)
```
house_98105 <- house[house$ZipCode == 98105,]
lm_98105 <- lm(AdjSalePrice ~ SqFtTotLiving + SqFtLot + Bathrooms +
                 Bedrooms + BldgGrade, data=house_98105)
```

(Python)
```
house_98105 = house.loc[house['ZipCode'] == 98105, ]

predictors = ['SqFtTotLiving', 'SqFtLot', 'Bathrooms', 'Bedrooms', 'BldgGrade']
outcome = 'AdjSalePrice'

house_outlier = sm.OLS(house_98105[outcome],
                       house_98105[predictors].assign(const=1))
result_98105 = house_outlier.fit()
```

Rではrstandard関数を使って標準化残差を抽出して、order関数を使って最小残差のインデックスを取得する。

(R)
```
sresid <- rstandard(lm_98105)
idx <- order(sresid)
sresid[idx[1]]
    20429
-4.326732
```

Pythonのstatsmodelsでは OLSInfluenceを使って残差を分析する。

(Python)
```
influence = OLSInfluence(result_98105)
sresiduals = influence.resid_studentized_internal
sresiduals.idxmin(), sresiduals.min()
```

モデルの最大過大推定は、回帰直線から4標準誤差以上も離れており、757,754ドルの過大評価に相当する。この外れ値に対応する元データはRでは次の通りとなる。

(R)
```
house_98105[idx[1], c('AdjSalePrice', 'SqFtTotLiving', 'SqFtLot',
              'Bathrooms', 'Bedrooms', 'BldgGrade')]

AdjSalePrice SqFtTotLiving SqFtLot Bathrooms Bedrooms BldgGrade
         (dbl)         (int)   (int)      (dbl)    (int)     (int)
20429   119748          2900    7276          3        6         7
```

Pythonでは次の通り。

(Python)
```
outlier = house_98105.loc[sresiduals.idxmin(), :]
print('AdjSalePrice', outlier[outcome])
```

```
print(outlier[predictors])
```

この場合、この郵便番号地域でこの広さの住宅は、普通は119,748ドルよりもっと高値で販売されるはずなので、このレコードは何かおかしいようだ。**図4-4**は、この取引の譲渡証書の一部だ。明らかに、この取引では、不動産の一部の権利しか含まれない。この場合、外れ値は異例な取引に対応しており、回帰に含めるべきではない。外れ値はデータエントリでのキーの押し間違いや単位間違い（例：千ドル単位と1ドル単位の報告間違い）などの他の問題によることもある。

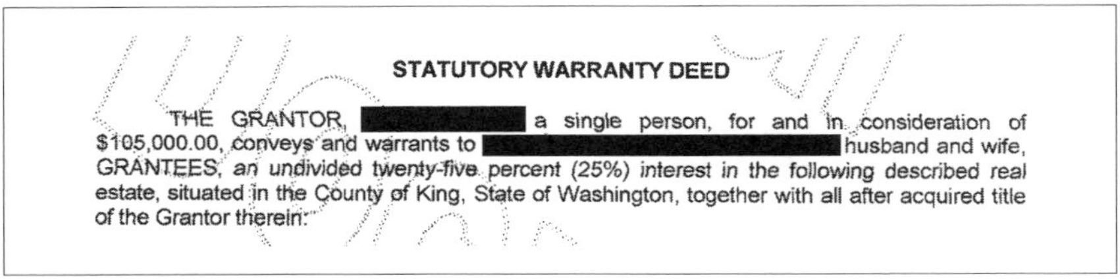

STATUTORY WARRANTY DEED

THE GRANTOR, [redacted] a single person, for and in consideration of $105,000.00, conveys and warrants to [redacted] husband and wife, GRANTEES, *an undivided twenty-five percent (25%) interest in the following described real* estate, situated in the County of King, State of Washington, together with all after acquired title of the Grantor therein:

図4-4 最大負残差の不動産譲渡証書の一部

ビッグデータの課題という点では、新たなデータを予測する回帰による適合においては外れ値は一般に問題とならない。しかし、異常検出では、外れ値の発見が決め手となり中心的な役割を果たす。外れ値は、詐欺や事故に対応することもある。どちらにしても、外れ値検出は、ビジネスでは特に重要だ。

4.6.2 影響値

それがないと回帰式に重大な変更が生じる値を**影響値**と呼ぶ。回帰では、そのような値は必ずしも残差が大きいわけではない。例えば、**図4-5**の回帰直線を考える。実線が全データの回帰に、点線が右上の点を除いた回帰に対応する。明らかに、このデータ値は、（全体回帰の）大きな外れ値とはみなされず、回帰に甚大な影響がある。このデータ値は、回帰に大きな**レバレッジ**があるとみなされる。

標準化残差（**「4.6.1 外れ値」**参照）の他に、回帰に及ぼす単一レコードの影響を決定する指標を統計学者は開発してきた。レバレッジによく使う指標に**ハット値**がある。$2(p+1)/n$より大きい値は、高レバレッジデータ値を示す[*1]。

＊1 原注：ハット値という用語は、回帰のハット行列概念に由来する。重回帰は式$\hat{Y} = HY$で表す。ここで、Hがハット行列だ。ハット値はHの対角要素に対応する。

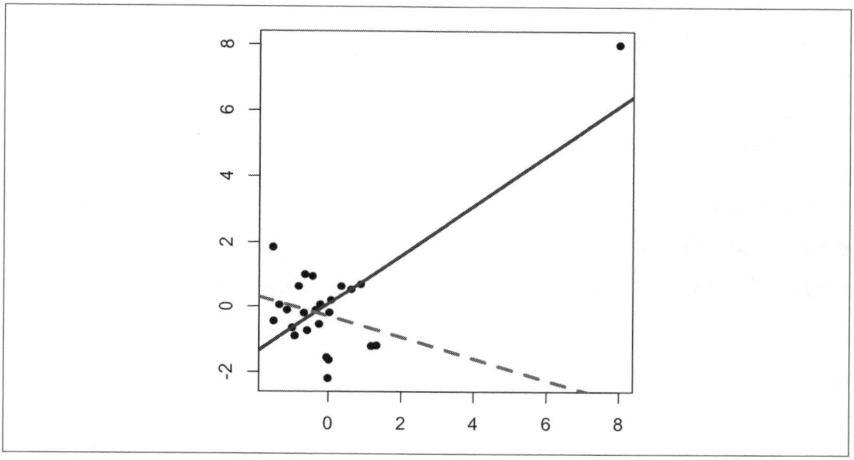

図4-5 回帰の影響データポイントの例

もう1つの指標がクック距離で、レバレッジと残差の組み合わせで影響を定義する。観測の影響が大きいのは、クック距離が$4/(n-p-1)$を超えることが目安となる。

影響プロットまたは**バブルプロット**では1つのプロットで、標準化残差、ハット値、クック距離を組み合わせる。

図4-6はキング郡の住宅データの影響プロットで、次のRコードで作成できる。

(R)
```
std_resid <- rstandard(lm_98105)
cooks_D <- cooks.distance(lm_98105)
hat_values <- hatvalues(lm_98105)
plot(subset(hat_values, cooks_D > 0.08), subset(std_resid, cooks_D > 0.08),
     xlab='hat_values', ylab='std_resid',
     cex=10*sqrt(subset(cooks_D, cooks_D > 0.08)), pch=16, col='lightgrey')
points(hat_values, std_resid, cex=10*sqrt(cooks_D))
abline(h=c(-2.5, 2.5), lty=2)
```

次のPythonコードでも同じ図を作成できる。

(Python)
```
influence = OLSInfluence(result_98105)
fig, ax = plt.subplots(figsize=(5, 5))
ax.axhline(-2.5, linestyle='--', color='C1')
ax.axhline(2.5, linestyle='--', color='C1')
```

```
ax.scatter(influence.hat_matrix_diag, influence.resid_studentized_internal,
           s=1000 * np.sqrt(influence.cooks_distance[0]),
           alpha=0.5)
ax.set_xlabel('hat values')
ax.set_ylabel('studentized residuals')
```

回帰に大きな影響を及ぼすデータポイントがいくつかある。クック距離は関数cooks.distanceを使って計算し、診断するには関数hatvaluesを使う。ハット値はx軸に、残差はy軸にプロットし、点の大きさがクック距離を表す。

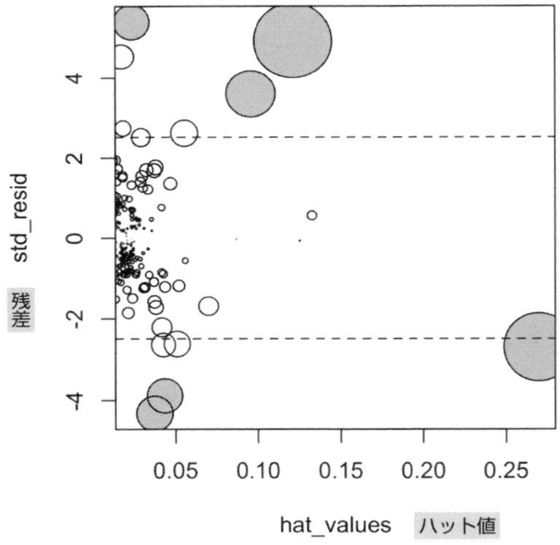

図4-6 どの観測値が大きな影響を及ぼすか決定するプロット。クック距離が0.08より大きいデータポイントは、灰色になっている。

表4-2は、影響の大きいデータポイント（クック距離＞0.08）を取り除いたデータセットと完全データセットの回帰を比較する。

Bathroomsの回帰係数が劇的に変化する[*1]。

＊1　原注：Bathroomsの係数は負になるが、直感に反する。立地が考慮されておらず、郵便番号98105は、タイプの異なる住宅を含む。交絡変数については、「**4.5.3　交絡変数**」を参照のこと。

表4-2 元のデータと影響値を取り除いたデータで回帰係数を比較する

	元のデータ	影響値を取り除いたデータ
(切片)	–772,550	–647,137
SqFtTotLiving	210	230
SqFtLot	39	33
Bathrooms	2282	–16,132
Bedrooms	–26,320	–22,888
BldgGrade	130,000	114,871

将来のデータを予測する信頼性の高い回帰適合の観点からは、影響のある観測を見極めることが、より小さなデータセットの場合のみ役に立つ。多数のレコードを含む回帰では、どれか1つの観測が適合方程式に十分な影響をもたらすだけの重みを持つことはほとんどない（ただし、回帰には大きな外れ値があるかもしれない）。しかし、異常検出の目的には、影響のある観測を見つけることが非常に有用だ。

4.6.3 不等分散性、非正規性、相関誤差

統計学者は残差の分布に細心の注意を払う。最小二乗法（**「4.1.3 最小二乗法」**参照）は不偏で、非常に広い種類の分布仮定のもとで、場合によると「最適」な推定を与えることがわかっている。これは、データサイエンティストにとっては、ほとんどの問題で残差の分布についてはあまり考慮する必要がないことを意味する。

残差の分布は主として、統計的推論（仮説検定とp値）の正当性に関わるので、予測精度に主に関心があるデータサイエンティストにとっては重要性が低い。正規分布をなす誤差は、モデルが完全であることを示す。すなわち、正規分布しない誤差は、モデルに何かが欠けていることを示す。統計的推論が完全に正当であるためには、残差の正規分布が仮定され、分散の同一性と独立性が必要となる。データサイエンティストにとっても問題になりそうな領域の1つは、残差に関する過程に基づく予測値の信頼区間の標準的な計算であるが、これは残差についての仮定に基づく（**「4.3.2 信頼区間と予測区間」**参照）。

不等分散性とは、予測値の範囲で残差分散が一定でないことだ。言い換えると、誤差が範囲内のある箇所で他よりも大きい。残差の分析には、このデータの可視化が役立つ。

次のRのコードは、**「4.6.1 外れ値」**の`lm_98105`回帰に適合した予測値と残差の絶対値をプロットする。

(R)
```
df <- data.frame(resid = residuals(lm_98105), pred = predict(lm_98105))
ggplot(df, aes(pred, abs(resid))) + geom_point() + geom_smooth()
```

図4-7に結果のプロットを示す。geom_smoothを使って残差の絶対値を滑らかな曲線で上書きすると簡単だ。この関数ではloessメソッドを呼び出して、散布図のx軸とy軸の変数間の関係を滑らかに可視化している（190ページのメモ**「散布図平滑化」**参照）。

Pythonでは、seabornパッケージのregplot関数を使って残差の絶対値と予測値をプロットできる。

(Python)
```
fig, ax = plt.subplots(figsize=(5, 5))
sns.regplot(result_98105.fittedvalues, np.abs(result_98105.resid),
            scatter_kws={'alpha': 0.25}, line_kws={'color': 'C1'},
            lowess=True, ax=ax)
ax.set_xlabel('predicted')
ax.set_ylabel('abs(residual)')
```

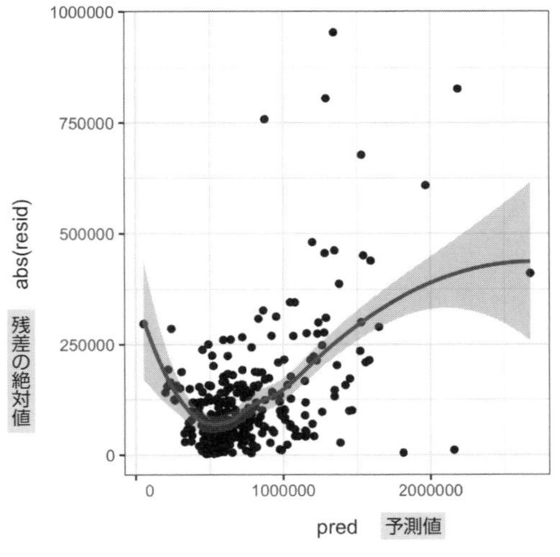

図4-7 残差の絶対値と予測値のプロット

明らかに、残差の分散は大きな値の端で増加しているが、低い値の端でも大きい。

このプロットは、lm_98105の誤差の不等分散性を示す。

なぜ不等分散性に注意しないといけないか

不等分散性は、予測誤差が予測値の範囲によって異なることを示すので、モデルが不完全なのかもしれない。例えば、lm_98105の不等分散性は範囲の上と下とでまだ知られていない何かが回帰でとらえられていない可能性を示す。

図4-8は、lm_98105の回帰の標準化残差のヒストグラムだ。この分布は明らかに正規分布よりも裾が長く、残差が大きい方への歪みを示す。

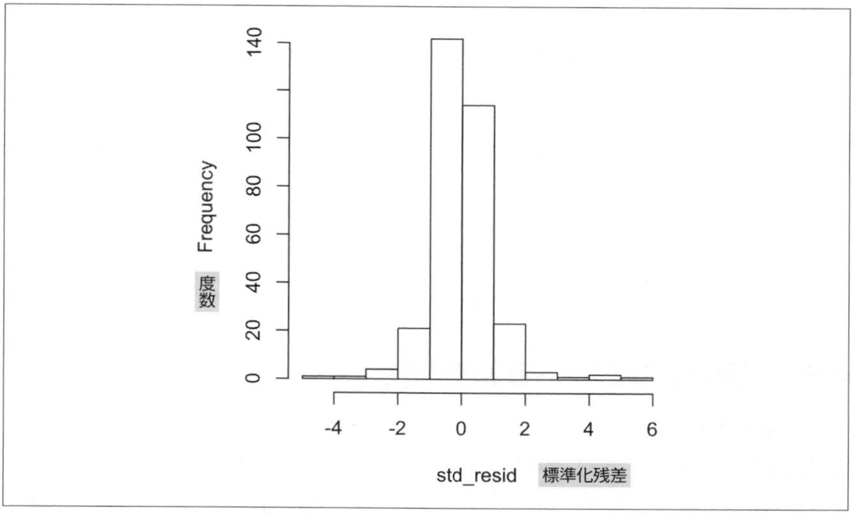

図4-8 住宅データの回帰の残差のヒストグラム

統計学者は、誤差が独立だという仮定もチェックするだろう。収集に時間のかかったデータには、特にあてはまる。ダービン=ワトソン統計量を使って、時系列データで回帰に有意な自己相関があれば検出できる。回帰モデルの誤差に相関があれば、この情報は、短期の予測を行うのに役立ち、モデルの中に組み込まれるべきだ。時系列データの回帰モデルに自己相関情報をどのように組み込めるかを『*Practical Time Series Forecasting with R : A Hands-On Guide, 2nd Ed.*』[Shmueli-2018]で学ぶことができる。長期予測や説明モデルが目標ならば、ミクロなレベルの過度の自己相関データは邪魔かもしれない。その場合には、平滑化やより目の細かいデータの集合が必要だろう。

回帰が分布仮定のいずれかに反していたとしても、それが問題だろうか。データサイエンスにおいては、ほとんどの人が主として予測精度に関心があるので、不等分散性は問題になることがある。データの発する信号を調べれば、モデルが捕捉できていないことがわかるかもしれない。しかし、統計推論の妥当性検証のためだけに（p値、F統計量など）分布仮定を満足させることは、データサイエンティストにとっては重要でない。

散布図平滑化

回帰は、応答変数と予測変数との関係をモデル化する。回帰モデルの評価においては、**散布図平滑化**を使うと、2変数の関係にハイライトを当てることができる。

例えば、**図4-7**で、残差の絶対値と予測値との関係を平滑化すると、残差の分散が残差の値に依存することがわかる。この場合には、`loess`関数が使われた。`loess`は一連の局所的な回帰に作用して滑らかな連続的部分集合を作る。平滑化のためには、`loess`が一番多く使われると思うが、Rにはスーパー平滑化（`supsmu`）やカーネル平滑化（`ksmooth`）関数もある。Pythonには、SciPyの（`wiener`や`sav`）あるいは`statsmodels`の`kernel_regression`といった平滑化関数がある。回帰モデル評価には、これらの散布図平滑化の詳細は気にしなくてもよい。

4.6.4 偏残差プロットと非線形性

偏残差プロットは、1つの予測変数と目的変数との関係を推定した適合がどれだけよく説明するかを示す。データサイエンティストにとっては、外れ値検出とともに、これがおそらく最も重要な診断となる。偏残差プロットの基本的な考え方は、1つの予測変数と目的変数との関係を、他の予測変数すべてを考慮に入れて、隔離することにある。偏残差は、1つの予測変数に基づく予測を完全回帰式の実際の残差と組み合わせた、「合成成果」値と考えることができる。予測変数X_iの偏残差は、通常の残差にX_iに伴う回帰項を加えたものだ。

$$偏残差 = 残差 + \hat{b}_i X_i$$

ここで、$\hat{b}_i$は推定回帰係数。Rの`predict`関数には、個別回帰項$\hat{b}_i X_i$を返すオプションがある。

```
(R)
terms <- predict(lm_98105, type='terms')
```

```
partial_resid <- resid(lm_98105) + terms
```

偏残差プロットは、x軸にX_iをy軸に偏残差を表示する。ggplot2を使うと偏残差の平滑化を上書きすることも簡単になる。

(R)

```
df <- data.frame(SqFtTotLiving = house_98105[, 'SqFtTotLiving'],
                 Terms = terms[, 'SqFtTotLiving'],
                 PartialResid = partial_resid[, 'SqFtTotLiving'])
ggplot(df, aes(SqFtTotLiving, PartialResid)) +
  geom_point(shape=1) + scale_shape(solid = FALSE) +
  geom_smooth(linetype=2) +
  geom_line(aes(SqFtTotLiving, Terms))
```

Pythonではstatsmodelsパッケージにsm.graphics.plot_ccprメソッドがあり、同様の偏残差プロットを作成する。

(Python)

```
sm.graphics.plot_ccpr(result_98105, 'SqFtTotLiving')
```

RのグラフとPythonのグラフとは、定数シフトが異なる。Rでは定数が加えられて、項の平均がゼロとなる。

結果のプロットを**図4-9**に示す。偏残差は、販売金額に対するSqFtTotLivingの寄与率を推定する。SqFtTotLivingと販売金額との関係は明らかに非線形（破線で表す）だ。回帰直線は、住宅が1,000平方フィートより狭い場合は過小に推定し、2,000から3,000平方フィートの住宅では過大に推定してしまう。住宅が4,000平方フィートを超えるとデータポイントが少なすぎて結論が出せない。

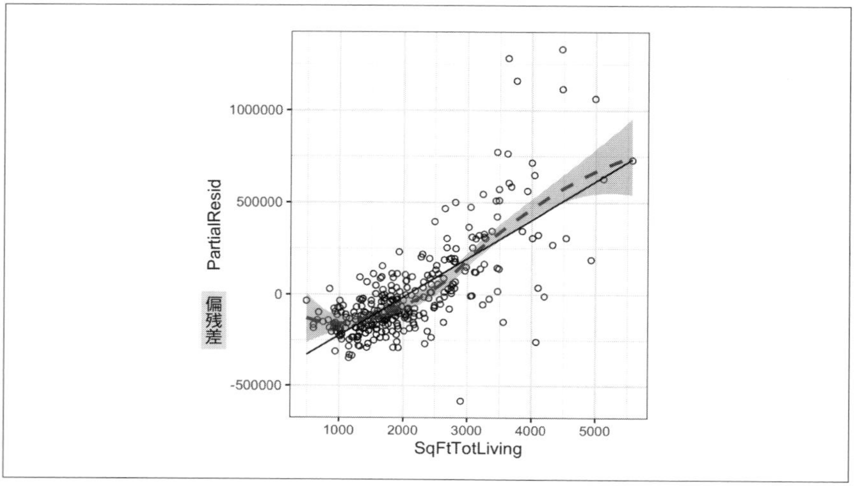

図4-9 変数SqFtTotLivingの偏残差プロット

この場合の非線形性は納得できる。小さな住宅で500平方フィート追加するのは、大きな住宅で500平方フィート追加するよりも、ずっと大きな差をもたらす。これは、SqFtTotLivingには単純線形項よりも非線形項を考慮すべきことを示唆する（**「4.7 多項式回帰およびスプライン回帰」**参照）。

基本事項37

- 外れ値は小さなデータセットでは問題を起こすが、関心を集めるのは、データのどこに問題があるか、異常なのはどこで発生しているかを示すことだ。
- （回帰の外れ値を含めて）1つのレコードは、小さなデータの回帰式には大きな影響を与えるが、ビッグデータでは、その影響は無視できる。
- 回帰モデルを（p値など）統計推論に用いるなら、残差分布についてのある種の仮定をチェックしなければならない。しかし、データサイエンスでは、一般に残差の分布はそれほど重大ではない。
- 偏残差プロットは各回帰項の適合性の定性的な評価に使うことができ、場合によっては、別なモデルの特定につなげることができる。

4.7　多項式回帰およびスプライン回帰

応答変数と予測変数との関係は、必ずしも線形である必要はない。薬の投与に対する応答は非線形のことが多い。投与量を倍にしても一般には応答は倍にはならない。製品の需要は、それまでに使ったマーケティング費用の線形関数にはならない。需要は飽和するからだ。このような非線形効果をとらえるように回帰を拡張する方法がいくつもある。

基本用語36：非線形回帰

多項式回帰（polynomial regression）
　回帰に多項式項（2乗項、3乗項など）を追加する。

スプライン回帰（spline regression）
　一連の多項式曲線分に平滑曲線を適合する。

ノット（knot）
　スプライン曲線分の区切りの値

一般化加法モデル（Generalized Additive Model：GAM）
　ノットの自動選択によるスプラインモデル

非線形回帰

統計学者が**非線形回帰**について述べる場合、最小二乗法を使って適合できないモデルを指す。どんな種類のモデルが非線形だろうか。本質的に、応答が予測変数または予測変数の変換の線形構成で表現できないものだ。非線形回帰モデルは、数値的な最適化を必要としているので、適合がより難しくて計算の手間がかかる。そのために、一般には可能な限り線形モデルが選ばれる。

4.7.1　多項式回帰

多項式回帰は多項式の項を含めて回帰式になる。多項式回帰の使用は、1815年にジェルゴンヌの論文[*1]で回帰そのものが開発された時期にほぼ遡る。例えば、応答変数Yと予測変数Xの2次回帰は次のような式になる。

$$Y = b_0 + b_1 X + b_2 X^2 + e$$

多項式回帰は、Rにおいては関数`poly`で適合する。例えば、次のようにキング郡住宅データの`SqFtTotLiving`を2次式に適合する。

(R)
```
lm(AdjSalePrice ~  poly(SqFtTotLiving, 2) + SqFtLot +
                BldgGrade + Bathrooms + Bedrooms,
                    data=house_98105)

Call:
lm(formula = AdjSalePrice ~ poly(SqFtTotLiving, 2) + SqFtLot +
   BldgGrade + Bathrooms + Bedrooms, data = house_98105)

Coefficients:
           (Intercept)  poly(SqFtTotLiving, 2)1  poly(SqFtTotLiving, 2)2
            -402530.47               3271519.49                776934.02
               SqFtLot                BldgGrade                Bathrooms
                 32.56                135717.06                 -1435.12
              Bedrooms
              -9191.94
```

Pythonの`statsmodels`では、`I(SqFtTotLiving**2)`を使ってモデル定義に2次項を追加する。

(Python)
```
model_poly = smf.ols(formula='AdjSalePrice ~  SqFtTotLiving + ' +
                '+ I(SqFtTotLiving**2) + ' +
                'SqFtLot + Bathrooms + Bedrooms + BldgGrade', data=house_98105)
result_poly = model_poly.fit()
result_poly.summary() ❶
```

❶ 切片と多項式係数がRと比べて異なる。これは実装の違いによる。残りの係数と予測は等しい。

---

*1 訳注：Gergonneとその1815年論文については、Stephen M. Stigler, "Gergonne's 1815 paper on the design and analysis of polynomial regression experiments," Historia Mathematica, 1, 4, (Nov. 1974), 431-439が詳しい。

SqFtTotLivingには2つの係数が関連し、1つは線形項、もう1つは2次項に対応する。

偏残差プロット（**「4.6.4 偏残差プロットと非線形性」**参照）は、SqFtTotLivingに関連する回帰式の曲線を示す。適合線は、線形適合よりも偏残差の平滑線（**「4.7.2 スプライン回帰」**参照）により近くマッチしている（**図4-10**参照）。

statsmodels実装は線形項に対してのみ働く。GitHubのコード例には、多項式回帰でも動作する実装を含む。

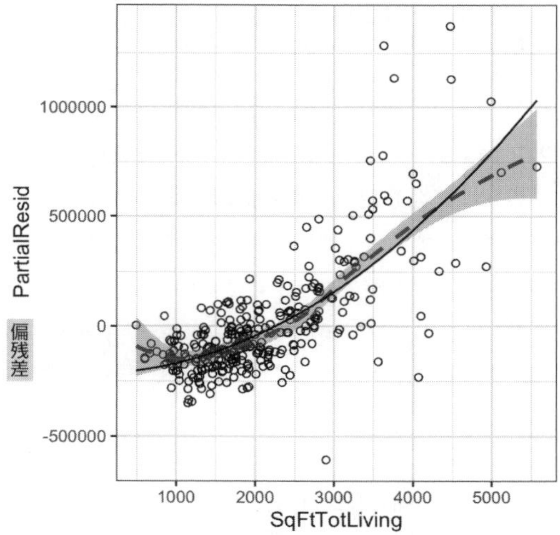

図4-10 変数SqFtTotLiving（実線）と平滑線（点線、スプラインについては次節参照）への多項式回帰への適合

4.7.2 スプライン回帰

多項式回帰は、非線形回帰の曲線の一部のみをとらえたものである。3次や4次項のような高次項を追加すると、回帰式に望ましくない「波状性」をもたらすことがある。非線形関係をモデル化するもう1つの優れた方法が、スプラインである。スプラインは、固定した点の間を平滑に内挿する。スプラインは元々、造船や飛行機の設計において滑らかな曲線を描くために使われていたものだ。

スプラインは「ダック」と呼ばれる錘を付けた木の薄板を曲げて作られた（**図4-11**参照）。

図4-11 スプラインは、元々は木の板に「ダック」を付けたもので作られた。これは製図工の曲線をあてはめる道具として使われた。写真はBob Perryによる。

スプラインの技術的定義は、連続した多項式の断片をつなぎ合わせたものだ。ルーマニア出身の数学者I. J. ショーンベルグがアバディーン性能試験場米軍基地において、第2次世界大戦中に最初に開発した。多項式曲線はノットと呼ばれる一連の予測変数の固定点で滑らかに連結されている。スプラインの数学的定義は、多項式回帰よりもはるかに複雑だ。通常は統計ソフトがスプライン適合の詳細を処理する。Rパッケージのsplinesには、回帰モデルでBスプライン（基底スプライン）項を生成する関数bsが含まれる。例えば、次のコードで住宅の回帰モデルにBスプライン項を追加できる。

（R）
```
library(splines)
knots <- quantile(house_98105$SqFtTotLiving, p=c(.25, .5, .75))
lm_spline <- lm(AdjSalePrice ~ bs(SqFtTotLiving, knots=knots, degree=3) +
  SqFtLot + Bathrooms + Bedrooms + BldgGrade,  data=house_98105)
```

多項式の次数とノットの位置という2つのパラメータを指定しなければならない。この場合には、予測変数SqFtTotLivingが3次スプライン（degree=3）を使ってモデルに含まれる。デフォルトで、bsはノットを境界に置く。さらに、ノットが第1四分位数、第2四分位数（中央値）、第3四分位数に置かれる。

statsmodelsのformulaインタフェースは、Rと同様にスプラインの使用をサポートする。自由度dfを使い、Bスプラインを定義する例を示す。これはdf − degree = 6 − 3 = 3個の内部ノットを上のRコードと同じように計算した位置に作る。

（Python）
```
formula = 'AdjSalePrice ~ bs(SqFtTotLiving, df=6, degree=3) + ' +
```

```
        'SqFtLot + Bathrooms + Bedrooms + BldgGrade'
model_spline = smf.ols(formula=formula, data=house_98105)
result_spline = model_spline.fit()
```

係数が直接の意味を持つ線形項とは対照的に、スプライン項の係数は解釈不能だ。その代わりに、可視化表示を使ってスプライン適合の性質を明らかにする方が役立つ。**図4-12**は、回帰の偏残差プロットを表示する。多項式モデルとは対照的に、スプラインモデルの方が平滑線により近くマッチしており、スプラインの柔軟性の高さを示している。この場合には、線がデータにより密接に適合している。これは、スプライン回帰の方がより良いモデルであることを意味するのだろうか。必ずしもそうとは言えない。(1,000平方フィート以下の) 非常に小さな住宅がより大きな住宅より価値が高いのは、経済的におかしい。これは、交絡変数の作用による可能性がある (**「4.5.3　交絡変数」**参照)。

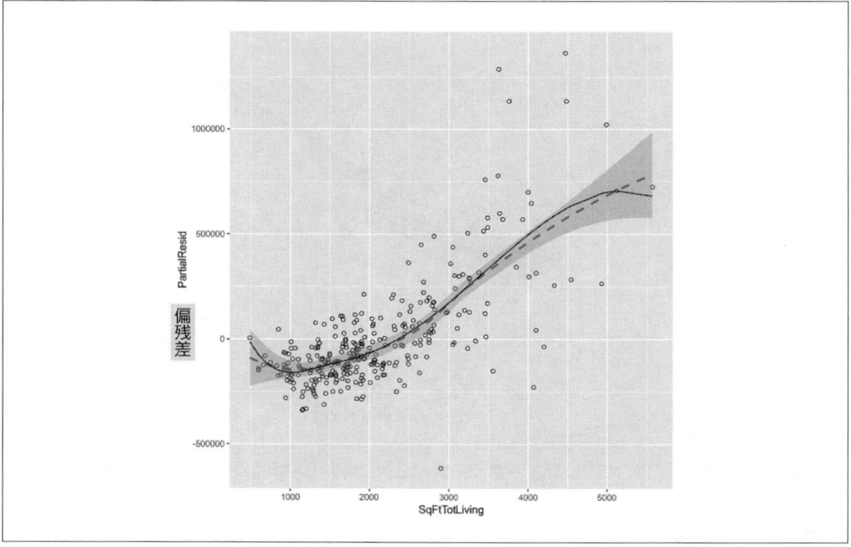

図4-12　平滑線 (点線) に比較した、変数SqFtTotLivingのスプライン回帰への適合 (実線)

4.7.3　一般化加法モデル

応答変数と予測変数との間に、前もって知っていたか、あるいは回帰診断を調べたかで、非線形関係の疑いがあったとしよう。多項式の項は、この関係をとらえられるほど柔軟でないかもしれず、スプライン項ではノットを指定する必要がある。一般化加法モデル（GAM）は、スプライン回帰を自動適合させる柔軟性に富むモデル化技法だ。Rのmgcvパッケージを使えば、住宅データにGAMモデルを適合できる。

（R）
```
library(mgcv)
lm_gam <- gam(AdjSalePrice ~ s(SqFtTotLiving) + SqFtLot +
                    Bathrooms +  Bedrooms + BldgGrade,
                    data=house_98105)
```

項s(SqFtTotLiving)は、gam関数にスプライン項のために「最良」ノットを見つけるよう指示する（**図4-13**参照）。

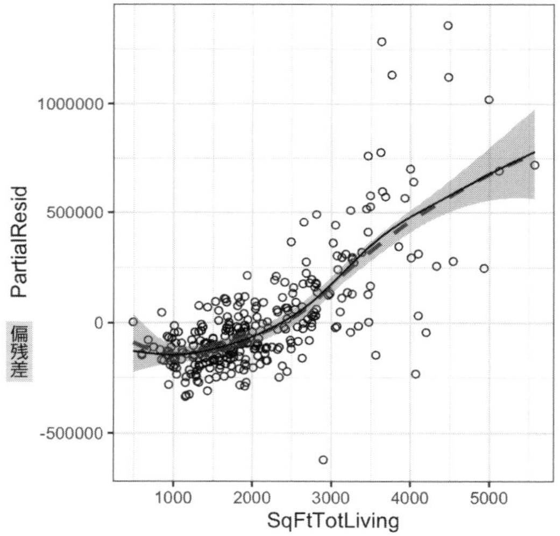

図4-13　平滑線（点線）に比較した、変数SqFtTotLivingのGAM回帰への適合（実線）

Pythonでは、pyGAMパッケージが回帰と分類のメソッドを提供する。LinearGAMを使って回帰モデルを作る。

（Python）
```
predictors = ['SqFtTotLiving', 'SqFtLot', 'Bathrooms',  'Bedrooms', 'BldgGrade']
outcome = 'AdjSalePrice'
X = house_98105[predictors].values
```

```
y = house_98105[outcome]

gam = LinearGAM(s(0, n_splines=12) + l(1) + l(2) + l(3) + l(4))  ❶
gam.gridsearch(X, y)
```

❶ n_splinesのデフォルト値は20。この値では大きなSqFtTotLiving値で過剰適合になる。12という値の方がより妥当な適合になる。

基本事項38

- 回帰の外れ値は大きな残差を持つレコード。
- 多重共線性は、回帰式への適合で数値的不安定性をもたらす可能性がある。
- 交絡変数は、モデルに含まれていない重要な予測変数で、これが含められていないと、正しくない回帰式を導く危険性がある。
- 2変数の交互作用項は、1変数の効果が他の変数の水準に依存するなら必要となる。
- 多項式回帰は、予測変数と目的変数との間の非線形関係に適合できる。
- スプラインは、ノットでつなげられた多項式曲線分の列である。
- 一般化加法モデル(GAM)を使い、スプラインのノットを指定するプロセスを自動化できる。

4.7.4 さらに学ぶために

- スプラインモデルとGAMについての詳細は、『*Elements of Statistical Learning, 2nd ed.*』[Hastie-2009] を読むこと。Rに基づいたより簡潔な姉妹版が『*An Introduction to Statistical Learning: with Applications in R*』[James-2013] だ。
- 時系列予測に回帰モデルを使うことについて、さらに学ぶには『*Practical Time Series Forecasting with R : A Hands-On Guide, 2nd Ed.*』[Shmueli-2018] を読むこと。

4.8 まとめ

おそらく、複数の予測変数と目的変数との関係を確立した回帰ほどに何年にもわたって使われてきた統計手法はないだろう。基本的な形式は線形だ。各予測変数には、予測変数と目的変数との線形関係を表す係数が備わっている。多項式回帰やスプライン回帰のような、より高度な回帰では、関係が非線形でも構わない。古典的統計学では、ある現象を説明したり表現するために観測データへの良い適合を求めることが強調された。適合の強度については、伝統的な（「標本内」）指標を使ったモデル評価で行われた。対照的に、データサイエンスでは、目標は新たなデータで値を予測することなので、予測精度に基づいた指標で学習に使った標本とは別のデータが使われる。変数選択手法を使って、次元を減らし、より簡潔なモデルが作られる。

5章 分類

データサイエンティストは、自動意思決定を必要とする問題によく直面する。例えば、このメールはフィッシングだろうか。この顧客は解約しそうか。このWebユーザは広告をクリックするだろうか。これらすべては**分類**の問題だが、これは教師あり学習の一種で、モデルをまず成果が既知のデータで訓練し、それから成果が未知のデータにモデルを適合させる。予測の中では分類が最も重要となる。目標はレコードが0になるか1になるか（フィッシングかどうか、クリックするかどうか）、あるいは場合によっては、複数のカテゴリのどれになるか（例えば、Gmailの受信トレイのフィルターは、「メイン」、「ソーシャル」、「プロモーション」、「フォーラム」に分類する）を推定することだ。

しばしば、単純に二項分類するだけでなく、この事例がそのクラスになる確率予測も知りたいことなどがある。ほとんどのアルゴリズムで、モデルは単に二項分類を行うだけでなく、問題のクラスに属する確率スコア（傾向スコア）も返すことができる。実際には、ロジスティック回帰では、Rのデフォルト出力が対数オッズスケールなので、傾向スコアに変換しなければならない。Pythonの`scikit-learn`では、ロジスティック回帰に、ほとんどの分類メソッドと同様に、（クラスを返す）`predict`と（クラスの確率を返す）`predict_proba`という2つのメソッドがある。傾向スコアから意思決定するには、スライドカットオフを使うことができる。一般的なアプローチは次のようにまとめられる。

1. 問題のクラスにおいて、レコードがそのクラスに属すると考えられるカットオフ確率を定める。
2. （どんなモデルであれ）レコードが問題のクラスに属する確率を推定する。
3. 推定確率がカットオフ確率を超えたら、問題のクラスに新たなレコードを割り当てる。

カットオフ値が高ければ高いほど、1と予測される（そのクラスに属する）レコードの個数は減る。カットオフ値が低ければ、より多くのレコードが1と予測される。

本章では、分類と傾向推定の主要な技法をいくつか扱う。次章では、分類と数値予測の両方に用いられる手法をさらに扱う。

3つ以上のカテゴリ

非常に多くの問題で、二値の応答が求められる。しかし、分類問題によっては、成果値が3つ以上となる可能性がある。例えば、顧客の購読契約1周年の際には、3つの選択肢、「解約」（$Y = 2$）、「月決め継続」（$Y = 1$）、「長期契約に移行」（$Y = 0$）があり得る。目標は、$Y = j$を$j = 0, 1, 2$について予測することだ。本章の分類手法のほとんどは、直接的にまたは少し手直しをして、3つ以上の成果値の場合でも、
条件付き確率を用い、問題を一連の二値問題に変換することができる。例えば、この契約の結果予測において、2つの二値予測問題を解くことができる。

- $Y = 0$または$Y > 0$を予測。
- $Y > 0$の場合、$Y = 1$または$Y = 2$を予測。

この場合は、問題を2つの場合に分割することが肝心だ。(1) 顧客が解約するかどうか。(2) もし解約しないなら、どのような契約を選ぶのか。モデル適合の観点からは、多値分類の問題を一連の二値問題に変換すると利点がある。これは特に、1つのカテゴリが他のカテゴリよりもはるかに一般的な場合にあてはまる。

5.1 ナイーブベイズ[*1]

ナイーブベイズアルゴリズムでは、ある応答変数のもとで、予測変数が観測される確率から、逆に特定の予測変数が与えられた場合の応答変数$Y = i$が観測される確率を推定する。

---

*1 原注：本章のこの節以降は、Datastats, LLC, Peter Bruce, Andrew Bruce and Peter Gedeck ©2020から許可を得て転載。

> **基本用語37：ナイーブベイズ**
>
> **条件付き確率（conditional probability）**
>
> ある事象（例えば$Y = i$）が観測されたときに、もう1つの事象（例えば$X = i$）を観測する確率。$P(X_i | Y_i)$と書く。
>
> **事後確率（posterior probability）**
>
> 予測変数の情報を取り込んだ後の成果の確率（予測変数の情報を考慮しない成果の事前確率と対照的な用語）。

ナイーブベイズ分類を理解するには、「非ナイーブ」（完全または正確な）ベイズ分類を想像するところから始めるとよい。

1. 同じ予測変数プロファイル（すなわち、予測変数の値がすべて同じ）を持つレコードをすべて探し出す。
2. これらのレコードがどのクラスに属して、どのクラスが最も多いか（すなわち、最もあり得そうか）を決定する。
3. 新たなレコードにそのクラスを割り当てる。

この方式では、標本中ですべての予測変数が同一という意味で、新たなレコードに正確に似ているすべてのレコードが探し出せる。

> 予測変数は、標準ナイーブベイズアルゴリズムでは、カテゴリ（ファクタ）変数でなければならない。連続変数を使って、この制約をどう回避するかについては、**「5.1.3　数値予測変数」**参照。

5.1.1　正確なベイズ分類はなぜ実用的でないか

予測変数の個数が6個以上なら、分類するレコードの多くが正確なマッチングをしない。これは、投票行動を住民属性変数で予測モデルを考えると自明であろう。かなりの大きな標本でも、それ以前の選挙では投票せず、最新の選挙で投票した、娘が3人、息子が1人で離婚歴のある米国中西部の高収入のヒスパニック男性を含まないことがある。これでも、まだこの8変数にすぎず、分類課題のほとんどに比べると少数なのだ。同じような度数の5つのカテゴリの新たな変数を1つ追加するだけで、マッチングの確率が5分の1になる。

5.1.2 ナイーブベイズ解

ナイーブベイズ解では、データセット全体を使い確率の計算をする。すなわち、確率の計算を、分類するレコードにマッチングするレコードだけに限らない。ナイーブベイズは次のようになる。

1. 二値応答$Y = i$ ($i = 0$または1) については、各予測変数の条件付き確率$P(X_j | Y = i)$をそれぞれ推定する。これらが、$Y = i$を観測したときに、そのレコードに予測値のある確率だ。この確率は、訓練集合で$Y = i$レコードの中にあるX_j値の割合で推定される。
2. これらの確率を互いに掛け合わせ、さらに$Y = i$に属すレコードの割合を掛ける。
3. ステップ1と2をすべてのクラスで繰り返す。
4. クラスiのステップ2で計算した値を全クラスでのそのような値の和で割って、成果iの確率を推定する。
5. 予測値のこの集合の最高確率のクラスにレコードを割り当てる。

ナイーブベイズアルゴリズムは、予測値集合$X_1, ..., X_p$に対して、観測成果$Y = i$の確率の方程式として述べられる。

$$P(Y = i | X_1, X_2, \ldots, X_p)$$

正確なベイズ分類を使ったクラスの確率を計算する完全な方程式は次のようになる。

$$P(Y=i | X_1, X_2, \ldots, X_p) = \frac{P(Y=i) P(X_1, \ldots, X_p | Y=i)}{P(Y=0) P(X_1, \ldots, X_p | Y=0) + P(Y=1) P(X_1, \ldots, X_p | Y=1)}$$

ナイーブベイズの条件の独立性仮定のもとでは、この方程式は次のようになる。

$$P(Y=i | X_1, X_2, \ldots, X_p)$$
$$= \frac{P(Y=i) P(X_1 | Y=i) \cdots P(X_p | Y=i)}{P(Y=0) P(X_1 | Y=0) \cdots P(X_p | Y=0) + P(Y=1) P(X_1 | Y=1) \cdots P(X_p | Y=1)}$$

なぜ、この公式は「素朴（ナイーブ）」と呼ばれるのだろうか。成果を観測した上で、予測値のベクトルの**正確な条件付き確率**を、個々の条件付き確率$P(X_j | Y = i)$の積として十分に推定できるという単純化した仮定をしているからだ。言い換えると、$P(X_1,$

$X_2, ..., X_p | Y = i)$の代わりに$P(X_j | Y = i)$を推定するとき、X_jが$k \neq j$の他のすべての変数X_kから独立と仮定している。

Rでは複数のパッケージを使ってナイーブベイズモデルを推定できる。次のコードでは、klaRパッケージを使ってローン支払いデータにモデルを適合させる。

(R)
```
library(klaR)
naive_model <- NaiveBayes(outcome ~ purpose_ + home_ + emp_len_,
                          data = na.omit(loan_data))
naive_model$table
$purpose_
          var
grouping   credit_card debt_consolidation home_improvement major_purchase
  paid off  0.18759649         0.55215915       0.07150104     0.05359270
  default   0.15151515         0.57571347       0.05981209     0.03727229
          var
grouping      medical      other small_business
  paid off 0.01424728 0.09990737     0.02099599
  default  0.01433549 0.11561025     0.04574126

$home_
          var
grouping    MORTGAGE       OWN      RENT
  paid off 0.4894800 0.0808963 0.4296237
  default  0.4313440 0.0832782 0.4853778

$emp_len_
          var
grouping     < 1 Year   > 1 Year
  paid off 0.03105289 0.96894711
  default  0.04728508 0.95271492
```

モデルの出力は、条件付き確率$P(X_j | Y = i)$だ。

Pythonでは、scikit-learnのsklearn.naive_bayes.MultinomialNBが使える。モデル適合の前に、カテゴリ特徴量をダミー変数に変換する必要がある。

(Python)
```
predictors = ['purpose_', 'home_', 'emp_len_']
outcome = 'outcome'
```

```
X = pd.get_dummies(loan_data[predictors], prefix='', prefix_sep='')
y = loan_data[outcome]

naive_model = MultinomialNB(alpha=0.01, fit_prior=True)
naive_model.fit(X, y)
```

feature_log_prob_プロパティを使って、適合モデルから条件付き確率を求められる。

モデルを使って、新たなローンの結果を推定できる。テストには、データセットの直前の値を使う。

(R)

```
new_loan <- loan_data[147, c('purpose_', 'home_', 'emp_len_')]
row.names(new_loan) <- NULL
new_loan
          purpose_    home_  emp_len_
        1 small_business MORTGAGE  > 1 Year
```

Pythonでは、次のコードでこの値が得られる。

(Python)

```
new_loan = X.loc[146:146, :]
```

この場合、モデルは返済不能と予想する。

(R)

```
predict(naive_model, new_loan)
$class
[1] default
Levels: paid off default

$posterior
      paid off   default
[1,] 0.3463013 0.6536987
```

Pythonでは、scikit-learnの分類モデルに、既に述べたように予測したクラスを返すpredictとクラス確率を返すpredict_probaがある。

(Python)

```
print('predicted class: ', naive_model.predict(new_loan)[0])
```

```
probabilities = pd.DataFrame(naive_model.predict_proba(new_loan),
                             columns=loan_data[outcome].cat.categories)
print('predicted probabilities', probabilities)
predicted class:  default
predicted probabilities
    default  paid off
0  0.653696  0.346304
```

予測では、返済不能の事後確率も推定する。ナイーブベイズ分類は、**バイアスのある**推定を行うことが知られている。しかし、目標が$Y = 1$の確率に従って、レコードを**順位**付けすることである場合、バイアスのない不偏推定確率は必要なく、ナイーブベイズで良い結果が得られる。

5.1.3 数値予測変数

定義から、ベイズ分類がカテゴリ予測変数でしかうまくいかない（例：スパム分類においては、単語、句、文字などの存在あるいは欠如が、予測の核心を占める）のがわかる。数値予測変数にナイーブベイズを適用するには、次の2つの方式のどちらかをとる。

- ビン分けして数値予測変数をカテゴリ変数に変換し、前節のアルゴリズムを適用する。
- 例えば、正規分布（**「2.6　正規分布」**参照）のような確率モデルを用い、条件付き確率$P(X_j \mid Y = i)$を推定する。

訓練データに予測変数のカテゴリが存在しない場合、アルゴリズムは、他の手法で行われるように単にその変数を無視して、他の変数の情報を利用するのではなく、新たなデータの目的変数に**確率ゼロ**を割り当てる。ナイーブベイズのほとんどの実装では、これを防ぐために平滑化パラメータ（ラプラス平滑化）を使う。

> **基本事項39**
>
> - ナイーブベイズは、カテゴリ（ファクタ）予測変数と目的変数で作用する。
> - ナイーブベイズは、「目的変数のカテゴリのそれぞれで、どの予測カテゴリが最も確率が高いか」を問う。
> - この情報を、予測値に対する、成果カテゴリの確率の推定に変換する。

5.1.4 さらに学ぶために

- 『*Elements of Statistical Learning, 2nd ed.*』［Hastie-2009］
- 『*Data Mining for Business Analytics*』［Shmueli-2020］には、ナイーブベイズについて丸々1章が割かれている（R版、Python版、Excel版、JMP版の4種類がある）

5.2 判別分析

判別分析は、統計的分類に最も古くから使われている。フィッシャーが論文誌「*Annals of Eugenics*」に1936年に発表したのが最初だ[*1]。

> **基本用語38：判別分析**
>
> **共分散（covariance）**
>
> ある変数が他の変数と共に変動する程度（すなわち、同じような大きさと方向）を表す指標。
>
> **判別関数（discriminant function）**
>
> 予測変数に適用すると、クラスの分割を最大化する関数。
>
> **判別重み（discriminant weights）**
>
> 判別関数を適用した結果の得点で、あるクラスに属する確率の推定に用いる。

＊1　原注：統計的分類に関する最初の論文が優生学の論文誌に発表されたのは確かに驚くべきことだ。実際のところ、統計学の初期の発展と優生学との間には当惑すべき関係がある（https://oreil.ly/eUJvR）。

判別分析には複数の技法があるが、最もよく使われるのは**線形判別分析**（Linear Discriminant Analysis：LDA）だ。フィッシャーが元々提案した手法は、LDAとは少し異なっていたが、基本的な働きは同じだ。木モデルやロジスティック回帰などのより高度な技法が開発されたために、LDAは以前ほどは広く使われていない。

しかし、応用分野によってはいまだにLDAが使われており、他のより広く使われている手法との関連もある（主成分分析、**「7.1　主成分分析」**参照）。

線形判別分析を同じくLDAと略記される潜在的ディリクレ配分法（Latent Dirichlet Allocation）と混同してはいけない。潜在的ディリクレ配分法は、文章や自然言語処理に使われ、線形判別分析とは関係がない。

5.2.1 共分散行列

判別分析を理解するには、まず複数の変数間の**共分散**という概念から始める必要がある。共分散は、2変数xとzとの関係の指標だ。各変数の平均を$\bar{x}$と$\bar{z}$で表す（**「1.3.1 平均値」**参照）。xとzとの共分散$s_{x,z}$は、次の式で与えられる。

$$s_{x,z} = \frac{\sum_{i=1}^{n}(x_i - \bar{x})(z_i - \bar{z})}{n-1}$$

ここで、nはレコード数だ（nではなく$n-1$で割っていることに注意（16ページの囲み**「自由度、そしてnかn－1か」**参照）。

相関係数（**「1.7　相関」**参照）と同様に、正値は正の関係を、負値は負の関係を示す。しかし、相関では値が-1から1に限られていたのに対して、共分散は変数xやzと同じ範囲の値で構わない。xとzの**共分散行列**$\hat{\Sigma}$は、対角成分（行と列が同じ変数）が個々の変数の分散s_x^2とs_z^2で、他の成分が共分散になる。

$$\hat{\Sigma} = \begin{bmatrix} s_x^2 & s_{x,z} \\ s_{z,x} & s_z^2 \end{bmatrix}$$

標準偏差がz値の変動を標準化することを思い出そう。共分散行列は、この標準化プロセスの多変量拡張に使われる。これは、マハラノビス距離（252ページのメモ**「他の距離指標」**参照）として知られており、LDA関数に関係する。

5.2.2 フィッシャーの線形判別

話を簡単にするために、連続数量変数(x, y)を2つだけ使い、二値成果yを予測する分類問題に焦点を絞る。技術的には、判別分析では予測変数が正規分布連続変数と仮定するが、実際には、この手法は正規分布から極端にずれていなければ、二値予測変数についても使うことができる。フィッシャーの線形判別は、グループ間の変動をグループ内での変動から区別する。具体的には、レコードを2つのグループに分けるので、「群間」平方和$SS_{between}$（2グループ間変動の尺度）を「群内」平方和SS_{within}（グループ内変動の尺度）に相対的に最大化することに線形判別分析（LDA）は焦点を絞る。この場合、2つのグループは$y = 0$のレコード(x_0, z_0)と$y = 1$のレコード(x_1, z_1)に対応する。この手法では、平方和の比

$$\frac{SS_{between}}{SS_{within}}$$

を最大化する線形結合$w_x x + w_z z$を求める。

「群間」平方和は、2つのグループの平均値の間の距離の二乗で、「群内」平方和は、各グループ内での平均値の周囲の分散で共分散行列で重み付けされている。直感的には、「群間」平方和を最大化して、「群内」平方和を最小化することで、2つのグループ間の最大分離を行う。

5.2.3 簡単な例

MASSパッケージの名前は、W. N. ヴェナブルズとB. D. リプリーによる教科書の題名『*Modern Applied Statistics with S, 4th ed.*』[Venables-2002][*1]の頭文字から来ており、RにはLDAのための関数がある。次のコードは、2つの予測変数`borrower_score`と`payment_inc_ratio`を使って、ローンデータのサンプルにこの関数を適用し、推定した線形判別重みを出力する。

(R)
```
library(MASS)
loan_lda <- lda(outcome ~ borrower_score + payment_inc_ratio,
                     data=loan3000)
loan_lda$scaling
```

＊1　訳注：ちなみに、ヴェナブルズとリプリーは、『*An Introduction to R*』（Network Theory, 2009）という本も出している。

```
                         LD1
borrower_score     7.17583880
payment_inc_ratio -0.09967559
```

Pythonでは`sklearn.discriminant_analysis`の`LinearDiscriminantAnalysis`が使える。`scalings_`により推定重みが与えられる。

(Python)
```
loan3000.outcome = loan3000.outcome.astype('category')

predictors = ['borrower_score', 'payment_inc_ratio']
outcome = 'outcome'

X = loan3000[predictors]
y = loan3000[outcome]

loan_lda = LinearDiscriminantAnalysis()
loan_lda.fit(X, y)
pd.DataFrame(loan_lda.scalings_, index=X.columns)
```

特徴量選択に判別分析を使う

予測変数がLDA実行の前に正規化されていれば、判別重みは変数の重要度の尺度になるので、特徴量選択に関して、計算効率が良い。

`lda`関数は、「返済不能」と「完済」との確率も予測できる。

(R)
```
pred <- predict(loan_lda)
head(pred$posterior)
   paid off   default
1 0.4464563 0.5535437
2 0.4410466 0.5589534
3 0.7273038 0.2726962
4 0.4937462 0.5062538
5 0.3900475 0.6099525
6 0.5892594 0.4107406
```

Pythonでは、適合モデルの`predict_proba`メソッドが結果の「返済不能」と「完済」との確率を返す。

(Python)
```
pred = pd.DataFrame(loan_lda.predict_proba(loan3000[predictors]),
                    columns=loan_lda.classes_)
pred.head()
```

予測をプロットすると、LDAがどのようになっているかがわかる。predict関数の出力を用いて、返済不能の推定確率を次のコードでプロットできる。

(R)
```
center <- 0.5 * (loan_lda$mean[1, ] + loan_lda$mean[2, ])
slope <- -loan_lda$scaling[1] / loan_lda$scaling[2]
intercept <- center[2] - center[1] * slope

ggplot(data=lda_df, aes(x=borrower_score, y=payment_inc_ratio,
                        color=prob_default)) +
  geom_point(alpha=.6) +
  scale_color_gradientn(colors=c('#ca0020', '#f7f7f7', '#0571b0')) +
  scale_x_continuous(expand=c(0,0)) +
  scale_y_continuous(expand=c(0,0), lim=c(0, 20)) +
  geom_abline(slope=slope, intercept=intercept, color='darkgreen')
```

同様のグラフはPythonでは次のコードで作成できる。

(Python)
```
# 決定境界を定めるためにスケーリングと平均の中心を使う
center = np.mean(loan_lda.means_, axis=0)
slope = - loan_lda.scalings_[0] / loan_lda.scalings_[1]
intercept = center[1] - center[0] * slope

# borrower_scoreが0と20のpayment_inc_ratio
x_0 = (0 - intercept) / slope
x_20 = (20 - intercept) / slope

lda_df = pd.concat([loan3000, pred['default']], axis=1)
lda_df.head()

fig, ax = plt.subplots(figsize=(4, 4))
g = sns.scatterplot(x='borrower_score', y='payment_inc_ratio',
                    hue='default', data=lda_df,
                    palette=sns.diverging_palette(240, 10, n=9, as_cmap=True),
                    ax=ax, legend=False)
```

```
ax.set_ylim(0, 20)
ax.set_xlim(0.15, 0.8)
ax.plot((x_0, x_20), (0, 20), linewidth=3)
ax.plot(*loan_lda.means_.transpose())
```

結果のプロットを**図5-1**に示す。対角線の左のデータポイントは返済不能（確率が0.5を超える）と予測される。

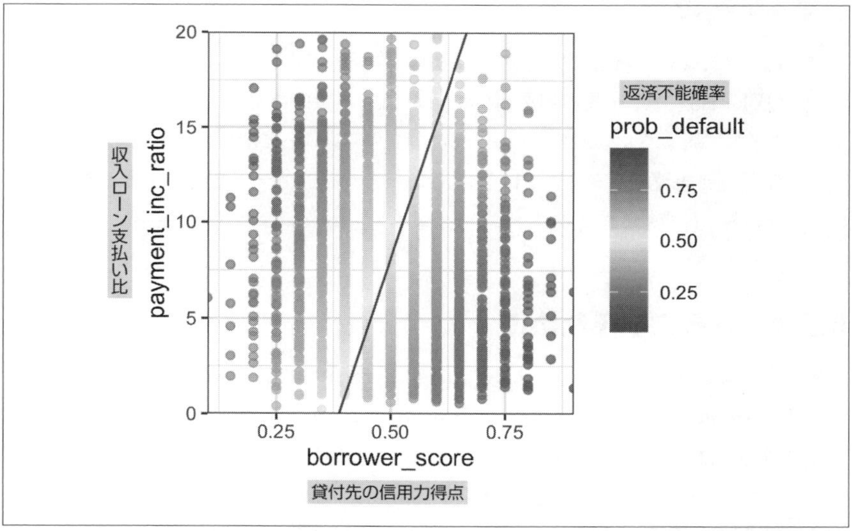

図5-1　貸付先の信用力の得点と収入に対する支払い比率という2変数を用いたローンの返済不能のLDA予測

LDAは判別関数重みを用いて、予測変数空間を図の実線が示すように2領域に分割する。この実線からどちらの方向でも離れた位置の予測は、確信度が高水準となる（すなわち、確率が0.5から離れた値になる）。

判別分析の拡張

本節では、本文も例も2つの予測変数しか使わなかった。LDAは、予測変数を3個以上に拡張しても問題ない。制限事項は、レコード数だけだ（共分散行列の推定には、1変数当たり十分な個数のレコードが必要となる。これは、通常のデータサイエンス用ソフトウェアでは問題にはならない）。

判別分析には別の種類もある。最もよく知られているのが、2次判別分析（Quadratic Discriminant Analysis：QDA）だ。名前が示すのとは異なり、QDAは線形判別関数である。主な相違点は、LDAでは、共分散行列が$Y = 0$と$Y = 1$のそれぞれに対応するグループで同じであると仮定しているのに対して、QDAでは、2つのグループで異なってもよいことだ。実際には、この違いは、ほとんどのソフトウェアで、重大なものではない。

基本事項40

- 判別分析は、連続またはカテゴリ予測変数とカテゴリ目的変数をとる。
- 判別分析は、共分散行列を用いて線形判別関数を計算する。これは、1つのクラスに属するレコードをもう1つのクラスのレコードから区別する。
- 線形判別関数は、レコードに適用して、その推定クラスを決定する重み、すなわち、得点（各クラスごとに1つの重み）を求める。

5.2.4 さらに学ぶために

- 『*Elements of Statistical Learning, 2nd ed.*』[Hastie-2009]とその簡略版とも言うべき『*An Introduction to Statistical Learning: with Applications in R*』[James-2013]。これらには、判別分析の節がある。
- 『*Data Mining for Business Analytics*』[Shmueli-2020]（R版、Python版、Excel版、JMP版の4種類がある）では丸々1章を判別分析に当てている。
- 歴史に興味があるなら、フィッシャーが*Annals of Eugenics*（現在は*Annals of Genetics*）に1936年に発表した論文「The Use of Multiple Measurements in Taxonomic Problems」がオンラインで入手できる（http://onlinelibrary.wiley.com/doi/10.1111/j.1469-1809.1936.tb02137.x/epdf）。

5.3 ロジスティック回帰

ロジスティック回帰は、重回帰（4章参照）と似ているが、成果が二値であることが異なる。問題を線形モデルに適合させるように変換するさまざまな変換手法がある。判別分析と同様に、そしてk近傍法やナイーブベイズとは異なり、ロジスティック回帰は、データ中心方式ではなく、構造化モデル方式をとる。計算速度が速く、新たなデータの得点を迅速にモデル出力するため、よく使われる手法となっている。

> **基本用語39：ロジスティック回帰**
>
> **ロジット（logit）**
>
> クラス確率を±∞（0から1ではない）の範囲にマップする関数（関連語：対数オッズ。下記参照）
>
> **オッズ（odds）**
>
> 「成功（1）」の「非成功（0）」に対する比。
>
> **対数オッズ（log odds）**
>
> 変換モデル（線形）の応答。これを確率にマップして戻す。

5.3.1 ロジスティック応答関数とロジット

ロジスティック応答関数と（0から1までの）確率を線形モデルに適した拡張範囲にマップする**ロジット**が主な要素となる。

最初に、目的変数を二値のラベルではなく、ラベルが「1」という確率pとして考える。素朴に考えると、pを予測変数の線形関数でモデル化したくなる。

$$p = \beta_0 + \beta_1 x_1 + \beta_2 x_2 + \cdots + \beta_q x_q$$

しかし、このモデル適合では、pが確率として意味のある0から1の範囲になることを保証できない。

代わりに、pを予測変数へのロジスティック応答、すなわち、逆ロジット関数としてモデル化する。

$$p = \frac{1}{1 + e^{-(\beta_0 + \beta_1 x_1 + \beta_2 x_2 + \cdots + \beta_q x_q)}}$$

この変換は、pが0から1の範囲になることを保証する。

分母の指数部分の式を処理するために、確率ではなくオッズを考える。オッズは、賭け事をする人には馴染みがあるはずだが、「成功（1）」の「非成功（0）」に対する比だ。確率で言えば、オッズは、事象の確率を事象が起こらない確率で割ったものだ。例えば、賭けた馬の勝つ確率が0.5なら、「勝たない」確率は$(1 - 0.5) = 0.5$であり、オッズは1.0だ。

$$\text{オッズ}(Y=1) = \frac{p}{1-p}$$

逆オッズ関数を使って、オッズから確率を求めることもできる。

$$p = \frac{\text{オッズ}}{1+\text{オッズ}}$$

これを、先ほどのロジスティック応答関数と組み合わせると、次の式になる。

$$\text{オッズ}(Y=1) = e^{\beta_0+\beta_1 x_1+\beta_2 x_2+\cdots+\beta_q x_q}$$

最後に両辺の対数をとり、予測変数の線形関数を含む式が得られる。

$$\log\left(\text{オッズ}(Y=1)\right) = \beta_0+\beta_1 x_1+\beta_2 x_2+\cdots+\beta_q x_q$$

ロジット関数と呼ばれる**対数オッズ**関数は、(0, 1)の確率pを任意の値$(-\infty, +\infty)$にマップする（**図5-2**参照）。これで変換が完成した。線形モデルを使って確率を予測し、逆に、カットオフより大きな確率のレコードは1と分類するというカットオフ規則を用いて、そこからクラスにマップする。

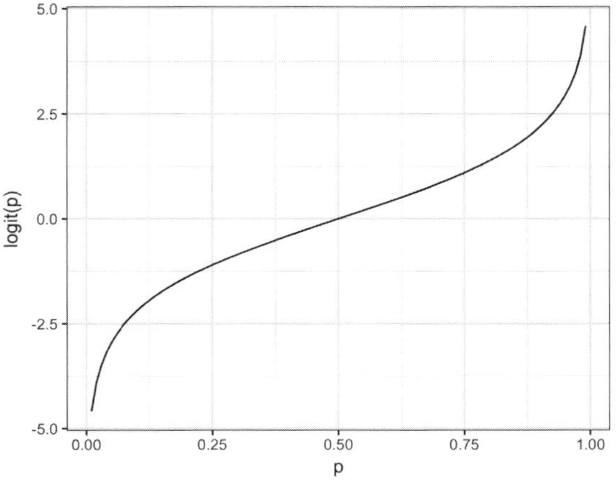

図5-2　確率を線形モデルに適した範囲にマップするロジット関数のグラフ

5.3.2　ロジスティック回帰と一般化線形モデル

ロジスティック回帰の公式における応答は、1という二値成果の対数オッズだ。観測するのは二値の成果だけで、対数オッズではないから、式の適合には、専用の統計手法が必要となる。ロジスティック回帰は、**一般化線形モデル**（GLM：Generalized Linear Model）の一種で、線形回帰を他の場合に拡張するよう特化したものだ。

Rでは、familyパラメータをbinomialに設定したglm関数を使って、ロジスティック回帰の適合ができる。次のコードは、「6.1　k近傍法」で取り上げる個人ローンデータにロジスティック回帰の適合を行う。

（R）
```
logistic_model <- glm(outcome ~ payment_inc_ratio + purpose_ +
                      home_ + emp_len_ + borrower_score,
                    data=loan_data, family='binomial')
logistic_model

Call:  glm(formula = outcome ~ payment_inc_ratio + purpose_ + home_ +
    emp_len_ + borrower_score, family = "binomial", data = loan_data)

Coefficients:
              (Intercept)           payment_inc_ratio
                  1.63809                     0.07974
purpose_debt_consolidation    purpose_home_improvement
                  0.24937                     0.40774
    purpose_major_purchase             purpose_medical
                  0.22963                     0.51048
             purpose_other      purpose_small_business
                  0.62066                     1.21526
                  home_OWN                   home_RENT
                  0.04833                     0.15732
         emp_len_ > 1 Year              borrower_score
                 -0.35673                    -4.61264

Degrees of Freedom: 45341 Total (i.e. Null);  45330 Residual
Null Deviance:      62860
Residual Deviance: 57510   AIC: 57540
```

outcomeが応答変数で、ローンが完済（paid off）なら0、返済不能（default）なら1となる。purpose_とhome_はファクタ変数で、ローンの目的と住宅所有者の状態を表す。水準pのファクタ変数は、いつものように$p-1$列に表示される。Rのデフォルトでは、参照符号化が使われ、すべての水準は参照水準と比較される（**「4.4 回帰でのファクタ変数」**参照）。これらのファクタ変数の参照水準は、それぞれ`credit_card`と`MORTGAGE`だ。変数`borrower_score`は、貸付先の信用力を表す0から1の得点（poorからexcellentに対応）だ。この変数は、k近傍法を使って他の変数から作られた（**「6.1.6 特徴量エンジンとしてのk近傍法」**参照）。

Pythonでは、scikit-learnの`sklearn.linear_model`の`LogisticRegression`クラスを使う。引数`penalty`と`C`がL1とL2正則化で過剰適合を防ぐ。正則化はデフォルトでオンになる。正則化なしに適合させるには`C`を非常に大きな値にしなければならない。`solver`引数は、使用する最小化子を選択する。デフォルトは`liblinear`メソッドである。

（Python）
```
predictors = ['payment_inc_ratio', 'purpose_', 'home_', 'emp_len_',
              'borrower_score']
outcome = 'outcome'
X = pd.get_dummies(loan_data[predictors], prefix='', prefix_sep='',
                   drop_first=True)
y = loan_data[outcome]

logit_reg = LogisticRegression(penalty='l2', C=1e42, solver='liblinear')
logit_reg.fit(X, y)
```

Rとは対照的に、scikit-learnは`y`の値（`paid off`と`default`）でクラスを導出する。内部的には、クラスは英字順になっている。これはRで使われるファクタの逆順なので、係数が逆になる。`predict`メソッドはクラスラベルを、`predict_proba`が属性`logit_reg.classes_`の利用可能な順に確率を返す。

5.3.3 一般化線形モデル

一般化線形モデル（GLM）は、次の2つの要素で特徴付けられる。

- 確率分布またはその属（ロジスティック回帰の場合は二項分布）
- 応答を予測変数にマップするリンク関数（ロジスティック回帰の場合はロジット）

GLMの中では、ロジスティック回帰が最も一般的だ。他の種類のGLMを使うデータサイエンティストもいる。ロジットの代わりに対数リンク関数が使われることもある。実際には、ほとんどのソフトウェアで、対数リンク関数を使っても結果が非常に大きく異なることはほとんどない。ポアソン分布は、カウントデータ（例：ある時間内にユーザがWebページを訪問した回数）のモデル化によく使われる。他に使われる分布には、経過時間（例：故障までの時間）のモデル化に使われる負の二項分布やガンマ分布がある。ロジスティック回帰とは対照的に、これらのモデルのGLMを使うときには、微妙なところがあり、より注意する必要がある。手法の使用法に慣れていてよく理解しており、落とし穴を心得ていない限りは、使わない方が良い。

5.3.4 ロジスティック回帰の予測値

ロジスティック回帰の予測値は、対数オッズ $\hat{Y} = \log\left(\text{オッズ}(Y=1)\right)$ で表される。予測確率は次のロジスティック応答関数で求められる。

$$\hat{p} = \frac{1}{1 + e^{-\hat{Y}}}$$

例えば、Rで先ほどのモデル`logistic_model`の予測値は次のようになる。

（R）
```
pred <- predict(logistic_model)
summary(pred)
     Min.   1st Qu.    Median      Mean   3rd Qu.      Max.
-2.704774 -0.518825 -0.008539  0.002564  0.505061  3.509606
```

Pythonでは、確率をデータフレームに変換して、`describe`メソッドを使い、分布の特徴を取得する。

（Python）
```
pred = pd.DataFrame(logit_reg.predict_log_proba(X),
                    columns=loan_data[outcome].cat.categories)
pred.describe()
```

簡単な変換式で、これらの値を確率に変換できる。

（R）
```
prob <- 1/(1 + exp(-pred))
summary(prob)
   Min. 1st Qu.  Median    Mean 3rd Qu.    Max.
```

```
0.06269 0.37313 0.49787 0.50000 0.62365 0.97096
```

Pythonでは、確率はscikit-learnのpredict_probaメソッドを使って直接得られる。

```
(Python)
pred = pd.DataFrame(logit_reg.predict_proba(X),
                    columns=loan_data[outcome].cat.categories)
pred.describe()
```

これらは、0から1の範囲の値で、予測が返済不能か完済かまでは明言していない。k近傍法分類と同様に、0.5より大きな値を返済不能と明言することもできる。実際には、目的が異常なクラスに属するものを検出すること（**「5.4.2 稀なクラスの問題」**参照）なら、より低いカットオフの方が適切なことが多い。

5.3.5 係数とオッズ比を解釈する

ロジスティック回帰の利点は、新たなデータに対して再計算せずに迅速に得点計算するモデルが得られることだ。別の利点は、他の分類手法に比べてモデルの解釈が比較的容易なことだ。**オッズ比**という概念が理解の鍵になる。二値ファクタ変数Xなら、オッズ比はわかりやすい。

$$\text{オッズ比} = \frac{\text{オッズ}(Y=1|X=1)}{\text{オッズ}(Y=1|X=0)}$$

これは$X=1$の場合の$Y=1$と$X=0$の場合の$Y=1$のオッズとの比と解釈できる。オッズ比が2なら、$X=0$の場合に比べて、$X=1$の場合に$Y=1$のオッズが2倍高いということだ。

確率ではなく、オッズ比を使うのはなぜだろうか。ロジスティック回帰の係数β_jがX_jのオッズ比の対数だから、オッズを使うのである。

例を使って説明するとはっきりするだろう。**「5.3.2 ロジスティック回帰と一般化線形モデル」**のモデル適合で、purpose_small_businessの回帰係数は、1.21526となる。これは中小企業へのローンがクレジットカードの負債返済用ローンと比べて、返済不能対完済のオッズ比が$exp(1.21526) \fallingdotseq 3.4$になることを意味している。明らかに、中小企業へのローンの設定もしくは額の引き上げは、他のローンと比べてリスクが高い。

図5-3は、オッズ比が1より大きい場合の、オッズ比と対数オッズ比との関係を示す。

係数が対数で表されているので、係数が1増えるとオッズ比が$exp(1) \fallingdotseq 2.72$だけ増える。

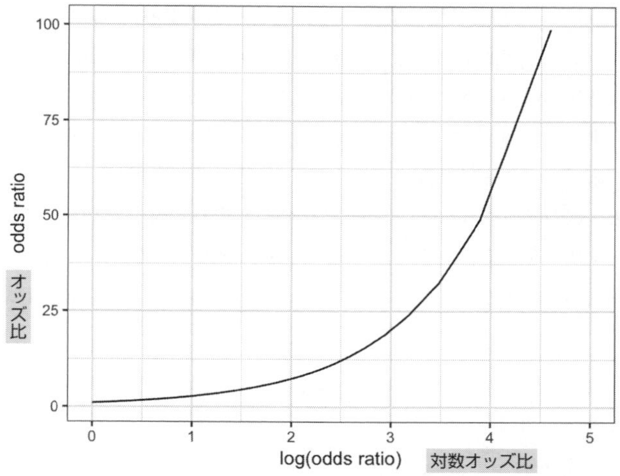

図5-3　オッズ比と対数オッズ比との関係

数量変数Xのオッズ比も同様に解釈できる。Xが1単位変化したときのオッズ比の変化が示される。例えば、収入に対する支払い比率を、5から6に増やすと、ローン返済不能のオッズが$exp(0.08244) \fallingdotseq 1.09$だけ増える。変数`borrower_score`は、貸付先の信用力の得点で、0（低い）から1（高い）の範囲だ。ローン返済不能に対する最良の貸付先のオッズは、最悪の貸付先に比較して$exp(-4.61264) \fallingdotseq 0.01$も小さい。言い換えると、信用力の乏しい貸付先の返済不能リスクは、優良な貸付先の100倍よりも大きい。

5.3.6　線形回帰とロジスティック回帰：類似点と相違点

線形回帰とロジスティック回帰とには共通点が多い。両者とも、予測変数と応答との関係で線形パラメータ形式を仮定する。最良モデルの探索や発見も同じようになされる。線形モデルで、予測変数にスプライン変換（**「4.7.2　スプライン回帰」**参照）を用いた線形モデルの一般化は、ロジスティック回帰でも適用できる。ロジスティック回帰は、次の2点では根本的に異なる。

- モデルの適合方法（最小二乗法は使えない）

- モデルの残差の性質と分析

5.3.6.1 モデル適合

線形回帰は、最小二乗法を使って適合し、適合品質をRMSEとR二乗統計量で評価する。ロジスティック回帰には(線形回帰と異なり)、閉形式解[*1]が存在せず、**最尤推定**(MLE:Maximum Likelihood Estimation)を使ってモデルを適合する。最尤推定は、観測したデータを生成する確率が最も高いモデルを求めるプロセスだ。ロジスティック回帰では、応答は0か1ではなく、応答が1に対する対数オッズの推定値だ。MLEは、推定された対数オッズ値が、観測成果を最もよく表す解を求める。アルゴリズムには、現在のパラメータと適合改善するパラメータの更新値とを使い、得点計算ステップ(**フィッシャーのスコアリング**)を反復するニュートン法に似た最適化が用いられる。

最尤推定

統計学の記号を使うと詳細は次のようになる。データセット$\left(X_1, X_2, ..., X_n\right)$と、パラメータの集合$\theta$に依存する確率モデル$P_\theta\left(X_1, X_2, ..., X_n\right)$で始める。最尤推定の目標は、$P_\theta\left(X_1, X_2, ..., X_n\right)$の値を最大化するパラメータ集合$\hat{\theta}$を求めることだ。すなわち、与えられたモデル$P$の下で、観測$\left(X_1, X_2, ..., X_n\right)$の確率を最大化することだ。適合プロセスにおいては、(残差)**逸脱度**と呼ばれる指標を使ってモデルを評価する。

$$\text{逸脱度} = -2\log\left(P_{\hat{\theta}}\left(X_1, X_2, \ldots, X_n\right)\right)$$

逸脱度が低いほど、適合が良い。

このプロセスはソフトウェアで処理されるので、ほとんどのユーザは、適合アルゴリズムの詳細を気にする必要がない。ほとんどのデータサイエンティストは、それが、ある条件下で良いモデルを求める方法であることを理解してさえいれば、適合メソッドについて心配する必要もない。

*1 訳注:ここでの「閉形式解がない」とは初等関数で表せる解がないという意味。一般には数値解析などで数値解を求めることができるものもある。https://en.wikipedia.org/wiki/Closed-form_expression を参照。

ファクタ変数の処理

ロジスティック回帰においては、線形回帰と同様に、ファクタ変数を符号化する必要がある（**「4.4　回帰でのファクタ変数」**参照）。Rや他のソフトウェアにおいては、通常は自動的に処理されて、一般には、参照符号化が使われる。本章で述べる他の分類手法はすべて、通常は、one-hotエンコーダ表現（**「6.1.3　one-hotエンコーダ」**参照）を使う。Pythonの`scikit-learn`では、one-hotエンコーダを使うのが簡単で、$n-1$個の結果のダミー変数だけが回帰に使われる。

5.3.7　モデルを評価する

他の分類手法同様、ロジスティック回帰もモデルが新たなデータをどれだけ正確に分類するかで評価する（**「5.4　分類モデルの評価」**参照）。線形回帰の場合と同じく、複数の標準的な統計ツールがあって、モデルを評価して改善するのに使える。係数の推定値の他に、Rは、係数の標準誤差（SE）、z値、p値を報告する。

（R）
```
summary(logistic_model)

Call:
glm(formula = outcome ~ payment_inc_ratio + purpose_ + home_ +
    emp_len_ + borrower_score, family = "binomial", data = loan_data)

Deviance Residuals:
     Min        1Q    Median        3Q       Max
-2.51951  -1.06908  -0.05853   1.07421   2.15528

Coefficients:
                            Estimate Std. Error z value Pr(>|z|)
(Intercept)                 1.638092   0.073708  22.224  < 2e-16 ***
payment_inc_ratio           0.079737   0.002487  32.058  < 2e-16 ***
purpose_debt_consolidation  0.249373   0.027615   9.030  < 2e-16 ***
purpose_home_improvement    0.407743   0.046615   8.747  < 2e-16 ***
purpose_major_purchase      0.229628   0.053683   4.277 1.89e-05 ***
purpose_medical             0.510479   0.086780   5.882 4.04e-09 ***
purpose_other               0.620663   0.039436  15.738  < 2e-16 ***
purpose_small_business      1.215261   0.063320  19.192  < 2e-16 ***
home_OWN                    0.048330   0.038036   1.271    0.204
```

```
home_RENT                  0.157320   0.021203   7.420 1.17e-13 ***
emp_len_ > 1 Year         -0.356731   0.052622  -6.779 1.21e-11 ***
borrower_score            -4.612638   0.083558 -55.203  < 2e-16 ***
---
Signif. codes:  0 '***' 0.001 '**' 0.01 '*' 0.05 '.' 0.1 ' ' 1

(Dispersion parameter for binomial family taken to be 1)

    Null deviance: 62857  on 45341  degrees of freedom
Residual deviance: 57515  on 45330  degrees of freedom
AIC: 57539

Number of Fisher Scoring iterations: 4
```

Pythonでは`statsmodels`パッケージに一般化線形モデル（GLM）の実装があり、同様の詳細情報を提供する。

（Python）

```
y_numbers = [1 if yi == 'default' else 0 for yi in y]
logit_reg_sm = sm.GLM(y_numbers, X.assign(const=1),
                      family=sm.families.Binomial())
logit_result = logit_reg_sm.fit()
logit_result.summary()
```

p値の解釈は、回帰の場合と同様の注意が必要で、統計的有意性の形式指標としてではなく、変数の重要度に関する相対的な指標**「4.2.2　モデルの評価」**参照）として受け取るべきだ。二値応答のロジスティック回帰モデルには、RMSEもR二乗統計量も関係しない。その代わりに、ロジスティック回帰モデルは通常、分類に関するより一般的な指標で評価される（**「5.4　分類モデルの評価」**参照）。

線形回帰での他の多くの概念が、ロジスティック回帰（および他のGLM）にも通用する。例えば、段階的回帰を使ったり、交互作用項による適合を行ったり、スプライン項を含めることができる。交絡変数や相関変数に関しては、ロジスティック回帰でも同様の問題がある（**「4.5　回帰式の解釈」**参照）。Rでは`mgcv`パッケージを用いて一般化加法モデル（**「4.7.3　一般化加法モデル」**参照）に適合することもできる。

（R）

```
logistic_gam <- gam(outcome ~ s(payment_inc_ratio) + purpose_ +
```

```
                    home_ + emp_len_ + s(borrower_score),
                    data=loan_data, family='binomial')
```

Pythonでは`statsmodels`のformulaインタフェースもこれらの拡張をサポートする。

（Python）
```
import statsmodels.formula.api as smf
formula = ('outcome ~ bs(payment_inc_ratio, df=4) + purpose_ + ' +
           'home_ + emp_len_ + bs(borrower_score, df=4)')
model = smf.glm(formula=formula, data=loan_data,
                family=sm.families.Binomial())
results = model.fit()
```

5.3.7.1 残差の分析

ロジスティック回帰で線形回帰と異なるのは、残差の分析だ、回帰同様（**図4-9**参照）、Rで偏残差を計算するのは、次のように型通りの方法による。

（R）
```
terms <- predict(logistic_gam, type='terms')
partial_resid <- resid(logistic_model) + terms
df <- data.frame(payment_inc_ratio = loan_data[, 'payment_inc_ratio'],
                 terms = terms[, 's(payment_inc_ratio)'],
                 partial_resid = partial_resid[, 's(payment_inc_ratio)'])
ggplot(df, aes(x=payment_inc_ratio, y=partial_resid, solid = FALSE)) +
  geom_point(shape=46, alpha=0.4) +
  geom_line(aes(x=payment_inc_ratio, y=terms),
            color='red', alpha=0.5, size=1.5) +
  labs(y='Partial Residual')
```

結果のプロットを**図5-4**に示す。実線で示す推定適合は、2つの点の集まりの間に位置する。上の点の集まりは応答1（ローン返済不能）、下の点は応答0（ローン完済）に対応する。出力が二値なので、これが普通のロジスティック回帰による残差となる。予測はロジット（オッズ比の対数）で測定され、常に有限の値となる。実際の値、絶対値0または1は、正か負の無限ロジットに対応する。よって、（あてはめ値に加えられる）残差は決して0にはならない。よって、プロットされたデータポイントは、偏残差プロットで適合した線の上または下の雲のような点の集まりに位置する。ロジスティック回帰の偏残差は、回帰の場合ほど有用ではないが、非線形の振る舞いを確認し、影響が大きなレコードを探し出すことができる。

現時点で、Pythonの主要パッケージには、偏残差の実装がない。本書のプログラム例のリポジトリには、偏残差プロットを作成するPythonコードを用意している。

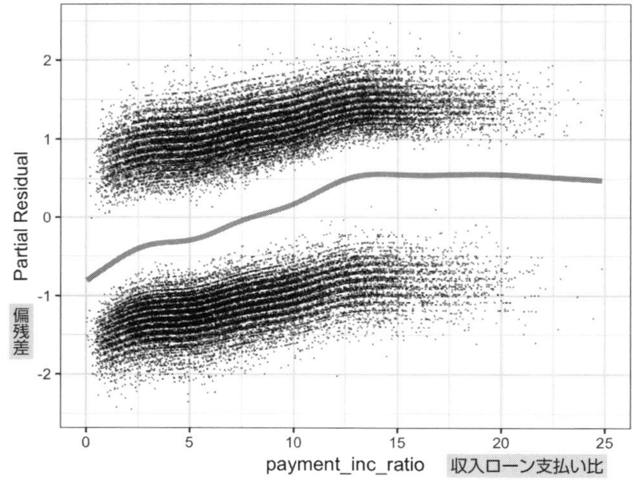

図5-4 ロジスティック回帰の偏残差

summary関数の出力の一部は無視しても影響がない。散らばりのパラメータは、ロジスティック回帰に無関係で、他の種類のGLMのために含まれている。残差逸脱度と得点反復回数は最尤適合手法に関係している。223ページの囲み**「最尤推定」**参照。

基本事項41

- ロジスティック回帰は、成果が二値変数であることを除いては、線形回帰と同様だ。
- 線形モデルに適合するモデルにするためには、応答変数としてオッズ比の対数をとることを含めて、いくつかの変換が必要となる。

- 線形モデルに適合（反復プロセスによる）後、対数オッズを確率にマップし戻す。
- ロジスティック回帰は、計算が高速で、わずかな算術演算で新たなデータの得点を与えるモデルが得られるので、よく使われる。

5.3.8 さらに学ぶために

- 『*Applied Logistic Regression, 3rd ed.*』［Hosmer-2013］はロジスティック回帰の標準的な参考書だ。
- 『*Regression Models, 2nd ed.*』［Hilbe-2017］（非常に包括的）と『*Practical Guide to Logistic Regression*』［Hilbe-2015］（簡潔）の2冊もよく読まれている。
- 『*Elements of Statistical Learning, 2nd ed.*』［Hastie-2009］とその簡略版とも言うべき『*An Introduction to Statistical Learning: with Applications in R*』［James-2013］には、ロジスティック回帰の節がある。
- 『*Data Mining for Business Analytics*』［Shmueli-2020］（R版、Python版、Excel版、JMP版の4種類がある）では、丸々1章をロジスティック回帰に当てている。

5.4 分類モデルの評価

一般的には、予測モデルの探索においては、さまざまなモデルをホールドアウトサンプルにそれぞれ適用して、その性能を評価する。ときには、複数のモデルを評価し、調整した後で、十分なデータがあれば、これまでに使わなかった第3のホールドアウトサンプルを用いて、選択したモデルがまったく新しいデータに対してどれだけの性能を発揮するか推定する。さまざまな分野において、実際に、ホールドアウトサンプルについて**検証**と**テスト**という用語が用いられている。基本的には、この評価プロセスによって、どのモデルが最も正確で役に立つ予測をするか調べて学ぶことができる。

基本用語40：分類モデルの評価

正確度（accuracy）

正しく分類された事例のパーセント（割合）。

混同行列 (confusion matrix)

予測と実際の分類状況でレコードをカウントした表形式（二値だと2×2）の表示。

敏感度 (sensitivity)

1が正しく分類されたパーセント（割合）（関連語：再現率）

特異度 (specificity)

0が正しく分類されたパーセント（割合）。

適合率 (precision)

予測した1が実際に1であったパーセント（割合）。

ROC曲線 (ROC curve)

敏感度対特異度のプロット。

リフト値 (lift)

モデルがさまざまな確率カットオフで（比較的稀な）1をどれだけ効果的に識別できるかという指標。

簡単に分類性能を測るには、正しい予測の割合、すなわち**正確度**を数えれば良い。正確度は、全体誤差の尺度だ。

$$\text{正確度} = \frac{\sum \text{真陽性} + \sum \text{真陰性}}{\text{サンプルサイズ}}$$

ほとんどの分類アルゴリズムで、各事例に「1である推定確率」[*1]が割り当てられている。デフォルトの決定点、すなわち、カットオフが普通は0.5、すなわち、50％だ。確率が0.5を超えれば、分類は「1」そうでないと「0」だ。別のデフォルトのカットオフは、1になる確率のうちデータ中で最も多い値を用いるものだ。

＊1　原注：すべての手法が確率の不偏推定を与えているわけではない。ほとんどの場合、不偏確率推定から得られる順位に等価な順位付けの手法が提供されていれば十分だ。そうすれば、カットオフ手法が同等の機能を持つ。

5.4.1 混同行列

重要な分類指標に**混同行列**がある。混同行列は、応答の種類によってカテゴリ分けした正しい予測と間違った予測との個数を示す表を指す。RとPythonの複数のパッケージで混同行列が計算できるが、二値の場合には、手で計算しても簡単だ。

混同行列を説明するために、ローン返済不能とローン完済を同じ個数だけ含むバランスのとれたデータセット（**図5-4**参照）で訓練した`logistic_gam`モデルを取り上げよう。通常の表記法に従い、$Y = 1$が問題の事象（例：返済不能）、$Y = 0$が否定的（または興味のない）事象（例：完済）とする。次のコードは、全体の（バランスのとれていない）訓練集合に`logistic_gam`モデルを適用して、混同行列を計算する。

（R）
```
pred <- predict(logistic_gam, newdata=train_set)
pred_y <- as.numeric(pred > 0)
true_y <- as.numeric(train_set$outcome=='default')
true_pos <- (true_y==1) & (pred_y==1)
true_neg <- (true_y==0) & (pred_y==0)
false_pos <- (true_y==0) & (pred_y==1)
false_neg <- (true_y==1) & (pred_y==0)
conf_mat <- matrix(c(sum(true_pos), sum(false_pos),
                     sum(false_neg), sum(true_neg)), 2, 2)
colnames(conf_mat) <- c('Yhat = 1', 'Yhat = 0')
rownames(conf_mat) <- c('Y = 1', 'Y = 0')
conf_mat
      Yhat = 1 Yhat = 0
Y = 1 14295    8376
Y = 0 8052     14619
```

Pythonでは次の通り。

（Python）
```
pred = logit_reg.predict(X)
pred_y = logit_reg.predict(X) == 'default'
true_y = y == 'default'
true_pos = true_y & pred_y
true_neg = ~true_y & ~pred_y
false_pos = ~true_y & pred_y
false_neg = true_y & ~pred_y
```

```
conf_mat = pd.DataFrame([[np.sum(true_pos), np.sum(false_neg)],
                         [np.sum(false_pos), np.sum(true_neg)]],
                        index=['Y = default', 'Y = paid off'],
                        columns=['Yhat = default', 'Yhat = paid off'])
conf_mat
```

予測した成果は列に、実際の成果は行になっている。行列の対角成分は、正しい予測の個数を、非対角成分は間違った予測の個数を示す。例えば、14,295の返済不能ローンが返済不能と正しく予測され、8,376の返済不能ローンが間違って完済と予測された。

図5-5は、二値応答Yとさまざまな指標（指標についての説明は、**「5.4.3　適合率、再現率、特異度」**参照）との混同行列の間の関係を示している。ローンデータの例でもあったように、実際の応答が行に、予測した応答が列にある（逆の配置の混同行列もある）。対角成分（左上と右下）は、予測$\hat{Y}$が応答を正しく予測した場合を示す。明示されていないが重要な指標は、偽陽性率（適合率の鏡像）だ。1の個数が極端に少ない場合、正と予測したすべてに対する偽陽性率が高くなり、予測した1がほとんど0だという直感に反した状態になる。この問題は、広く使われている医療スクリーニング検査（例：マンモグラフィー）の悩みの種だ。発病は比較的稀なので、陽性の検査結果が乳ガンを意味することはほとんどない。このため、一般には混乱が生じる。

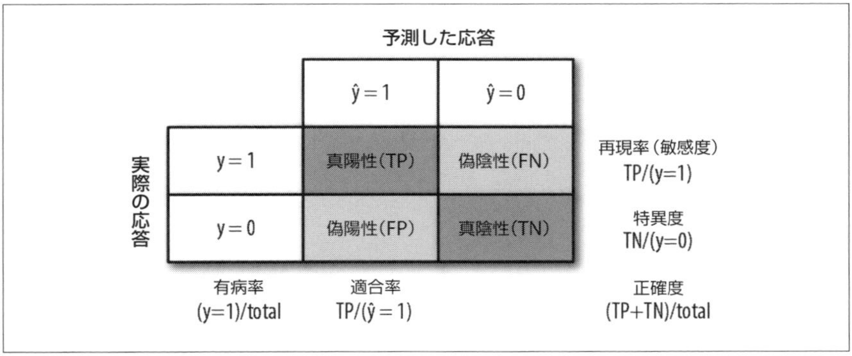

図5-5　二値応答とさまざまな指標の混同行列

ここでは、実際の応答を行に、予測した応答を列に表示したが、これが逆になっていることもよくある。有名な例は、Rのcaretパッケージだ。

5.4.2 稀なクラスの問題

多くの場合、予測しているクラスの中で、あるクラスが他のクラスよりも圧倒的に多いことがある。例えば、正当な保険請求と詐欺請求、Webサイトで訪問しているだけの人と購入者などはバランスがとれていない。稀なクラス（例：詐欺請求）は、より興味を引くクラスなので、普通は1を割り当て、ありふれたクラスを0にする。典型的なシナリオでは、1はより重要な事例であり、それを間違えて0と分類するのは、0を1と間違えるのよりもコストに響く。例えば、詐欺保険請求を正しく識別すれば、何千ドルも節約できる。他方、正当な請求を正しく識別しても、より注意深い審査を手作業で行うコストと手間（それが「詐欺らしい」と記された請求に対して行うことだ）が省略できるだけだ。

そのような場合、クラスは簡単に分離できない限り、最も正確な分類モデルとは、すべてを0と分類するものになる。例えば、Webの販売サイトで閲覧者の0.1％しか購入しない場合、すべての閲覧者が購入しないという予測は、99.9％正しくなる。しかしながら、これは役に立たない。その代わりに、全体としての正確さは劣っても、購入者を識別できるモデルは、たとえ、非購入者を間違えて購入者としても、優れている。

5.4.3 適合率、再現率、特異度

正確度以外の指標が分類モデルの評価によく使われる。統計学、特に生物統計学において長い歴史がある指標もあり、それらは診断テストの期待性能を表すために使われてきた。**適合率**は、予測した陽性の成果の正確度を測る（**図5-5**参照）。

$$\text{適合率} = \frac{\sum \text{真陽性}}{\sum \text{真陽性} + \sum \text{偽陽性}}$$

再現率は、**敏感度**とも呼ぶが、モデルが陽性の成果を予測する能力の強さを、正しく識別した1の割合で測る（**図5-5**参照）。生物統計学や医療診断では、敏感度が使われ、機械学習コミュニティでは再現率が使われる。再現率の定義は次の通り。

$$\text{再現率} = \frac{\sum \text{真陽性}}{\sum \text{真陽性} + \sum \text{偽陰性}}$$

モデルが陰性の成果を予測する能力の指標としては特異度が使われる。

$$\text{特異度} = \frac{\sum \text{真陰性}}{\sum \text{真陰性} + \sum \text{偽陽性}}$$

Rで先ほど求めたconf_matで3つの指標を計算できる。

(R)
```
# 適合率
conf_mat[1, 1] / sum(conf_mat[,1])
# 再現率
conf_mat[1, 1] / sum(conf_mat[1,])
# 特異度
conf_mat[2, 2] / sum(conf_mat[2,])
```

これらの指標を計算する等価なPythonコードを次に示す。

(Python)
```
conf_mat = confusion_matrix(y, logit_reg.predict(X))
print('Precision', conf_mat[0, 0] / sum(conf_mat[:, 0]))
print('Recall', conf_mat[0, 0] / sum(conf_mat[0, :]))
print('Specificity', conf_mat[1, 1] / sum(conf_mat[1, :]))

precision_recall_fscore_support(y, logit_reg.predict(X),
                                labels=['default', 'paid off'])
```

scikit-learnのprecision_recall_fscore_supportメソッドは、適合率と再現率/特異度を一度に計算する。

5.4.4 ROC曲線

再現率と特異度の間にはトレードオフがある。1をより多くとらえることは、より多くの0を間違って1と分類することを意味するからだ。理想的な分類は、0を1と間違えることなく、1をきちんと分類することだ。

このトレードオフを把握する指標が「受信者動作特性」ROC（Receiver Operating Characteristics）曲線だ。ROC曲線は、再現率（敏感度）をy軸に、特異度をx軸にとる[*1]。レコード分類を決定するカットオフを変更すれば、ROC曲線が再現率と特異度のトレードオフを示す。再現率（敏感度）がy軸に示され、x軸の表示には次のような2種類がある。

＊1　原注：ROC曲線が最初に使われたのは、第2次世界大戦でレーダー受信基地の性能の表現においてであった。基地の役目は、反射してきたレーダー信号を正しく識別（分類）して、侵入機警報を防衛部隊に送ることだった。

- 1を左、0を右に特異度をx軸にプロットする。
- 0を左、1を右に1－特異度をx軸にプロットする。

ROC曲線はどちらでも同じに見える。計算プロセスは次の通り。

1. 1になる予測確率の一番大きいものから降順でレコードを整列する。
2. 整列レコードに基づき、累積特異度と累積再現率を計算する。

RでROC曲線を計算するのは簡単だ。次のコードは、ローンデータのROCを計算する。

(R)
```
idx <- order(-pred)
recall <- cumsum(true_y[idx] == 1) / sum(true_y == 1)
specificity <- (sum(true_y == 0) - cumsum(true_y[idx] == 0)) / sum(true_y == 0)
roc_df <- data.frame(recall = recall, specificity = specificity)
ggplot(roc_df, aes(x=specificity, y=recall)) +
  geom_line(color='blue') +
  scale_x_reverse(expand=c(0, 0)) +
  scale_y_continuous(expand=c(0, 0)) +
  geom_line(data=data.frame(x=(0:100) / 100), aes(x=x, y=1-x),
            linetype='dotted', color='red')
```

Pythonでは、`scikit-learn`の`sklearn.metrics.roc_curve`関数を使ってROC曲線に必要な情報を計算できる。Rにも同様のパッケージ`ROCR`がある。

(Python)
```
fpr, tpr, thresholds = roc_curve(y, logit_reg.predict_proba(X)[:,0],
                                 pos_label='default')
roc_df = pd.DataFrame({'recall': tpr, 'specificity': 1 - fpr})

ax = roc_df.plot(x='specificity', y='recall', figsize=(4, 4),
legend=False)
ax.set_ylim(0, 1)
ax.set_xlim(1, 0)
ax.plot((1, 0), (0, 1))
ax.set_xlabel('specificity')
ax.set_ylabel('recall')
```

結果を**図5-6**に示す。点線の対角線は、ランダムに選んだ場合の分類に相当する。非常に効率的な分類（医療においては、非常に効率的な診断テスト）は、右上に寄ったもので、0を1と間違えることなく多数の1を正しく識別する。このモデルの場合、特異度を少なくとも50％に抑える場合、再現率は75％になる。

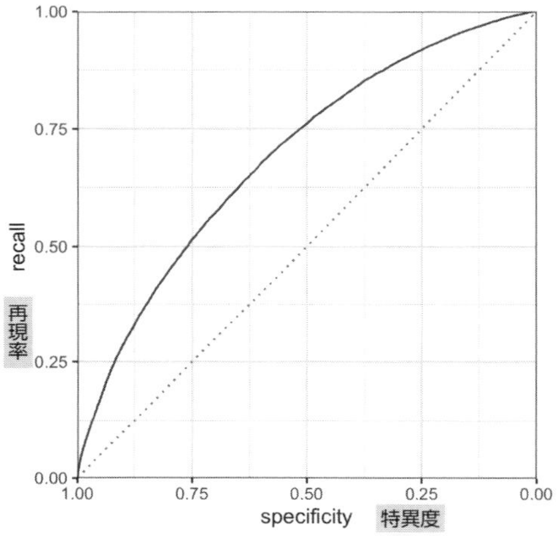

図5-6 ローンデータのROC曲線

適合率－再現率曲線

ROC曲線の他では、適合率－再現率（PR）曲線（https://www.biostat.wisc.edu/~page/rocpr.pdf）を調べると役に立つことがある。PR曲線の計算も同じように行えるが、データが確率の小さいものから昇順に整列し、累積適合率と再現率統計量を計算するところが異なる。PR曲線は、非常にバランスの悪い成果を評価するのに特に有用だ。

5.4.5 AUC

ROC曲線は価値のある可視化ツールだが、それ自体では分類性能の指標にならない。しかし、ROC曲線を使って、曲線下面積（AUC：Area Underneath the Curve）指標を作ることができる。AUCはROC曲線の下の部分の面積だ。AUCが大きいほど分類性能が高い。AUCが1であることは、完全な分類、すなわち、すべての1が正しく分類され、0を1と間違えて分類することがないことを表す。

まったく効率の悪い分類、すなわち対角線は、AUCが0.5となる。

図5-7は、ローンのモデルに対するROC曲線のAUCを示す。AUCの値は、Rの数値積分で計算できる。

(R)

```
sum(roc_df$recall[-1] * diff(1 - roc_df$specificity))
    [1] 0.6926172
```

Pythonでは、Rと同様に計算することもscikit-learnの`sklearn.metrics.roc_auc_score`関数を使うこともできる。期待値を0または1で指定する必要がある。

(Python)

```
print(np.sum(roc_df.recall[:-1] * np.diff(1 - roc_df.specificity)))
print(roc_auc_score([1 if yi == 'default' else 0 for yi in y],
                    logit_reg.predict_proba(X)[:, 0]))
```

このモデルは、約0.69のAUCで、少し低い分類性能となる。

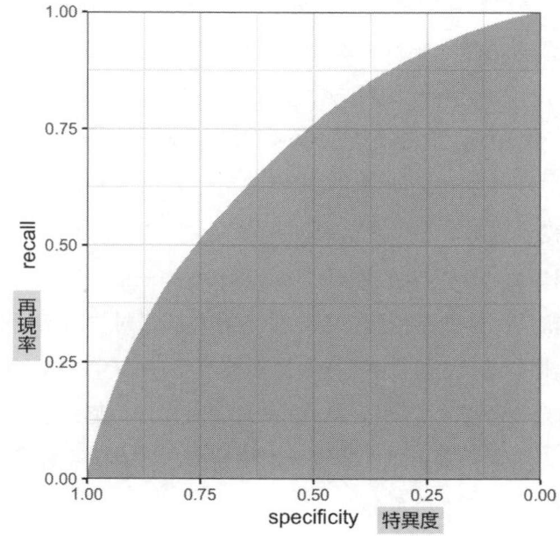

図5-7　このモデルは、約0.69のAUCで、少し低い分類性能となる。

偽陽性率の混同

偽陽性率/偽陰性率が特異度や敏感度と（書籍やソフトウェアでも）混同されたり、一緒に使われたりすることがある。偽陽性率が、テストで陽性なもののうちの実際は陰性なものの割合と定義されていることがある。多くの場合

（ネットワーク侵入検出など）、偽陽性率が実際は陰性であるのに陽性の信号となる割合を指すのに使われている。

5.4.6 リフト

AUCを指標として用いれば、モデルが全体の正確度とより重要な1を識別する必要との間のトレードオフをどれだけうまく処理しているか評価できるので、単なる正確度よりも改善できている。しかし、AUCでは、すべてのレコードを0と分類しないように、確率カットオフを0.5以下にする必要がある、稀な場合の問題に完全には対処できない。そのような場合、レコードを1と分類するには、確率が0.4、0.3、あるいはそれ以下でも十分となる。実際、より大きな重要性を反映して、1を識別しすぎる羽目になる。

このようなカットオフの変更は、1をとらえる可能性を（0を1と間違えるという犠牲を払って）増やす。しかし、何が最良のカットオフ値になるのだろうか。

リフトという概念は、この質問には直接答えるものではない。その代わりに、レコードを1である予測確率の順序で考える。例えば、1と分類されるトップ10％について、無作為に抽出した場合と比べて、アルゴリズムがどれだけ優れているかを考える。無作為抽出なら0.1％の応答が、このトップ10％なら0.3％の応答になると言うなら、アルゴリズムは、トップ10％について、**リフト**（**利得**とも言う）が3だと言える。リフト図（利得図）は、これをデータの範囲で定量化する。これは、十分位数ごとに作ることも、データ全体で連続的に作ることもできる。

リフト図の計算には、まずy軸に再現率、x軸にレコードの総数をとった**累積利得図**を作る。**リフト曲線**は、無作為抽出に対応する対角線に対する累積利得率を示す。**十分位利得図**は、予測モデルで最も古くからある技法で、eコマースより前の時代に遡る。これらは、通信販売業者がよく使っていた。通信販売は、無差別に使うと費用ばかりかかる手法なので、広告担当者は、見返りが期待できる有望な顧客を識別するために（初期の極めて単純な）予測モデルを用いていた。

アップリフト

アップリフトという用語がリフトと同じ意味で用いられることがある。この用語の別の意味は、A/Bテストを行って、処置（AかB）を予測モデルでの予測変数に使うという限られた場合だ。アップリフトは、この場合に、処置Aと処置Bとで、**個別事例**に対して予測応答の改善を指すのに使う。これは、最初にAの予測集合について、次にBの予測集合についてと個別事例の得点計算を行って決定される。マーケターや選挙キャンペーンコンサルタントは、この手法を使って、顧客や有権者に対して、2つのメッセージのどちらを使うか決定する。

リフト曲線からは、レコードを1と分類するさまざまな確率カットオフの結果が見て取れる。適切なカットオフ水準を設定するための中間段階と考えることができる。例えば、課税当局には税務調査に投入できる人員資源が限られていて、脱税の可能性が最も高いところに使いたいとする。このような資源制約下では、当局は、リフト図を用いて、税務調査をする納税申告と調査をしない納税申告とを区分しようとする。

基本事項42

- 正確度（正しい予測分類のパーセント）は、モデル評価の第1ステップにすぎない。
- 他の指標（再現率、特異度、適合率）は、特定の性能特性に焦点を絞っている（例：再現率は、モデルが1をどれだけ正しく識別するかを測る）。
- AUC（ROC曲線下面積）は、モデルが0から1をどれだけ良く区別するかという能力を測るためによく用いられる。
- 同様に、リフトは、モデルがどれだけ効果的に1を識別するかを測り、1となる確率が最も高いところから、十分位ごとに計算されることがよくある。

5.4.7 さらに学ぶために

評価や査定は通常、特定モデル（例：k近傍法や決定木）に従って説明されることが多い。これらについてまるまる一章を割いて取り上げている本を3冊示す。

- 『*Data Mining: Practical Machine Learning Tools and Techniques, 4th ed.*』［Whitten-2017］
- 『*Modern Data Science with R*』［Baumer-2017］
- 『*Data Mining for Business Analytics*』［Shmueli-2020］（R版、Python版、Excel版、JMP版の4種類がある）

5.5 不均衡データの戦略

前節では、正確度だけではなく、問題となる成果（Webサイトでの購入、詐欺保険請求など）が稀な、不均衡データにも適した指標で分類モデルの評価を行った。本節では、不均衡データでの予測モデルの性能を改善する他の戦略について検討する。

> **基本用語41：不均衡データ**
>
> **アンダーサンプリング（undersample）**
> 　分類モデルにおいて一般的である方のクラスのレコードの個数を少ししか使わない（関連語：ダウンサンプリング）
>
> **オーバーサンプリング（oversample）**
> 　必要ならブートストラップして、分類モデルにおいて一般的でないクラスのレコードをより多く使う（関連語：アップサンプリング）
>
> **重み追加（up weight）/重み削減（down weight）**
> 　モデルの稀な（または一般的である方の）クラスで重みを追加（または削減）する。
>
> **データ生成（data generation）**
> 　ブートストラップに似ているが、新たなブートストラップレコードが元と少し異なるもの。

5.5.1 アンダーサンプリング

ローンデータのように十分なデータがあれば、一般的なクラスの方を**アンダーサンプリング**（ダウンサンプリング）して、モデルのデータの0と1のバランスを良くしておくことも解法となる。アンダーサンプリングでの基本的な考え方は、主要なクラスのデータには冗長なレコードが多いというものだ。より小さな、よりバランスのとれたデータセットでは、モデル性能が高まり、データの準備やモデルの探索とパイロット構築がより簡単になる。

データはいくつあれば十分だろうか。ソフトウェアによるが、一般的には、主要ではないクラスで、数万個のレコードがあれば十分だ。0と1の識別が容易であればあるほど、より少ないデータで十分となる。

「5.3 ロジスティック回帰」で分析したローンデータは、均衡な訓練集合に基づいていた。ローンの半分が完済、残りの半分が返済不能だった。予測値も同様で、確率の半分が0.5より小さく、半分が0.5より大きかった。完全なデータセットでは、次のRのコードが示すように、ローンの19 %が返済不能だった。

(R)
```
mean(full_train_set$outcome=='default')
[1] 0.1889455
```

Pythonのコードは次の通り。

(Python)
```
print('percentage of loans in default: ',
      100 * np.mean(full_train_set.outcome == 'default'))
```

モデルの訓練に完全データセットを使ったらどうなるだろうか。Rのコードをまず示す。

(R)
```
full_model <- glm(outcome ~ payment_inc_ratio + purpose_ + home_ +
                            emp_len_+ dti + revol_bal + revol_util,
                  data=full_train_set, family='binomial')
pred <- predict(full_model)
mean(pred > 0)
[1] 0.003942094
```

対応するPythonコードは次の通り。

(Python)
```
predictors = ['payment_inc_ratio', 'purpose_', 'home_', 'emp_len_',
              'dti', 'revol_bal', 'revol_util']
outcome = 'outcome'
X = pd.get_dummies(full_train_set[predictors], prefix='', prefix_sep='',
                   drop_first=True)
y = full_train_set[outcome]

full_model = LogisticRegression(penalty='l2', C=1e42, solver='liblinear')
full_model.fit(X, y)
```

```
print('percentage of loans predicted to default: ',
      100 * np.mean(full_model.predict(X) == 'default'))
```

ローンの0.39 %しか返済不能と予測されず、期待される個数の1/47以下だ[*1]。モデルが、全データを等価に使って訓練されたものだから、ローン完済がローン返済不能より圧倒的に多い。直感的に考えれば、返済不能でないローンがこんなに多数あり、予測データの不可避的な変動と相まって、ローン返済不能に関してすら、モデルが偶然に同様の間違ったものを見つけてしまうことが多いのだ。均衡サンプルを使うと、ローンの約50 %が返済不能と予測される。

5.5.2 オーバーサンプリングと重み追加/削減

アンダーサンプリング法に対する批判の1つは、データを捨ててしまって、使える情報すべてを活用していないというものだ。比較的小さなデータセットで、より稀なクラスに数百または数千レコードしかなかったら、優勢なクラスのアンダーサンプリングには、有用な情報を捨てるリスクがある。その場合、優勢な事例をダウンサンプリングしないで、稀なクラスで復元抽出（ブートストラップ）により行を追加するオーバーサンプリング（アップサンプリング）を行うべきだ。

データの重み付けでも同様の効果が得られる。分類アルゴリズムの多くで、データの重みを追加/削減できる重み引数を使うことができる。例えば、Rのglmではweight引数を使い、ローンデータに重みベクトルを適用できる。

(R)
```
wt <- ifelse(full_train_set$outcome=='default',
             1 / mean(full_train_set$outcome == 'default'), 1)
full_model <- glm(outcome ~ payment_inc_ratio + purpose_ + home_ +
                            emp_len_+ dti + revol_bal + revol_util,
                  data=full_train_set, weight=wt, family='quasibinomial')
pred <- predict(full_model)
mean(pred > 0)
[1] 0.5767208
```

ほとんどのscikit-learnメソッドで、キーワード引数sample_weightを使いfit

＊1　原注：実装の違いにより、Pythonでの結果は異なる。1 %すなわち期待される個数の約1/18となる。

関数の重みを指定できる。

（Python）
```
default_wt = 1 / np.mean(full_train_set.outcome == 'default')
wt = [default_wt if outcome == 'default' else 1
      for outcome in full_train_set.outcome]

full_model = LogisticRegression(penalty="l2", C=1e42, solver='liblinear')
full_model.fit(X, y, sample_weight=wt)
print('percentage of loans predicted to default (weighting): ',
      100 * np.mean(full_model.predict(X) == 'default'))
```

返済不能ローンの重みは、pを返済不能確率として、$1/p$にセットされる。返済不能でないローンの重みは1だ。返済不能ローンと返済不能でないローンの重みの総和はほぼ等しい。予測値の平均が0.39 %ではなく、58 %になっている。

重み付けが、稀なクラスのオーバーサンプリングと主要なクラスのダウンサンプリングの両方の代わりになる。

損失関数の適応

分類および回帰アルゴリズムの多くは、ある基準、すなわち**損失関数**を最適化する。例えば、ロジスティック回帰では、逸脱度を最小にする。文献には、稀なクラスの問題を避けるために損失関数を修正する提案がある。実際にこれを行うのは困難だ。分類アルゴリズムは複雑であり、修正が難しい。重み付けが損失関数を変える簡単な方法で、より大きな重みのレコードを重視して、重みの軽いレコードでの誤差を無視する。

5.5.3　データ生成

ブートストラップによるアップサンプリング（**「5.5.2　オーバーサンプリングと重み追加／削減」**参照）の一種として、既存のレコードに変動を加味して新たなレコードを作る**データ生成**がある。このアイデアの裏にあるのは、直感的に言えば、限られた個数の事例しか観測していないので、アルゴリズムが分類「規則」を作るほど豊かな情報を持っていないというものだ。既存のレコードとよく似ているが、まったく同じではないレコードを作ることによって、アルゴリズムには、より頑健な規則集合を学ぶ機会が訪れる。この考えは、ブースティングやバギングのような統計モデルの集合（6章参照）とその精神が似通っている。

このアイデアは、SMOTE（Synthetic Minority Oversampling Technique、合成的少数オーバーサンプリング技法）アルゴリズムの発表により、拍車がかかった。SMOTEアルゴリズムでは、オーバーサンプリングしたレコードと同様のレコードを識別（「6.1 k近傍法」参照）して、元のレコードと近傍レコードの平均でランダムに重み付けした合成レコードを作る。重みは、予測変数ごとに別々に生成する。合成したオーバーサンプリングしたレコードの個数は、データセットを成果クラスに関してほぼ均衡させるのに必要なオーバーサンプル率に依存する。

Rには、複数のSMOTE実装がある。不均衡データを扱う最も包括的なパッケージは`unbalanced`だ。これは、最良の手法を選ぶ「レーシング」アルゴリズムを含めてさまざまな技法を提供する。しかし、SMOTEアルゴリズムは単純なので、`FNN`パッケージを使うとRで直接実装できる。

Pythonパッケージ`imbalanced-learn`は、`scikit-learn`で使えるAPIを備えたさまざまなメソッドを実装している。オーバーサンプリングやアンダーサンプリングのためや、これらの技法をブースティングやバギングによる分類に使うためのメソッドも提供する。

5.5.4 コストベース分類

実際には、正確度とAUCは、貧乏人が分類規則を選ぶ方法だ。しばしば、推定コストが偽陽性対偽陰性に割り当てられ、1と0とを分類するときには、これらのコストを組み込んで最良のカットオフを決定するのがより適切となる。例えば、新規ローンの貸し倒れの期待コストをC、完済ローンの期待収益をRとする。ローン全体の期待収益は、次の式で求められる。

$$\text{期待収益} = P(Y=0) \times R + P(Y=1) \times C$$

ローンを単純に返済不能または完済とラベル付けしたり、返済不能の確率を決定するのではなく、ローンの期待収益が正であるかどうか決定する方が理にかなっている。返済不能の予測確率は、そのための中間ステップで、ローンの総価値と組み合わせて、ビジネスの最終的な評価指標である期待利益を決定するのだ。例えば、少額ローンは、予測返済不能確率が少しぐらい高くても、より高額のローンに比べれば、認めてしまってもよいだろう。

5.5.5　予測を探索する

AUCのような単一指標では、その状況のモデルの適切さをすべての側面にわたってとらえることはできない。**図5-8**は、4つの異なるモデルで2つの予測変数borrower_scoreとpayment_inc_ratioだけを使ってローンデータに適合させた決定規則を表示している。モデルは、線形判別分析（LDA）、ロジスティック線形回帰、一般化加法モデル（GAM）を使ったロジスティック回帰への適合、木モデル（**「6.2　木モデル」**参照）だ。右上の領域が返済不能予測に対応する。LDAとロジスティック線形回帰は、この領域でほぼ同じ結果になる。木モデルは、2つのステップで最小正規規則を生成する。ロジスティック回帰のGAM適合は、木モデルと線形モデルとの間を表す。

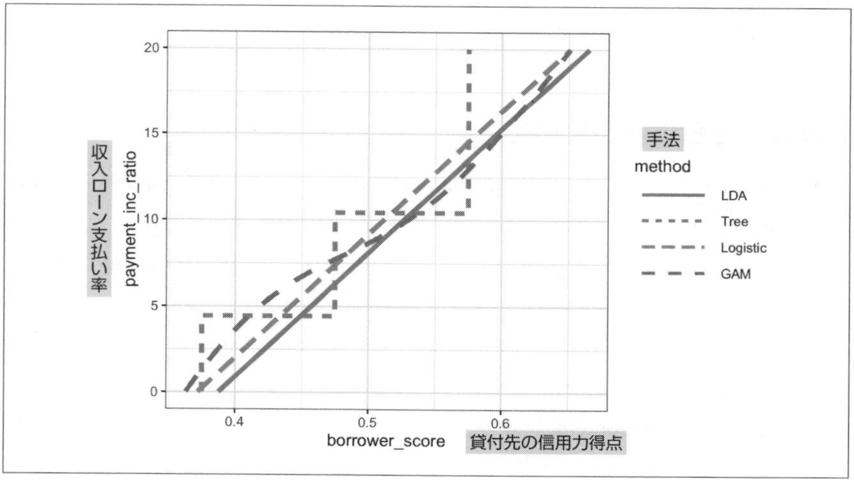

図5-8　4つの異なる手法の分類規則の比較

高次元で予測規則を可視化するのは難しい。GAMと木モデルの場合、そのような規則の領域を生成することすら難しい。

ともかく、予測値の探索的分析は常に役立つことが保証される。

基本事項43

- バランスの非常に悪いデータ（すなわち、対象成果である1が稀）は、分類アルゴリズムにとって問題となる。
- 不均衡データを扱う1つの戦略は、ありふれた事例のアンダーサンプリング（または稀な事例のオーバーサンプリング）によって訓練データを均衡させることだ。
- すべての1を使っても1が少なすぎるなら、稀な事例をブートストラップするか、SMOTEを使って既存の稀な事例と同じような合成データを作る。
- 不均衡データは、通常、1つのクラス（1）を正しく分類することのコストの方が高くて、そのコスト比が評価指標に組み込まれているべきだ。

5.5.6 さらに学ぶために

- 『*Data Science for Business: What You Need to Know about Data Mining and Data-Analytic Thinking*』［Provost-2013］の共著者Tom Fawcettが不均衡クラスについて優れた記事「Learning from Imbalanced Classes」（https://svds.com/learning-imbalanced-classes/）を書いている。
- SMOTEについてさらに調べるには、「SMOTE: Synthetic Minority Over-sampling Technique」［Chawla-2002］がよい。
- Analytics Vidya Content Teamのブログ「Practical Guide to deal with Imbalanced Classification Problems in R」（https://oreil.ly/gZUDs）, March 28, 2016も読むとよい。

5.6 まとめ

2つ（あるいは少数の）カテゴリのどちらにレコードが属するかを予測するプロセスである分類は、予測分析の基本的な手法である。ローンは貸し倒れになるかどうか（yes/no）。前払いできるか。Webサイトの訪問者がリンクをクリックするかどうか。何かを購入するか。保険請求は詐欺ではないかなどの分類問題では、1つのクラスに主に関心があり（例：保険請求詐欺）、二値分類では、そのクラスに1を割り当て、一般的な別のクラスには0を割り当てることが多い。プロセスの主要部分が、対象クラスに属する確率の計算である**傾向スコア**に当てられることが多い。通常のシナリオでは、その対象クラスに属する事例は稀だ。分類の手法やソフトウェアの評価では、単純な正確度を超えるさまざまなモデル評価指標がある。これらは、全レコードを0と分類しても正確度が高くなるような、対象クラスが稀な場合に重要となる。

6章
統計的機械学習

最近の統計学は、回帰および分類の両方の予測モデルに対して、より強力な自動化技法の開発を中心に発展してきた。これらの手法は、これまでの章で説明されてきた手法と同様に**教師あり学習**で、成果が既知のデータで訓練され、新たなデータの成果を予測できるように学習する。これらは、**統計的機械学習**という名前でひとくくりにすることができて、データ駆動でありデータに対し線形などの構造を要求しないという点で、従来の統計手法と一線を画す。例えば、k近傍法は、レコードを類似のレコードがどのように分類されたかに基づいて分類するという点で、極めて単純だ。**決定木**に適用される**アンサンブル学習**に基づいた技法は、最も成功しており広く使われている。アンサンブル学習の基本となるアイデアは、単一モデルによって予測するのではなく、多数のモデルを使うことだ。決定木は、予測変数と目的変数との間の関係について規則を学習する柔軟かつ自動的な技法だ。アンサンブル学習と決定木を組み合わせると、簡単に入手できる最高性能の予測モデル技法になる。

統計的機械学習の多くの手法の開発は、カリフォルニア大学バークレー校のレオ・ブレイマン（**図6-1**）とスタンフォード大学のジェリー・フリードマンという2人の統計学者によって1984年に開発された木モデルに遡る。その後、1990年代のバギングやブースティングのアンサンブル手法の開発が、統計的機械学習の基礎を確立した。

図6-1　レオ・ブレイマンは、バークレー校の統計学教授で、データサイエンティストが使うツールキットの主要な技法を多く開発した。

機械学習と統計学

予測モデルという文脈において、機械学習と統計学の違いは何だろうか。両分野に明確な境界線を引くことはできない。機械学習は、予測モデルを最適化するために、巨大データを扱う効率的なアルゴリズムの開発を主眼に置いている。統計学は一般に、モデルの基盤構造と確率理論に注意を払っている。バギングやランダムフォレスト（**「6.3　バギングとランダムフォレスト」**参照）は、統計学で開発されてきた。他方で、ブースティング（**「6.4　ブースティング」**参照）は、両分野で開発されたが、機械学習分野で注目を浴びている。歴史的な経緯はともかく、ブースティングが両分野で重要な技法であることは今後とも確かだ。

6.1　k近傍法[*1]

k近傍法（KNN）のアイデアは非常に単純だ。分類または予測する各レコードについて次を行う。

1. 類似の特徴量を備えた（すなわち、類似の予測値を持つ）*k*個のレコードを見つける。
2. 分類：この類似レコードの中で多数派クラスを求めて、新たなレコードをそのクラスにする。
3. 予測（KNN回帰とも言う）：類似レコードの平均を求め、新たなレコードについて、その平均値を予測する。

---

*1　原注：本章のこの節以降は、Datastats, LLC, Peter Bruce, Andrew Bruce and Peter Gedeck ©2020から許可を得て転載。

> **基本用語42：k近傍法**
>
> **近傍（neighbor）**
>
> 他のレコードと類似の予測値を持つレコード。
>
> **距離指標（distance metrics）**
>
> あるレコードが他のレコードとどれだけ離れているかを測定して1つの数値にまとめた尺度。
>
> **標準化（standardization）**
>
> 平均値を引いて標準偏差で割ること（関連語：正規化）
>
> **z値（z-score）**
>
> 個々のデータを標準化した結果の値。
>
> **k**
>
> 近傍計算で使われる近傍の個数。

KNNは単純な予測/分類技法の1つだ。（回帰のような）適合モデルはない。これは、KNNの使用が自動的なプロセスであることを意味しない。予測結果は、特徴量がどのようにスケールするか、類似度がどのように測定されるか、*k*がどれだけ大きく設定されるかに依存する。さらに、全予測変数が数値形式でなければならない。分類の例を使ってKNN手法がどのように使われるかを説明する。

6.1.1 簡単な例：ローンの返済不能を予測する

表6-1は、LendingClubの個人ローンデータのレコードの一部を示す。LendingClubは、投資者が資金をプールして個人ローンを提供するソーシャルレンディング業界のリーダーだ。この分析の目標は、新規ローンの結果を、完済か返済不能か予測することだ。

表6-1 LendingClubの個人ローンデータのレコードと列の一部

成果	ローン額	収入	目的	年数	住宅所有形態	州
完済	10000	79100	借金集約	11	持ち家（抵当権）	NV
完済	9600	48000	転居	5	持ち家（抵当権）	TN
完済	18800	120036	借金集約	11	持ち家（抵当権）	MD

成果	ローン額	収入	目的	年数	住宅所有形態	州
返済不能	15250	232000	零細企業	9	持ち家（抵当権）	CA
完済	17050	35000	借金集約	4	賃貸	MD
完済	5500	43000	借金集約	4	賃貸	KS

収入に対する（抵当権を除いた）債務支払い比dtiと、収入に対するローン支払い比payment_inc_ratioの2つの予測変数だけの非常に単純なモデルを考える。両方の比に100を掛ける。200のローンのデータセットloan200と既知の二値成果（予測変数outcome200で指定する返済不能か非返済不能）を使い、kを20に設定する。dti=22.5とpayment_inc_ratio=9で、KNNを使って新規ローンnewloanを予測する計算は次のように行う[*1]。

（R）
```
newloan <- loan200[1, 2:3, drop=FALSE]
knn_pred <- knn(train=loan200[-1, 2:3], test=newloan, cl=loan200[-1, 1], k=20)
knn_pred == 'paid off'
[1] TRUE
```

ローンに対するKNN予測は返済不能だ。

Rには素朴なknn関数があるが、Fast Nearest Neighbor（https://cran.r-project.org/web/packages/FNN/FNN.pdf）の頭文字をとったFNNパッケージは、ビッグデータにも対応して、柔軟性が高い。

Pythonではscikit-learnパッケージにKNNの高速で効率的な実装がある。

（Python）
```
predictors = ['payment_inc_ratio', 'dti']
outcome = 'outcome'

newloan = loan200.loc[0:0, predictors]
X = loan200.loc[1:, predictors]
y = loan200.loc[1:, outcome]

knn = KNeighborsClassifier(n_neighbors=20)
knn.fit(X, y)
knn.predict(newloan)
```

＊1　原注：この例では、loan200データセットの第1行をnewloanとして、これを訓練のためのデータセットから除外する。

この例を**図6-2**に示す。予測する新規ローンは、中央の×だ。四角（完済）と円（返済不能）は訓練データだ。実線は、近傍20点の境界を示す。この場合には、9が返済不能、11が完済となる。したがって、ローンの予測成果は完済だ。3つの近傍だけを考えれば、予測は返済不能となることに注意すること。

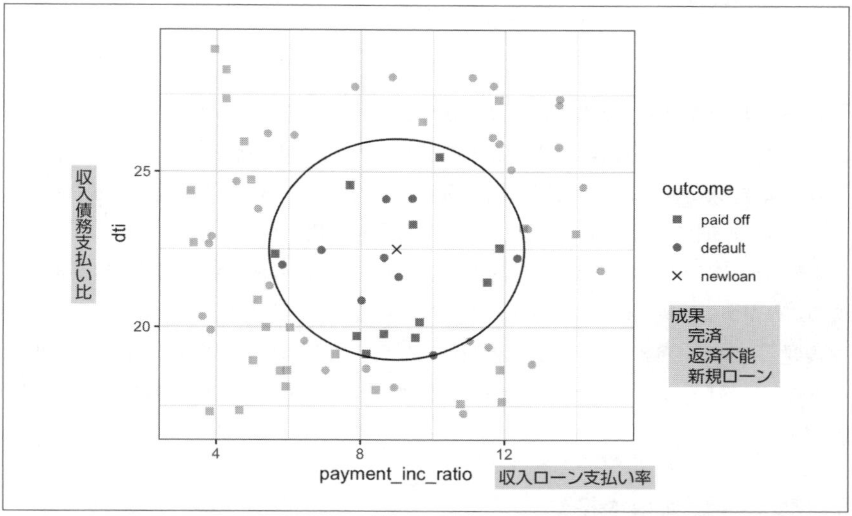

図6-2　2変数、収入債務支払い比と収入ローン支払い比を使ったローン返済不能のKNN予測

分類のKNNの出力は、普通は、ローンデータの返済不能か完済のような二値決定だが、KNNが0から1の確率（傾向）を出力することも一般的だ。確率は、k近傍でのクラスの割合に基づく。直前の例だと、この返済不能確率は、9/20すなわち0.45となる。確率得点を使えば、単純多数決（確率0.5）以外の分類規則も使える。これは、不均衡クラスに関する問題で特に重要となる（**「5.5　不均衡データの戦略」**参照）。例えば、目標が稀なクラスの要素の特定なら、カットオフは通常50％より下に設定される。よく使われるのは、稀な事象の確率をカットオフに使う方式だ。

6.1.2 距離指標

類似性（近さ）は、2つのレコード$(x_1, x_2, ..., x_p)$と$(u_1, u_2, ..., u_p)$が互いにどの程度離れているかを示す関数である距離指標を使って決定する。2つのベクトル間で最もよく使われるのはユークリッド距離だ。ユークリッド距離を測るには、2つのベクトルの各要素について差をとり、それを二乗し、それらを足し合わせて平方根を求める。

$$\sqrt{(x_1-u_1)^2+(x_2-u_2)^2+\cdots+(x_p-u_p)^2}$$

他によく使われるのは、数量データに対するマンハッタン距離だ。

$$|x_1-u_1|+|x_2-u_2|+\cdots+|x_p-u_p|$$

ユークリッド距離は、2点間の直線距離（例：カラスが飛んでいくような直線）に相当する。マンハッタン距離は、2点間を（例えば、市街地での整然とした道路を上下左右に進むように）それぞれ方向が定まった移動距離だ。マンハッタン距離は、類似度が2点間の移動時間で定義されているときに、近似として使える。

2ベクトルの距離測定では、比較的大きなスケールで測られる変数（特徴量）が優勢になることがある。例えば、ローンデータでは、距離が、何万ドル、何十万ドルとかの数字の収入とローン金額という2変数の関数になる。対照的に、比率の変数は、実質的に何もないに等しい。この問題は、データの標準化で対処する（**「6.1.4　標準化（正規化、z値）」**参照）。

他の距離指標

ベクトル間の距離を測る指標には他にも多数の種類がある。数値データでは、2変数の相関を扱えるので、**マハラノビス距離**が魅力的だ。マハラノビス距離は2変数の相関が高ければ有用だ。マハラノビス距離は本質的にこれらを距離に関しては単一の変数としてして扱う。ユークリッド距離とマンハッタン距離は、相関を考慮せず、特徴量の基盤となる属性に実質的により大きな重みを置いている。マハラノビス距離は、主成分間のユークリッド距離だ（**「7.1　主成分分析」**参照）。マハラノビス距離の欠点は、計算の複雑度が増えて、手間がかかることだ。計算には**共分散行列**を使う（**「5.2.1　共分散行列」**参照）。

6.1.3 one-hotエンコーダ

表6-1のローンデータには、いくつかのファクタ（文字列）変数が含まれる。ほとんどの統計および機械学習モデルでは、この種の変数を**表6-2**に示すように同じ情報を含んだ一連の二値ダミー変数に変換する必要がある。住宅の所有状態を「抵当権付き所有」、

「抵当権なし所有」、「賃貸」、「その他」を表す1変数の代わりに、4つの二値変数を使う。第1変数が「抵当権付き所有Yes/No」、第2変数が「抵当権なし所有Yes/No」という具合だ。住宅所有状態というこの予測変数は、1が1つ、0が3つのベクトルになり、統計学および機械学習アルゴリズムで使われる。one-hotエンコーダという言葉はデジタル回路技術に由来し、元は、1ビットだけが正（ホット）になることができる回路を指す。

表6-2　住宅所有ファクタデータを数値ダミー変数で表す

抵当権付き所有	抵当権なし所有	その他	賃貸
1	0	0	0
1	0	0	0
1	0	0	0
1	0	0	0
0	0	0	1
0	0	0	1

線形回帰とロジスティック回帰では、one-hotエンコーダは、多重共線性という問題を引き起こす（**「4.5.2　多重共線性」**参照）。この場合、（他の変数から推論できる）ダミー変数を1つ削除する。これは、本書で説明するKNNやその他の手法では問題にならない。

6.1.4　標準化（正規化、z値）

測定においては、「いくつであるか」には興味がないが「平均からどれだけ違うか」に興味があることがよくある。標準化は**正規化**とも呼ばれるが、平均値を引いて標準偏差で割って全変数を同じスケールにする。こうして、測定されたスケールの違いが、モデルに対して過度に影響を与えないことを保証する。

$$z = \frac{x - \bar{x}}{s}$$

この結果は通常**z値**と呼ばれる。測定は「平均値からどれだけ標準偏差分離れているか」で表される。

統計学の**正規化**は、**データベース正規化**とは異なる。後者は、冗長なデータを削除して、データ依存性を検証する。

KNNや他のいくつかの手続き（例、主成分分析とクラスタリング）においては、手続き適用の前に、データの標準化を検討する必要がある。これを説明するために、dtiとpayment_inc_ratio（**「6.1.1 簡単な例：ローンの返済不能を予測する」**参照）に、リボルビング可能なクレジットの総額revol_balと使用クレジットのパーセントrevol_utilという2つの追加変数を使ってローンデータにKNNを適用する。予測する新レコードを次に示す。

```
newloan
  payment_inc_ratio dti revol_bal revol_util
1            2.3932   1      1687        9.4
```

revol_balの大きさは、単位がドルで、他の変数よりずっと大きい。knn関数は、属性nn.indexとして最近傍のインデックスを返し、これがloan_dfの最も近い5行を示すのに使われる。

（R）
```
loan_df <- model.matrix(~ -1 + payment_inc_ratio + dti + revol_bal +
                          revol_util, data=loan_data)
newloan <- loan_df[1, , drop=FALSE]
loan_df <- loan_df[-1,]
outcome <- loan_data[-1, 1]
knn_pred <- knn(train=loan_df, test=newloan, cl=outcome, k=5)
loan_df[attr(knn_pred, "nn.index"),]

        payment_inc_ratio  dti revol_bal revol_util
35537             1.47212 1.46      1686       10.0
33652             3.38178 6.37      1688        8.4
25864             2.36303 1.39      1691        3.5
42954             1.28160 7.14      1684        3.9
43600             4.12244 8.98      1684        7.2
```

Pythonでは、モデルのあてはめに続き、scikit-learnのkneighborsメソッドを使って訓練集合の最も近い5行を見つける。

（Python）
```
predictors = ['payment_inc_ratio', 'dti', 'revol_bal', 'revol_util']
outcome = 'outcome'

newloan = loan_data.loc[0:0, predictors]
```

```
X = loan_data.loc[1:, predictors]
y = loan_data.loc[1:, outcome]

knn = KNeighborsClassifier(n_neighbors=5)
knn.fit(X, y)

nbrs = knn.kneighbors(newloan)
X.iloc[nbrs[1][0], :]
```

これらの近傍のrevol_balの値は、新たなレコードの値に非常に近いが、他の予測変数は全体に散らばって近傍決定に本質的には役立たない。

これを各変数のz値を計算するR関数scaleを使い、標準データに適用したKNNと比較する。

(R)

```
loan_df <- model.matrix(~ -1 + payment_inc_ratio + dti + revol_bal +
                        revol_util, data=loan_data)
loan_std <- scale(loan_df)
newloan_std <- loan_std[1, , drop=FALSE]
loan_std <- loan_std[-1,]
loan_df <- loan_df[-1,]  ❶
outcome <- loan_data[-1, 1]
knn_pred <- knn(train=loan_std, test=newloan_std, cl=outcome, k=5)
loan_df[attr(knn_pred, "nn.index"),]
        payment_inc_ratio   dti  revol_bal  revol_util
2081              2.61091  1.03       1218         9.7
1439              2.34343  0.51        278         9.9
30216             2.71200  1.34       1075         8.5
28543             2.39760  0.74       2917         7.4
44738             2.34309  1.37        488         7.2
```

❶ loan_dfからも先頭行を取り除き、行番号を対応させる必要がある。

Pythonではsklearn.preprocessing.StandardScalerメソッドで予測変数をまず訓練し、KNNモデル訓練の前にデータセットを変換する。

(Python)

```
newloan = loan_data.loc[0:0, predictors]
X = loan_data.loc[1:, predictors]
y = loan_data.loc[1:, outcome]
```

```
scaler = preprocessing.StandardScaler()
scaler.fit(X * 1.0)

X_std = scaler.transform(X * 1.0)
newloan_std = scaler.transform(newloan * 1.0)

knn = KNeighborsClassifier(n_neighbors=5)
knn.fit(X_std, y)

nbrs = knn.kneighbors(newloan_std)
X.iloc[nbrs[1][0], :]
```

5つの最近傍はすべての変数の中で最も近い数値となっており、より納得できる結果となる。結果が元のスケールで表示されているが、KNNはスケーリングしたデータと予測される新ローンに適用されている。

z値の使用は、変数を再スケールする一手段にすぎない。中央値のようなより頑健な推定値を平均値の代わりに使うことができる。さらに、四分位範囲のような異なる推定スケールを標準偏差の代わりに使うこともできる。場合によると、変数が0から1までの範囲に「圧縮」されていることがある。各変数を単位分散にスケールするのも任意であることを認識しておくのが重要だ。これは、予測能力に関しては各変数の重要度が変わらないことを意味する。対象分野に関する知識があり、ある変数が他より重要であると確信が持てる場合は、それをスケールアップしてもよい。例えば、ローンデータでは、収入に対する支払い率は非常に重要だと予想される。

正規化（標準化）は、分布の形を変えない。既に正規分布の形になっていない限り、正規分布の形に変えることはない（**「2.6　正規分布」**参照）。

6.1.5　kの選択

kの選択はKNNの性能にとって非常に重要だ。一番簡単な選択は$k=1$とすることで、1近傍分類器と呼ばれる。予測は直感的だ。訓練集合で予測する新レコードに最も類似したデータレコードを探すということに基づいている。$k=1$という設定が最善であることは稀だ。$k>1$近傍を用いることで、より優れた性能がほぼ常に得られる。

一般的に、kが小さすぎると過剰適合になり、データにノイズが含まれる。kをより大きな値にすれば、訓練データでの過剰適合のリスクを減らすように平滑化できる。反対に、kが大きすぎると、データを過度に平滑化して、KNNの主たる利点であるデータの局所構造をとらえるという能力を失ってしまう。

過剰適合と過剰平滑化との最良のバランスをとるkは、正確度指標、特に、ホールドアウトデータや検証データの正確度で決定される。最良のkに関する一般規則は存在せず、データの性質に大きく依存する。ノイズが少ない高度に構造化されたデータでは、小さいkが一番よく機能する。信号処理分野での用語を借りれば、この種のデータはSN比（SNR、信号対ノイズ比）が高い。高いSN比のデータ例は、手書き文字認識や音声認識だ。構造化されておらずノイズの多い（SN比が低い）データは、ローンデータのように、大きなk値の方が適切だ。通常、k値は1から20の範囲になる。同順位を避けるため、kを奇数にとることも多い。

バイアスと分散のトレードオフ

過剰平滑化と過剰適合の綱引きは、統計的モデル適合ではお馴染みの**バイアスと分散のトレードオフ**問題の一例だ。分散は、訓練データ選択に起因するモデル化誤差を示す。すなわち、別の訓練データセットを選べば、結果のモデルは異なる。バイアスは、基盤となる実世界シナリオを正しく把握していなかったために生じたモデル化誤差を指す。この誤差は、訓練データをもっと追加するだけでは解消しない。柔軟なモデルが過剰適合すると、分散が増大する。この分散は、より単純なモデルを使うことで減らせるが、実際の基盤となる状況をモデル化する柔軟性を失うためにバイアスが増えてしまう。このトレードオフを扱う一般的な方式は、**交差検証**による。より詳細については、**「4.2.3　交差検証」**参照。

6.1.6　特徴量エンジンとしてのk近傍法

k近傍法（KNN）は、単純さと直感的にわかりやすいことから普及した。性能に関してKNNそのものは、より高度な分類技法に普通はかなわない。しかし、実際のモデル適合では、他の分類技法を用いた段階的なプロセスで、「局所知識」を追加するためにKNNを使うことができる。

1. KNNをデータで実行し、各レコードに対して分類（または、クラスの準確率）を求める。
2. 上の結果をレコードの新特徴量として追加し、別の分類技法をデータについて実行する。元の予測変数をこのようにして2度使う。

最初は、予測変数を2度使うことから、このプロセスが多重共線性（**「4.5.2 多重共線性」**参照）を引き起こさないか心配になるだろう。これは、第2段階のモデルに組み込まれる情報が高度に局所的で、近傍のわずかなレコードからしかもたらされないので、追加情報が冗長にならず、問題とはならない。

KNNのこの段階的使用を、複数の予測モデリングが一緒に使われるアンサンブル学習の一種と考えることもできる。また、目的が予測能力を備えた特徴量（予測変数）の導出である特徴量エンジニアリングの一形式ともみなすことができる。これには、データのレビューが必要となることもしばしばある。KNNではこれがかなり自動化される。

例えば、キング郡の住宅データを考えよう。住宅の販売価格について、業者は、「comps」と呼ばれる最近売れた同じような住宅の価格を参考にする。要するに、不動産業者は、KNNを手作業で実行しているのだ。同様の住宅の販売価格を調べて、住宅の価格を推定する。最近の販売データにKNNを適用すれば、統計モデルで、不動産業者をまねることができる。予測値は販売価格で、既存予測変数に地域、住宅面積、寝室と浴室の個数を含むことができる。KNNで追加した新たな予測変数（特徴量）は、各レコードの（不動産業者のcompsと同じような）KNN予測変数だ。数値を予測しているので、（KNN回帰という）多数決の代わりに、k近傍の平均値が使われる。

同様に、ローンデータでは、ローンプロセスのさまざまな局面を表す特徴量を導出できる。例えば、次のRのコードで、貸付先の信用力を表す特徴量を導出できる。

```
(R)
borrow_df <- model.matrix(~ -1 + dti + revol_bal + revol_util + open_acc +
                          delinq_2yrs_zero + pub_rec_zero, data=loan_data)
borrow_knn <- knn(borrow_df, test=borrow_df, cl=loan_data[, 'outcome'],
                  prob=TRUE, k=20)
prob <- attr(borrow_knn, "prob")
borrow_feature <- ifelse(borrow_knn == 'default', prob, 1 - prob)
summary(borrow_feature)
```

```
   Min. 1st Qu.  Median    Mean 3rd Qu.    Max.
  0.000   0.400   0.500   0.501   0.600   0.950
```

Pythonではscikit-learnで訓練モデルにpredict_probaメソッドを使い確率を求める。

(Python)
```
predictors = ['dti', 'revol_bal', 'revol_util', 'open_acc',
              'delinq_2yrs_zero', 'pub_rec_zero']
outcome = 'outcome'

X = loan_data[predictors]
y = loan_data[outcome]

knn = KNeighborsClassifier(n_neighbors=20)
knn.fit(X, y)

loan_data['borrower_score'] = knn.predict_proba(X)[:, 1]
loan_data['borrower_score'].describe()
```

結果は、貸付先が返済不能になる尤度をクレジット履歴に基づいて予測する特徴量となる。

基本事項44

- k近傍法（KNN）は、レコードに対して類似のレコードが属していたクラスを割り当てて、分類を行う。
- 類似性（距離）は、ユークリッド距離や他の関連指標により決定される。
- レコードと比較する最近傍の個数kは、さまざまなkの値を用いて、訓練データでこのアルゴリズムの性能がどの程度になるかで決定できる。
- 通常、予測変数は標準化され、大きなスケールの変数が距離指標で優勢にならないようにする。
- KNNは、予測モデルの第1ステージとして使われることが多く、予測値は第2ステージ（非KNN）モデル化の予測変数としてデータに追加的に戻される。

6.2 木モデル

木モデルは、**分類回帰木**（CART：Classification and Regression Trees [*1]）や決定木、あるいは単に木と呼ばれ、レオ・ブレイマンらが1984年に初めて開発した効果的で一般的な分類（および回帰）手法だ。木モデルとそのより強力な後継手法である**ランダムフォレストやブースティング**（**「6.3　バギングとランダムフォレスト」**および**「6.4　ブースティング」**参照）は、回帰と分類の両方で、データサイエンスの広く使われる強力な予測モデルのツール基盤を形成している。

基本用語43：木

再帰分割（recursive partitioning）

最終的な分割での成果をできるだけ一様なものにするという目標で、データを繰り返し分割すること。

分割値（split value）

レコードを予測値が分割値より小さくなるものと、大きくなるものとに分割する予測値。

節点（node）

決定木において、あるいは、対応分岐規則の集合において、節点は図式または規則表現した分割値。

葉（leaf）

if-then-else規則または木の分岐の集合の末端。葉に到達した規則は、木のレコードに対する分類規則になる。

損失（loss）

分割プロセスのステージでの誤分類の個数。損失が多ければ多いほど、不純度が上がる。

不純度（impurity）

データの分割された部分で混合クラスが見つかる度合（混合が多いほど、不純度が高い）（関連語：異質性。反対語：同質性、純度）

＊1　原注：CARTは、木モデル実装に対するSalford Systemsの登録商標。

刈り込み（pruning）

完全に生育した木に対して、順次枝を刈り込んで過剰適合をなくすプロセス。

木モデルは、わかりやすく実装も容易な「if-then-else」規則集合だ。回帰やロジスティック回帰とは対照的に、木には、データでの複雑な交互作用に対応する隠れたパターンを発見する能力がある。KNNやナイーブベイズとは異なり、単純木モデルは、解釈が簡単な予測変数関係で表現できる。

オペレーションズリサーチにおける決定木

「決定木」という用語は、意思決定科学やオペレーションズリサーチでの異なる（そして古い）意味として、人間の意思決定分析を指す。この意味では、決定点、可能成果、推定確率が分岐図式に示されて、最大期待値を持つ決定路が選択される。

6.2.1 簡単な例

Rでは、木モデルに対応する主たるパッケージとしてrpartとtreeがある。rpartパッケージを使い、変数payment_inc_ratioとborrower_score（データの表現については**「6.1 k近傍法」**参照）を用いて3,000レコードのローンデータにモデルを適合させる例を取り上げる。

（R）
```
library(rpart)
loan_tree <- rpart(outcome ~ borrower_score + payment_inc_ratio,
                   data=loan3000, control=rpart.control(cp=0.005))
plot(loan_tree, uniform=TRUE, margin=0.05)
text(loan_tree)
```

Pythonではsklearn.tree.DecisionTreeClassifierが決定木の実装を提供する。dmbaパッケージは、Jupyter Notebookの内部で可視化するのに便利な関数を提供する。

（Python）
```
predictors = ['borrower_score', 'payment_inc_ratio']
```

```
outcome = 'outcome'

X = loan3000[predictors]
y = loan3000[outcome]

loan_tree = DecisionTreeClassifier(random_state=1, criterion='entropy',
                                   min_impurity_decrease=0.003)
loan_tree.fit(X, y)
plotDecisionTree(loan_tree, feature_names=predictors,
                 class_names=loan_tree.classes_)
```

結果の木を**図6-3**に示す。実装の違いによって、RとPythonの結果は同じにならない。これは予期されることだ。根から始めて葉に達するまで、節点が真なら左に、真でないなら右に移動しながら、階層木を横断することによって分類規則が決定される。

通常、木は逆さまに記述され、根が一番上で葉が一番下になる。例えば、`borrower_score`が0.6で`payment_inc_ratio`が8.0のローンをすると、左端の葉に到達するので、予測が完済となる。

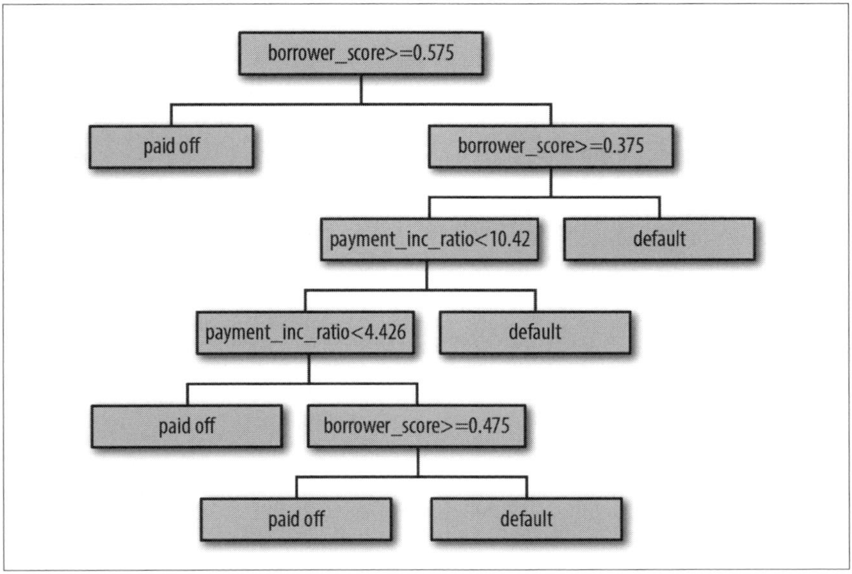

図6-3 ローンデータに適合する単純木モデルの規則

木の出力もRで簡単に作れる。

(R)
```
loan_tree
n= 3000

node), split, n, loss, yval, (yprob)
    * denotes terminal node

1) root 3000 1445 paid off (0.5183333 0.4816667)
  2) borrower_score>=0.575 878  261 paid off (0.7027335 0.2972665) *
  3) borrower_score< 0.575 2122  938 default (0.4420358 0.5579642)
    6) borrower_score>=0.375 1639  802 default (0.4893228 0.5106772)
      12) payment_inc_ratio< 10.42265 1157  547 paid off (0.5272256 0.4727744)
        24) payment_inc_ratio< 4.42601 334  139 paid off (0.5838323 0.4161677) *
        25) payment_inc_ratio>=4.42601 823  408 paid off (0.5042527 0.4957473)
          50) borrower_score>=0.475 418  190 paid off (0.5454545 0.4545455) *
          51) borrower_score< 0.475 405  187 default (0.4617284 0.5382716) *
      13) payment_inc_ratio>=10.42265 482  192 default (0.3983402 0.6016598) *
    7) borrower_score< 0.375 483  136 default (0.2815735 0.7184265) *
```

木の深さは、段落の深さで示される。各節点は、その分割部分の優勢な成果により決定される暫定的分類に対応する。「損失」は、その区分での暫定分類による誤分類の個数だ。例えば、節点2においては、全体で878レコードのうち261個の誤分類となる。括弧の中の数値はそれぞれ完済と返済不能のレコードの割合に相当する。例えば、節点13においては、レコードの60％以上が返済不能なので、返済不能と予測する。

scikit-learnのドキュメントには、決定木モデルのテキスト表現をどう作るかの記述がある。dmbaパッケージには便利な関数も含めておいた。

(Python)
```
print(textDecisionTree(loan_tree))
--
node=0 test node: go to node 1 if 0 <= 0.5750000178813934 else to node 6
  node=1 test node: go to node 2 if 0 <= 0.32500000298023224 else to node 3
    node=2 leaf node: [[0.785, 0.215]]
    node=3 test node: go to node 4 if 1 <= 10.42264986038208 else to node 5
      node=4 leaf node: [[0.488, 0.512]]
      node=5 leaf node: [[0.613, 0.387]]
  node=6 test node: go to node 7 if 1 <= 9.19082498550415 else to node 10
```

```
node=7 test node: go to node 8 if 0 <= 0.7249999940395355 else to node 9
  node=8 leaf node: [[0.247, 0.753]]
  node=9 leaf node: [[0.073, 0.927]]
node=10 leaf node: [[0.457, 0.543]]
```

6.2.2 再帰分割アルゴリズム

決定木を構築するアルゴリズムは、**再帰分割**と呼ばれ、直感的で素直なものだ。データは、予測値を使って繰り返し分割され、比較的一様な分割となる。**図6-3**の木に対して分割した図を**図6-4**に示す。最初の規則は`borrower_score >= 0.575`であり、プロット中では規則1（実線）で示される。第2の規則は`borrower_score < 0.375`で、左側の領域を分割する。

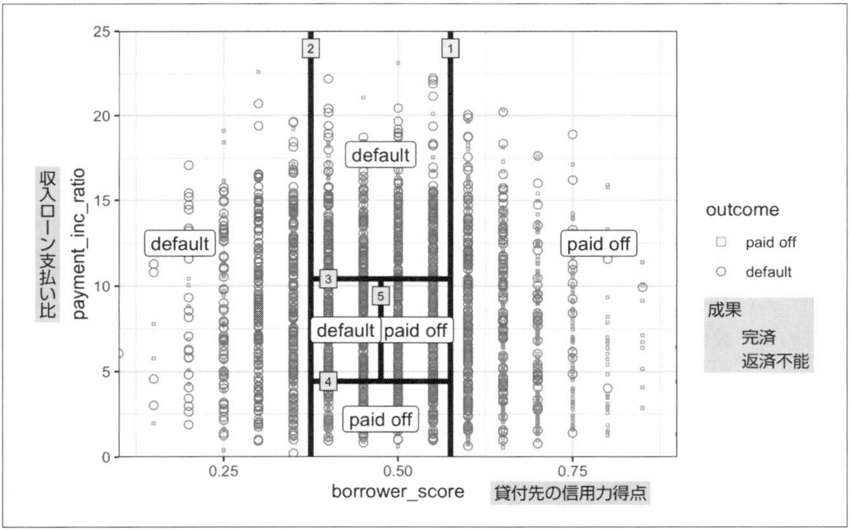

図6-4 ローンデータに適合する簡単な木モデルの最初の3規則

応答変数Yと$j = 1, \cdots, P$について、P個の予測変数X_jがあるとする。レコードの区画Aに対して、再帰分割がAを2つの部分に分割する最良の方法を次のようにして見つける。

1. 各予測変数X_jについて、
   a. X_jの各値s_jについて、

i. Aのレコードで、X_jの値＜s_jを1つの区画に、$X_j \geq s_j$のレコードを別の区画に分割する。

ii. Aの各区画の中でクラスの同質性を測定する。

b. クラスの区画内の同質性が最大になるs_jの値を選ぶ。

2. 変数X_jと分割値s_jをクラスの区画内の同質性が最大となるように選ぶ。

次に再帰部分が来る。

1. データセット全体でAを初期化する。
2. 分割アルゴリズムを適用して、Aを区画A_1とA_2とに分割する。
3. 区画A_1とA_2とにステップ2を繰り返す。
4. 区画の同質性を十分改善する区画分割ができなくなるまで、アルゴリズムを繰り返す。

最終結果は、P次元を除いて**図6-4**のようにデータ分割される。それぞれの区画では、その区画における応答の多数決に応じて成果が0または1に予測される。

二値0/1予測の他に、木モデルは区画での0と1との個数に基づいて確率推定を行うことができる。推定は、0か1の和を区画での観測数で単に割ったものだ。

$$\mathrm{Prob}(Y = 1) = \frac{\text{区画における1の個数}}{\text{区画のサイズ}}$$

推定したProb$(Y = 1)$は、この後で二値決定に変換できる。例えば、Prob$(Y = 1)$＞0.5なら推定を1にする。

6.2.3 同質性または不純度の測定

木モデルは再帰的に分割区画（レコード集合）Aを作り、成果$Y = 0$または$Y = 1$を予測する。先ほどのアルゴリズムから、区画においてクラス純度とも呼ばれる同質性を測定する方法が必要となる。すなわち、同じことだが、区画の不純度を測定する必要がある。予測の正確度は、区画内で誤分類されたレコードの割合pで、0（完全）から0.5（まったくランダムな当て推量）の範囲になる。

正確度は、不純度の測定としては適切でないことがわかっている。代わりに使われる不純度に関する2つの一般的な指標は、ジニ不純度と**情報エントロピー**だ。これらの

（および他の）不純度指標は3つ以上のクラスの分類問題に適用できるが、本節では二値の場合に焦点を絞る。レコード集合Aのジニ不純度は次で求められる。

$$I(A) = p(1 - p)$$

エントロピー指標は次で求められる。

$$I(A) = -p\log_2(p) - (1 - p)\log_2(1 - p)$$

図6-5は、ジニ不純度（スケール修正済み）とエントロピー指標が似ている状態を示しているが、中程度またはそれ以上の正確度に対してはエントロピーがより高い不純度得点を与える。

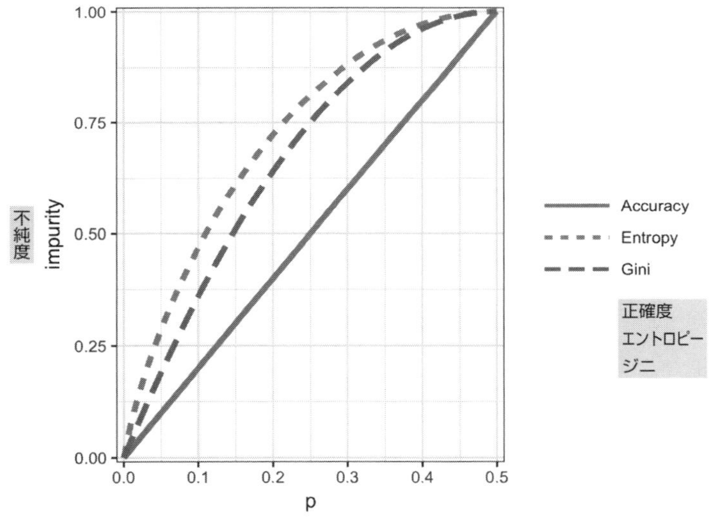

図6-5　ジニ不純度とエントロピー指標

ジニ係数

ジニ不純度をジニ係数と混同してはならない。これらは同じような概念を表すが、ジニ係数は二値分類問題に限られており、AUC指標（**「5.4.5　AUC」**参照）に関係する。

不純度指標は、既に述べた分割アルゴリズムで使われる。データの提案された分割ごとに、分割による結果の区画の各々について不純度を測定する。それから加重平均を計算し、(各段階で)加重平均が最小のものを選ぶ。

6.2.4 木の成長を止める

木が大きくなると、分割規則はより詳細なものになり、データにおける実際の信頼できる関係を同定する「大きな」規則を定めることから、ノイズだけを反映した「小さな」規則に移ってしまう。完全に成長した木は、まったく純粋な葉だけからなり、訓練されたデータを100%正確に分類する。この正確度は、もちろん、非現実的なもので、データに過剰適合(★257ページのメモ**「バイアスと分散のトレードオフ」**参照)しており、新たなデータで識別したい信号ではなく、訓練データでのノイズに適合している。

新たなデータに一般化する段階で木の成長をいつ止めるかを決定する方法が必要だ。分割停止の方法としてRとPythonではさまざまなものがある。

- 分割した結果があまりに小さいなら、あるいは、終端の葉があまりに小さくなったら、分割を停止する。Rの`rpart`では、このような制約がパラメータ`minsplit`と`minbucket`で制御される。それぞれのデフォルト値は`20`と`7`だ。Pythonの`DecisionTreeClassifier`では、パラメータ`min_samples_split`(デフォルトは2)と`min_samples_leaf`(デフォルトは1)を使ってこれを制御する。
- 新たな区分が不純度を「有意に」削減しない限り、分割してはならない。Rの`rpart`では、木の複雑さを測定する、**複雑度パラメータ**`cp`で制御する。複雑なほど、`cp`の値が大きくなる。実際には、木の複雑度が増す(分割する)と罰則を付加することにより、木の成長を制限するように`cp`を使う。Pythonの`DecisionTreeClassifier`にはパラメータ`min_impurity_decrease`があり、重み付き不純度削減値に基づいて分割を制限する。

これらの手法は、任意の規則を含めて、探索作業に役立てることができるが、最適値(すなわち、新たなデータへの予測正確度を最大にする値)はやすやすとは決定できない。交差検証と、系統的なモデルパラメータの変更または刈り込みによる木の変更のいずれかを組み合わせる必要がある。

6.2.4.1 木の複雑さをRで制御する

複雑度パラメータ`cp`で、新たなデータにどれだけのサイズが最良かを推定できる。`cp`があまりに小さすぎる場合は、木がデータに過剰適合しており、信号ではなくノイズに適合している。他方、cpが大きすぎる場合は、木が小さすぎて、予測能力に劣る。rpartのデフォルト値は0.01だが、大きなデータセットでは、これが大きすぎることがある。先ほどの例では、cpは、デフォルト値では分割が1つだけなので、0.005に設定されていた。探索分析では、数個の値を試すだけで十分だ。

最適なcpの決定は、バイアス-分散トレードオフの一例だ。cpに適した値を推定するには、普通は交差検証（**「4.2.3　交差検証」**参照）を使う。

1. データを訓練集合と検証（ホールドアウト）集合に分割する。
2. 訓練データで木を成長させる。
3. 段階的に木を刈り込んで、各段階でcpを（訓練データを使い）記録する。
4. 検証データで最小誤差（損失）に対応するcpに注意する。
5. データを訓練集合と検証集合とに再分割する。成長、刈り込み、cp記録の過程を繰り返す。
6. これを再度繰り返し、各木で最小誤差を反映するcpの平均をとる。
7. 元のデータまたは将来のデータに戻り、木を成長させ、この最適cp値で停止する。

rpartでは、引数cptableを使って、cp値と関連する交差検証誤差（Rだとxerror）の表を作り、そこから最低交差検証誤差のcp値を決定できる。

6.2.4.2　木の複雑さをPythonで制御する

scikit-learnの決定木実装では、cpp_alphaが複雑度のパラメータだ。そのデフォルト値は0で、木が刈り込まれていないことを意味する。この値を増やすと、より小さな木になる。GridSearchCVクラスを使って最適値を求めることができる。

この他にも木のサイズを制御する多数のモデルパラメータがある。例えばmax_depthを5から30、min_samples_splitを20から100まで変えてみる。この場合もscikit-learnのGridSearchCVが交差検証においてあらゆる組み合わせを網羅して探索するのに便利だ。交差検証したモデル性能で最適パラメータ集合を選ぶ。

6.2.5　連続値を予測する

連続値（回帰という用語も使う）を木で予測するのも、同じ論理と手続きを使うが、不純度を各分割における平均からの二乗偏差（平方誤差）で測り、予測性能が平均平方誤差の平方根（RMSE）で判断する（**「4.2.2　モデルの評価」**参照）ところが異なる。

`scikit-learn`には決定木回帰モデルを訓練する`sklearn.tree.DecisionTreeRegressor`メソッドがある。

6.2.6 木の使い方

会社などの組織で業務を行う予測モデル担当者が直面する大きな障害が1つある。それは、使っている手法の「ブラックボックス」という性質であり、それによって組織の他の部分から反対が起こる。この点に関して、木モデルには次の2つの利点がある。

- 木モデルは、データ探索の可視化ツールを提供し、どの変数が重要で、互いにどのように関係するかを示す。木では、予測変数間の非線形関係もとらえられる。
- 木モデルでは、実装のためであれデータマイニングプロジェクトを「売り込む」ためであれ、非専門家とも効果的にコミュニケーションできる一連のツールが提供されている。

しかし、予測という点に関しては、複数の木から結果を導く方が、1つの木だけを使うよりも強力だ。特に、ランダムフォレストと木のブースティングとは、ほとんど常に、予測正確度と性能において優れている（**「6.3　バギングとランダムフォレスト」**および**「6.4　ブースティング」**参照）が、既に述べたような1つの木による利点を失っている。

基本事項45

- 決定木は、成果を分類したり予測する一連の規則を生成する。
- 規則は、データを部分分割することに対応する。
- 各分割とその部分区画は、予測変数の値に対応し、予測値が分割値の上か下かに応じてデータをレコードに分割する。
- 木アルゴリズムは、各段階で各部分区画中で成果の不純度が最小になる分割を選ぶ。
- 分割ができなくなれば、木は完全に成長して、各終端節点または葉が1つのクラスのレコードを持つ。その規則（分割）に従う新たな事例は、そのクラスに割り当てられる。
- 完全成長木は、データに過剰適合しており、ノイズではなく信号を捕捉するために刈り込まねばならない。

■ ランダムフォレストや木のブースティングでできた複数の木アルゴリズムは、予測性能が優れているが、1つの木でできたルールベースの説得力は失われる。

6.2.7 さらに学ぶために

- Analytics Vidya Content Teamのブログ（https://www.analyticsvidhya.com/blog/2016/04/complete-tutorial-tree-based-modeling-scratch-in-python/), April 12, 2016を読むと良い。
- Terry M. Therneau, Elizabeth J. Atkinson, and the Mayo Foundationによる「An Introduction to Recursive Partitioning Using the RPART Routines」(https://cran.r-project.org/web/packages/rpart/vignettes/longintro.pdf), April 11, 2019。

6.3 バギングとランダムフォレスト

1906年に統計学者のゴルトンが英国の家畜の品評会場を訪れていた。そこでは、雄牛の体重を当てる催しがあった。800通の応募があり、それぞれの推測した値は大きく変動していたが、平均値と中央値とは真の体重から1％以内に収まっていた[*1]。ジェームズ・スロウィッキーは、この現象を『「みんなの意見」は案外正しい』（The Wisdom of Crowds）[Suroweicki-2005]という自著で取り上げている。この原理は、予測モデルにも適用できる。モデルの**アンサンブル**と呼ばれる複数モデルの平均をとる（多数決をとる）ことで、1つのモデルを選択するよりも正確になる。

基本用語44：バギングとランダムフォレスト

アンサンブル（ensemble）

モデルの集まりを用いて予測を形成する（関連語：モデル平均）

*1 訳注：スロウィッキーの原著のNotesにも記述があるが、Francis Galton, “Vox Populi,” Nature 75 (March 7, 1907) (http://galton.org/essays/1900-1911/galton-1907-vox-populi.pdf) に報告されている。雄牛を解体した肉の総重量を当てるもので、有効値は787件。真の値1198ポンドに対して、平均値が1197ポンドだった。

バギング（bagging）
　データをブートストラップすることによりモデルの集まりを作る一般技法（関連語：ブートストラップ集約）

ランダムフォレスト（random forest）
　決定木モデルに基づいたバギング推定の一種（関連語：バギング決定木）

変数の重要度（variable importance）
　モデルの性能における予測変数の重要度の指標。

アンサンブル方式は、多くの異なるモデル化手法において適用されてきた。一般に広く知られた例は、Netflix Prizeで、Netflixのユーザの映画に対する評価予測を10％向上させたモデルを提案した人に対して、Netflixが百万ドルの賞金を提供したものだ。アンサンブルの簡単なものは次のようになる。

1. データセットに対して、予測モデルを開発して、予測を記録する。
2. 同じデータに対して、複数のモデル作成を繰り返す。
3. 予測の記録の各々について、予測の平均（または加重平均、または多数決）をとる。

アンサンブル法は、決定木に対して最も系統的かつ効果的に適用されてきた。アンサンブル木モデルは、非常に強力で、比較的少ない努力で良好な予測モデルを構築する方式となる。

単純なアンサンブルアルゴリズムを超えたのが、**バギング**と**ブースティング**という2大アンサンブルモデルだ。アンサンブル木モデルの場合には、これらが**ランダムフォレスト**モデルと**ブースティング木**モデルになる。本節ではバギングに焦点を絞る。ブースティングは「**6.4　ブースティング**」で扱う。

6.3.1 バギング

バギング（bagging）は、「ブートストラップ集約（Bootstrap AGGregatING）」の略で、レオ・ブレイマンが1994年に導入した。N個のレコードに対して応答変数YとP個の予測変数$\mathbf{X} = X_1, X_2, ..., X_p$があるものと仮定しよう。

バギングは、簡単なアンサンブルアルゴリズムと似たものだが、同じデータに対してさまざまなモデルを適合させる代わりに、ブートストラップリサンプリングに対して新モデルをそれぞれ適合させる。より正確には次のようなアルゴリズムになる。

1. 適合させるモデル数をMとして、選択するレコード数をn（$n<N$）とする。イテレーションの制御変数を$m=1$とする。
2. 訓練データからn個のレコードをブートストラップリサンプリング（すなわち、復元抽出）で取り出し、部分サンプルY_mと$\mathbf{X}_m$（バッグ）を作る。
3. Y_mと$\mathbf{X}_m$を使ってモデルを訓練して、決定規則集合$\hat{f}_m(\mathbf{X})$を作る。
4. $m=m+1$とモデルカウンタを増やす。$m \leqq M$なら、ステップ2に戻る。

$\hat{f}_m$が確率$Y=1$を予測する場合には、バギング推定が次で得られる。

$$\hat{f} = \frac{1}{M}\left(\hat{f}_1(\mathbf{X}) + \hat{f}_2(\mathbf{X}) + \cdots + \hat{f}_M(\mathbf{X})\right)$$

6.3.2 ランダムフォレスト

ランダムフォレストは、バギングを決定木に適用したものだが、レコードのサンプリングの他に、変数のサンプルをとるという重要な拡張を行っている[*1]。伝統的な決定木においては、区画Aの分割を行う際に、アルゴリズムがジニ不純度（**「6.2.3 同質性または不純度の測定」**参照）のような基準値を最小化する変数と分割点とを選択する。ランダムフォレストでは、アルゴリズムの各段階で、変数の選択が変数のランダム部分集合に限られる。基本的な木のアルゴリズム（**「6.2.2 再帰分割アルゴリズム」**参照）と比較して、ランダムフォレストは、ステップを2つ追加している。既に述べたバギング（**「6.3 バギングとランダムフォレスト」**参照）と分割のそれぞれでの変数のブートストラップサンプリングだ。

1. レコードからブートストラップサンプリング（復元抽出）を行う。
2. 最初の分割では、p個（$p<P$）の変数を無作為非復元抽出する。
3. サンプリングした変数$X_{j(1)}, X_{j(2)}, ..., X_{j(p)}$の各々について、次の分割アルゴリズムを適用する。
   a. $X_{j(k)}$の各値$s_{j(k)}$について、
      i. 区画Aの$X_{j(k)} < s_{j(k)}$のレコードは1つの区画に、$X_{j(k)} \geqq s_{j(k)}$の残りのレ

---

*1 原注：random forestという用語は、Leo BreimanとAdele Cutlerの登録商標でSalford Systemsにライセンス供与されている。商標のない標準名は存在しない。つまり、random forestという用語はティッシュのKleenex（または、コピーのXerox）と同じだ。

コードは別の区画、のように分割する。

ii. Aの各部分区画中でクラスの同質性を測定する。

b. 各部分区画内のクラスの同質性を最大にする分割値$s_{j(k)}$の値を選ぶ。

4. 各部分区画内のクラスの同質性を最大にする分割値$s_{j(k)}$と変数$X_{j(k)}$を選ぶ。
5. 次の分割に進み、ステップ2から始めて以前のステップを繰り返す。
6. 木が成長するまで、同じ手続きに従って追加の分割を続ける。
7. ステップ1に戻る。別のブートストラップリサンプリングを行い、プロセスを再開する。

各ステップで何個の変数をサンプリングするだろうか。大雑把に言えば、Pを予測変数の個数とすると、$\sqrt{P}$になる。パッケージrandomForestは、Rでランダムフォレストを実装している。次のコードは、このパッケージをローンデータに適用する（データについては「**6.1 k近傍法**」参照）。

(R)
```
rf <- randomForest(outcome ~ borrower_score + payment_inc_ratio,
                   data=loan3000)
rf

Call:
 randomForest(formula = outcome ~ borrower_score + payment_inc_ratio,
     data = loan3000)
            Type of random forest: classification
                  Number of trees: 500
No. of variables tried at each split: 1

            OOB estimate of error rate: 39.17%
Confusion matrix:
        default  paid off  class.error
default     873       572   0.39584775
paid off    603       952   0.38778135
```

Pythonでは、sklearn.ensemble.RandomForestClassifierメソッドを使う。

(Python)
```
predictors = ['borrower_score', 'payment_inc_ratio']
outcome = 'outcome'
```

```
X = loan3000[predictors]
y = loan3000[outcome]

rf = RandomForestClassifier(n_estimators=500, random_state=1, oob_score=True)
rf.fit(X, y)
```

デフォルトでは、500の木を訓練する。予測集合には2変数しかないので、アルゴリズムは各段階で分割する変数を無作為に選ぶ（すなわち、ブートストラップサンプリングのサイズが1）。

誤差のOOB（out-of-bag）推定は、木の訓練集合から取り残されたデータに適用する、訓練モデルの誤差率だ。Rではモデルの出力を用いて、OOB誤差をランダムフォレストの木の個数に対してプロットできる。

(R)

```
error_df = data.frame(error_rate=rf$err.rate[,'OOB'],
                      num_trees=1:rf$ntree)
ggplot(error_df, aes(x=num_trees, y=error_rate)) +
  geom_line()
```

Pythonの`RandomForestClassifier`実装にはOOB推定を簡単に行う方法がない。分類器のシーケンスを木の個数を増やしながら訓練して`oob_score_`値をトラックすることができる。この方法はあまり効率的ではない。

(Python)

```
n_estimator = list(range(20, 510, 5))
oobScores = []
for n in n_estimator:
    rf = RandomForestClassifier(n_estimators=n, criterion='entropy',
                                max_depth=5, random_state=1, oob_score=True)
    rf.fit(X, y)
    oobScores.append(rf.oob_score_)
df = pd.DataFrame({ 'n': n_estimator, 'oobScore': oobScores })
df.plot(x='n', y='oobScore')
```

結果を**図6-6**に示す。誤差率は、0.44を超えた値から急速に減少して、0.385の辺りで安定になる。予測値は、Rの`predict`関数で求められ、次のようにプロットできる。

(R)

```
pred <- predict(rf, prob=TRUE)
```

```
rf_df <- cbind(loan3000, pred = pred)
ggplot(data=rf_df, aes(x=borrower_score, y=payment_inc_ratio,
                       shape=pred, color=pred, size=pred)) +
    geom_point(alpha=.8) +
    scale_color_manual(values = c('paid off'='#b8e186', 'default'='#d95f02')) +
    scale_shape_manual(values = c('paid off'=0, 'default'=1)) +
    scale_size_manual(values = c('paid off'=0.5, 'default'=2))
```

Pythonでは次のようにして同様にプロットできる。

（Python）
```
predictions = X.copy()
predictions['prediction'] = rf.predict(X)
predictions.head()

fig, ax = plt.subplots(figsize=(4, 4))

predictions.loc[predictions.prediction=='paid off'].plot(
    x='borrower_score', y='payment_inc_ratio', style='.',
    markerfacecolor='none', markeredgecolor='C1', ax=ax)
predictions.loc[predictions.prediction=='default'].plot(
    x='borrower_score', y='payment_inc_ratio', style='o',
    markerfacecolor='none', markeredgecolor='C0', ax=ax)
ax.legend(['paid off', 'default']);
ax.set_xlim(0, 1)
ax.set_ylim(0, 25)
ax.set_xlabel('borrower_score')
ax.set_ylabel('payment_inc_ratio')
```

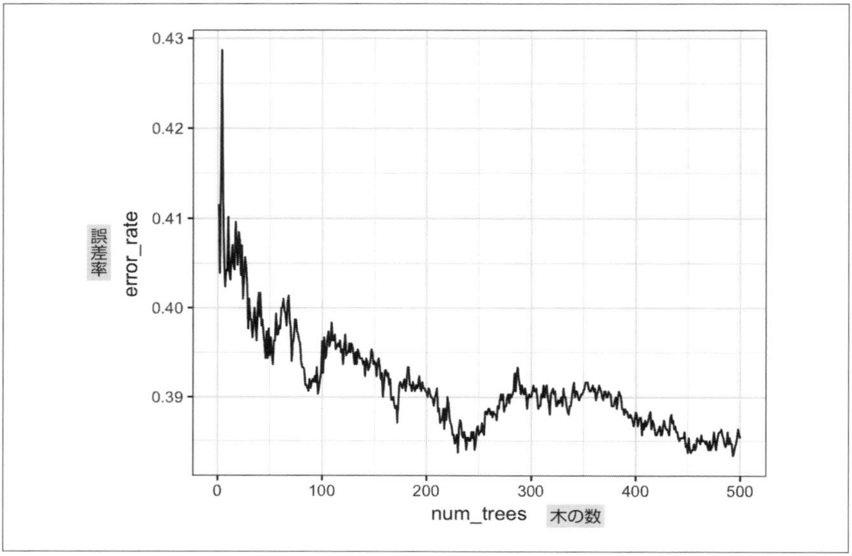

図6-6 木の追加によるランダムフォレストの正確度の改善

図6-7に示すプロットは、ランダムフォレストの性質をよく表している。

ランダムフォレストは、「ブラックボックス」手法だ。単純な木より正確な予測をするが、単純な木の直感的な決定規則が失われている。さらに、予測にノイズが混じっている。貸付先の中には非常に得点が高く信用力が高いことを示すのに、返済不能と予測されている人がいる。これは、データ中の異常なレコードの結果であり、ランダムフォレストの過剰適合の危険を示している（257ページのメモ**「バイアスと分散のトレードオフ」**参照）。

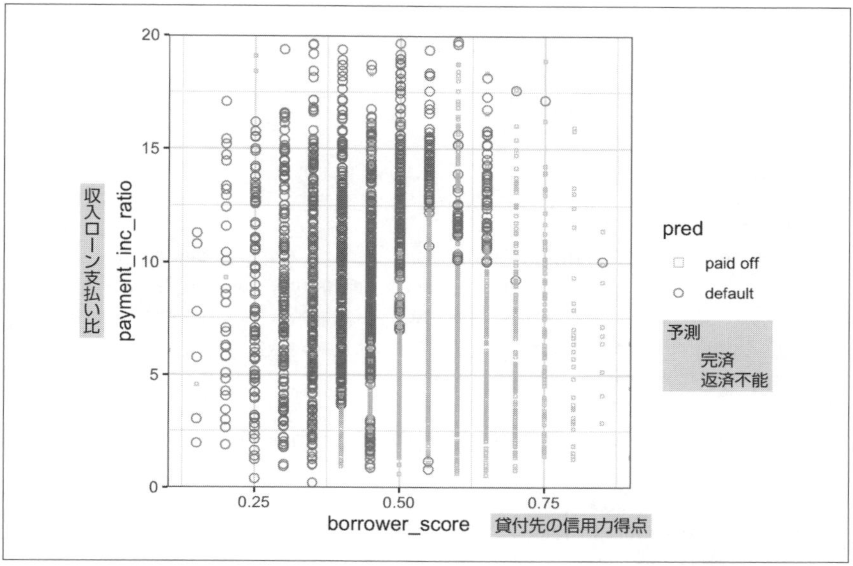

図6-7　ローン返済不能のデータにランダムフォレストを適用して得られた予測成果

6.3.3 変数の重要度

ランダムフォレストアルゴリズムの能力は、多くの特徴量とレコードのデータに対する予測モデルを構築するとよくわかる。どの予測変数が重要かを自動的に決定して、交互作用項に対応する予測変数間の複雑な関係を発見する（**「4.5.4　交互作用と主効果」**参照）。例えば、すべての列を含んだローン返済不能データへのモデル適合は、Rで次のように行う。

(R)
```
rf_all <- randomForest(outcome ~ ., data=loan_data, importance=TRUE)
rf_all
Call:
 randomForest(formula = outcome ~ ., data = loan_data, importance = TRUE)
               Type of random forest: classification
                     Number of trees: 500
No. of variables tried at each split: 4

        OOB estimate of  error rate: 33.79%
```

```
Confusion matrix:
         paid off default class.error
paid off    14676    7995   0.3526532
default      7325   15346   0.3231000
```

Pythonでは次の通り。

(Python)
```
predictors = ['loan_amnt', 'term', 'annual_inc', 'dti', 'payment_inc_ratio',
              'revol_bal', 'revol_util', 'purpose', 'delinq_2yrs_zero',
              'pub_rec_zero', 'open_acc', 'grade', 'emp_length', 'purpose_',
              'home_', 'emp_len_', 'borrower_score']
outcome = 'outcome'

X = pd.get_dummies(loan_data[predictors], drop_first=True)
y = loan_data[outcome]

rf_all = RandomForestClassifier(n_estimators=500, random_state=1)
rf_all.fit(X, y)
```

引数`importance=TRUE`は、`randomForest`に対して、さまざまな変数の重要度についての追加情報を格納するよう要求する。関数`varImpPlot`は、変数の相対的性能をプロットする。

(R)
```
varImpPlot(rf_all, type=1) ❶
varImpPlot(rf_all, type=2) ❷
```

❶ 正確度の平均減少
❷ 節点不純度の平均減少

Pythonでは`RandomForestClassifier`が特徴量の重要度についての情報を訓練中に集めるので、フィールド`feature_importances_`で取得できる。

(Python)
```
importances = rf_all.feature_importances_
```

「ジニ減少」は、適合分類器の`feature_importance_`プロパティで得られる。しかし、正確度減少は、Pythonではすぐに得られない。次のコードで`scores`を計算できる。

```
(Python)
rf = RandomForestClassifier(n_estimators=500)
scores = defaultdict(list)

# データのさまざまなランダムスプリットでscoresを交差検証
for _ in range(3):
    train_X, valid_X, train_y, valid_y = train_test_split(X, y, test_size=0.3)
    rf.fit(train_X, train_y)
    acc = metrics.accuracy_score(valid_y, rf.predict(valid_X))
    for column in X.columns:
        X_t = valid_X.copy()
        X_t[column] = np.random.permutation(X_t[column].values)
        shuff_acc = metrics.accuracy_score(valid_y, rf.predict(X_t))
        scores[column].append((acc-shuff_acc)/acc)
```

Rでの結果を**図6-8**に示す。同様のグラフが次のPythonコードでも作成できる。

```
(Python)
df = pd.DataFrame({
    'feature': X.columns,
    'Accuracy decrease': [np.mean(scores[column]) for column in X.columns],
    'Gini decrease': rf_all.feature_importances_,
})
df = df.sort_values('Accuracy decrease')

fig, axes = plt.subplots(ncols=2, figsize=(8, 4.5))
ax = df.plot(kind='barh', x='feature', y='Accuracy decrease',
             legend=False, ax=axes[0])
ax.set_ylabel('')

ax = df.plot(kind='barh', x='feature', y='Gini decrease',
             legend=False, ax=axes[1])
ax.set_ylabel('')
ax.get_yaxis().set_visible(False)
```

変数重要性を測るには次の2つの方式がある。

- 変数の値がランダムに置換される（`type=1`）なら、モデルの正確度減少による。値をランダムに置換すると、その変数に対する全予測能力の削除という効果がある。正確度はOOBデータから計算される（したがって、この指標は実際には交差検証推定だ)。

- 変数で分割された全節点(type=2)はジニ不純度得点(**「6.2.3　同質性または不純度の測定」**参照)の平均減少による。これは、その変数を含めることによって節点の純度がどれだけ改善したかを測る。この指標は、訓練集合に基づいていて、OOBデータで計算された指標よりも信頼性に欠ける。

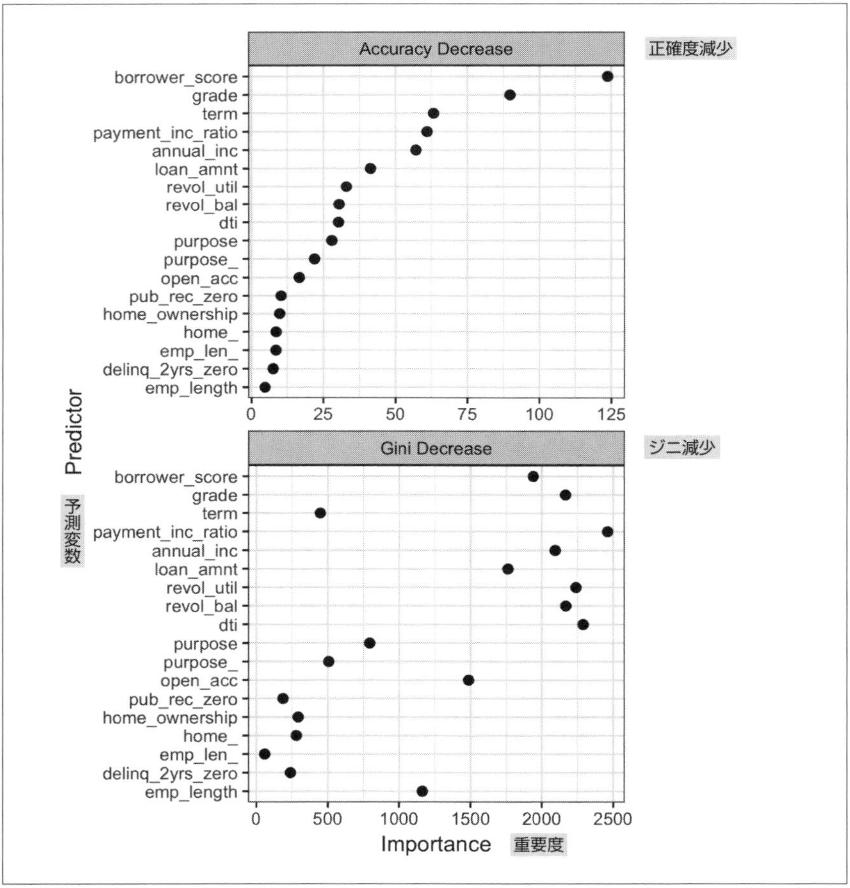

図6-8　ローンデータに完全モデル適合した場合の変数の重要度

図6-8の上のと下のとは、正確度とジニ不純度のそれぞれの減少による変数の重要度を示す。両方とも変数は正確度の減少で順位付けされる。これらの2つの指標による変

数の重要度得点は、まったく異なっている。

正確度減少の方がより信頼できる指標なのに、なぜジニ不純度減少指標を使うのだろうか。デフォルトでは、randomForestはジニ不純度しか計算しない。ジニ不純度はアルゴリズムの副産物だが、変数のモデル正確度に追加の計算が必要となる（データを無作為置換してこのデータを予測する）。数千のモデルを適合するプロダクション環境のような、計算量が重要な場合では、追加の計算は割に合わないことがある。さらに、ジニ減少は、ランダムフォレストがどの変数を使って分割規則を作るかの手がかりを与える（この情報は単純な木ではすぐわかったが、ランダムフォレストでは実質的に失われていたことを思い出そう）。ジニ減少とモデル正確度の変数の重要度の相違を検討することで、モデル改善の方法がわかる。

6.3.4 ハイパーパラメータ

ランダムフォレストは、統計的機械学習アルゴリズムの多くと同様、ブラックボックスアルゴリズムで、操作調整のレバーがあるとみなすことができる。そのレバーは、**ハイパーパラメータ**と呼ばれ、モデル適合の前に設定する必要がある。訓練過程で最適化設定されるわけではない。伝統的な統計モデルでも選択（例：回帰モデルで使う予測変数の選択）の必要があるが、ランダムフォレストのハイパーパラメータは、特に過剰適合を防ぐために、もっと重要だ。具体的には、ランダムフォレストで最も重要なハイパーパラメータは次の2つだ。

nodesize/min_samples_leaf
: 終端節点（木の葉）の最小サイズ。Rのデフォルトは、分類では1、回帰では5。Pythonのscikit-learn実装では、両方ともデフォルトが1。

maxnodes/max_leaf_nodes
: 各決定木の節点の最大個数。デフォルトでは無限大で、nodesizeの制約内で最大木が適合する。Pythonでは、終端節点の最大個数を指定することに注意。この2パラメータは次の関係になる。

$$\texttt{maxnodes} = 2 \times \texttt{max\_leaf\_nodes} - 1$$

これらのパラメータのことは忘れてデフォルトで済ませたいと思うだろうが、ノイズが多いデータにランダムフォレストを適用すると、過剰適合になりやすい。nodesize/min_samples_leafを増やすか、maxnodes/max_leaf_nodesを有限値に設定すると、アルゴリズムがより小さな木に適合して、偽の予測規則を生成することが減る。交差検証（**「4.2.3　交差検証」**参照）を使って、ハイパーパラメータのさまざまな値の効果を試験できる。

基本事項46

- アンサンブルモデルは、多数のモデルの結果を組み合わせてモデル正確度を改善できる。
- バギングは、データのブートストラップサンプルに多数のモデルを適合して、モデルの平均をとることに基づいたアンサンブルモデルの一種。
- ランダムフォレストは、決定木に適用したバギングの一種。データのリサンプリングだけでなく、ランダムフォレストアルゴリズムでは、木の分割において予測変数もサンプリングする。
- ランダムフォレストの出力の中では、予測変数をモデル正確度への寄与度で順位付けした変数の重要度の指標が有効である。
- ランダムフォレストには、過剰適合を防ぐために交差検証を使って調整するハイパーパラメータ集合が備わっている。

6.4　ブースティング

アンサンブルモデルは、予測モデルの標準ツールになっている。モデルのアンサンブルを作る一般的な手段であるブースティングは、**バギング**（**「6.3　バギングとランダムフォレスト」**参照）と同じ時期に開発された。バギング同様、ブースティングも決定木に最もよく使われる。両者は似ているが、ブースティングの方式は、より多くの調整機能があるという点で大きく異なる。結果的に、バギングでは調整の手間がほとんどないが、ブースティングでは適用時に、より多くの注意を払う必要がある。両者を自動車に例えると、バギングがホンダのアコード（信頼できて確実）なら、ブースティングはポルシェ（強力だが手入れが必要）だ。

線形回帰モデルでは、適合改善のために残差を調べることが多い（**「4.6.4　偏残差プロットと非線形性」**参照）。ブースティングでは、この概念をさらに推し進めて、前のモデルの誤差を最小化するよう次々にモデル適合させるというモデル系列を使って適合する。このアルゴリズムには**アダブースト**、**勾配ブースティング**、**確率勾配ブースティング**といった種類がよく使われる。この中では、確率勾配ブースティングが最も一般的で広く使われている。実際、パラメータを正しく選べば、ランダムフォレストをエミュレートすることもできる。

基本用語45：ブースティング

アンサンブル（ensemble）
　モデルの集まりを用いて予測を行う（関連語：モデル平均）

ブースティング（boosting）
　個々のラウンドにおいて、大きな残差のレコードに重みをより多くするようなモデル系列で適合させる一般的な技法。

アダブースト（adaboost）
　残差に基づいてデータの重み付けを再調整するブースティングの初期の版。

勾配ブースティング（gradient boosting）
　コスト関数を最小化する、より一般的なブースティングアルゴリズム。

確率勾配ブースティング（stochastic gradient boosting）
　レコードと列のリサンプリングを備えた最も一般的なブースティングアルゴリズム。

正則化（regularization）
　モデルのパラメータにおいてコスト関数に罰則項を追加することにより過剰適合を避ける技法。

ハイパーパラメータ（hyperparameter）
　アルゴリズムの適合の前に設定する必要があるパラメータ

6.4.1 ブースティングアルゴリズム

各種のブースティングアルゴリズムの背景にある基本的なアイデアは本質的に同じものだ。アダブーストが一番わかりやすくて、次のようになる。

1. 適合するモデルの最大個数Mを初期化し、イテレーションカウンタを$m = 1$にする。$i = 1, 2, ..., N$に対して、観測重み$w_i = 1/N$で初期化する。アンサンブルモデル$\hat{F}_0 = 0$を初期化する。
2. 観測重み$(w_1, w_2, ..., w_N)$を使って、加重誤差e_mを最小化するモデル$\hat{f}_m$を訓練する。加重誤差は、誤分類された観測値の重みの和で定義される。
3. モデルにアンサンブル$\hat{F}_m = \hat{F}_{m-1} + \alpha_m \hat{f}_m$を追加する。ここで$\alpha_m = \log\left(\frac{1 - e_m}{e_m}\right)$。
4. 重み$(w_1, w_2, ..., w_N)$を誤分類された観測値の重みが増えるように更新する。増加の分量はα_mに依存して、α_mの値が大きいほど重みが大きくなる。
5. モデルカウンタを$m = m + 1$で増やす。$m \leqq M$なら、ステップ2に戻る。

ブースティングによる推定は次のようになる。

$$\hat{F} = \alpha_1 \hat{f}_1 + \alpha_2 \hat{f}_2 + \cdots + \alpha_M \hat{f}_M$$

誤分類された観測の重みを増やすことにより、アルゴリズムは、モデルが性能がよくないデータでの訓練を重くするように働く。因子α_mが、誤差の少ないモデルの方がより大きな重みを持つことを確実にする。

勾配ブースティングもアダブーストと同じだが、コスト関数の最適化を目標としている。重み調整の代わりに、勾配ブースティングでは、より大きな残差により多く訓練する効果を持つ疑似残差にモデルを適合させる。ランダムフォレストの精神で言えば、確率勾配ブースティングは、各段階で観測と予測変数のサンプリングにより、アルゴリズムにランダム性を追加する。

6.4.2 XGBoost

ブースティングのパブリックドメインソフトウェアで最も広く使われているのがXGBoostだ。ワシントン大学のTianqi ChenとCarlos Guestrinが開発した確率勾配ブースティングの実装がもとになっている。多くのオプションを備えた計算効率のよい実装で、ほとんどのデータサイエンス用ソフトウェア言語でパッケージが提供されている。Rでは、xgboostパッケージでXGBoostが使え、Pythonにも同じ名前のパッケージがある(https://xgboost.readthedocs.io/)。

関数`xgboost`には、調整可能で、調整しなければならない多数のパラメータがある(**「6.4.4 ハイパーパラメータと交差検証」**参照)。非常に重要なパラメータは、各反復でサンプリングしなければならない観測の割合を制御する`subsample`と、ブースティングアルゴリズム（「**6.4.1 ブースティングアルゴリズム**」参照）のα_mに適用される縮小パラメータetaの2つだ。subsampleを使えば、サンプリングが非復元抽出であることを除いてランダムフォレストと同じ働きをするブースティングができる。縮小パラメータetaは、重み変更を減らすことによって過剰適合を防ぐ（重み変更が小さいことは、アルゴリズムが訓練集合に過剰適合しにくいことを意味する）。次のRのコードは、2つの予測変数だけでローンデータにxgboostを適用する。

(R)
```
predictors <- data.matrix(loan3000[, c('borrower_score', 'payment_inc_ratio')])
label <- as.numeric(loan3000[,'outcome']) - 1
xgb <- xgboost(data=predictors, label=label, objective="binary:logistic",
               params=list(subsample=0.63, eta=0.1), nrounds=100)
[1]     train-error:0.358333
[2]     train-error:0.346333
[3]     train-error:0.347333
...
[99]    train-error:0.239333
[100]   train-error:0.241000
```

モデル式を使った構文をxgboostがサポートしないので、予測変数をdata.matrixに変換し、応答を0/1変数に変換しなければならない。引数objectiveは、これがどの種類の問題かをxgboostに伝え、xgboostは最適化する指標を選ぶ。

Pythonでは、xgboostには2つの異なるインタフェースがある。1つはscikit-learn互換のAPIであり、もう1つはRのような関数呼び出しのインタフェースである。scikit-learnの他のメソッドとの整合性を考慮して、一部の引数の名前が変更されている。例えば、etaはlearning_rateと変更されているので、etaという引数は引き続き指定できるが、期待する効果は得られない。

(Python)
```
predictors = ['borrower_score', 'payment_inc_ratio']
outcome = 'outcome'

X = loan3000[predictors]
y = loan3000[outcome]

xgb = XGBClassifier(objective='binary:logistic', subsample=0.63)
xgb.fit(X, y)
```

```
XGBClassifier(base_score=0.5, booster='gbtree', colsample_bylevel=1,
       colsample_bynode=1, colsample_bytree=1, gamma=0, learning_rate=0.1,
       max_delta_step=0, max_depth=3, min_child_weight=1, missing=None,
       n_estimators=100, n_jobs=1, nthread=None, objective='binary:logistic',
       random_state=0, reg_alpha=0, reg_lambda=1, scale_pos_weight=1, seed=None,
       silent=None, subsample=0.63, verbosity=1)
```

Rでは、予測値は`predict`関数で得られ、この場合2変数しかないので、予測変数に対してプロットできる。

(R)
```
pred <- predict(xgb, newdata=predictors)
xgb_df <- cbind(loan3000, pred_default = pred > 0.5, prob_default = pred)
ggplot(data=xgb_df, aes(x=borrower_score, y=payment_inc_ratio,
                  color=pred_default, shape=pred_default, size=pred_default)) +
         geom_point(alpha=.8) +
         scale_color_manual(values = c('FALSE'='#b8e186', 'TRUE'='#d95f02')) +
         scale_shape_manual(values = c('FALSE'=0, 'TRUE'=1)) +
         scale_size_manual(values = c('FALSE'=0.5, 'TRUE'=2))
```

同じ図を作成するPythonコードは次の通り。

(Python)
```
fig, ax = plt.subplots(figsize=(6, 4))

xgb_df.loc[xgb_df.prediction=='paid off'].plot(
    x='borrower_score', y='payment_inc_ratio', style='.',
    markerfacecolor='none', markeredgecolor='C1', ax=ax)
xgb_df.loc[xgb_df.prediction=='default'].plot(
    x='borrower_score', y='payment_inc_ratio', style='o',
    markerfacecolor='none', markeredgecolor='C0', ax=ax)
ax.legend(['paid off', 'default']);
ax.set_xlim(0, 1)
ax.set_ylim(0, 25)
ax.set_xlabel('borrower_score')
ax.set_ylabel('payment_inc_ratio')
```

結果を**図6-9**に示す。定性的には、これはランダムフォレストの予測と同じになる（**図6-7**参照）。予測にはノイズがあって、非常に高い貸付先得点の貸付先が返済不能と予測されている。

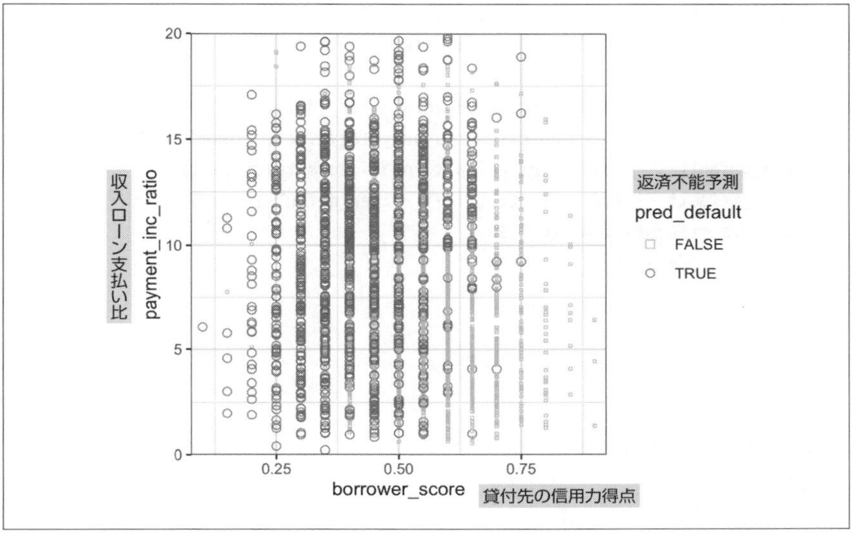

図6-9 ローン返済不能データに適用したXGBoostによる予測成果

6.4.3 正則化：過剰適合を防ぐ

xgboostをむやみに適用すると、訓練データへの過剰適合の結果、不安定なモデルになる。過剰適合には次の2つの問題がある。

- 訓練データにない新たなデータへのモデルの正確度が下がる。
- モデルの予測が大きく変動して、不安定な結果になる。

どのようなモデル化技法でも過剰適合の危険性がある。例えば、回帰式にあまりに多くの変数が含まれていると、モデルが偽物の予測を出すことになる。しかし、ほとんどの統計技法で、過剰適合は予測変数を賢明に選べば避けることができる。ランダムフォレストでも、一般には、パラメータ調整なしで適切なモデルを生成する。

しかし、xgboostにはこれがあてはまらない。ローンデータの訓練集合にモデルに含まれる全変数を使いxgboostで次のRコードのように適合させてみる。

(R)
```
seed <- 400820
predictors <- data.matrix(loan_data[, -which(names(loan_data) %in%
                                         'outcome')])
```

```
label <- as.numeric(loan_data$outcome) - 1
test_idx <- sample(nrow(loan_data), 10000)

xgb_default <- xgboost(data=predictors[-test_idx,], label=label[-test_idx],
                       objective='binary:logistic', nrounds=250, verbose=0)
pred_default <- predict(xgb_default, predictors[test_idx,])
error_default <- abs(label[test_idx] - pred_default) > 0.5
xgb_default$evaluation_log[250,]
mean(error_default)
iter train_error
1:  250    0.133043

[1] 0.3529
```

Pythonでは関数train_test_splitを使い、データセットを訓練集合とテスト集合に分ける。

(Python)
```
predictors = ['loan_amnt', 'term', 'annual_inc', 'dti', 'payment_inc_ratio',
              'revol_bal', 'revol_util', 'purpose', 'delinq_2yrs_zero',
              'pub_rec_zero', 'open_acc', 'grade', 'emp_length', 'purpose_',
              'home_', 'emp_len_', 'borrower_score']
outcome = 'outcome'

X = pd.get_dummies(loan_data[predictors], drop_first=True)
y = pd.Series([1 if o == 'default' else 0 for o in loan_data[outcome]])

train_X, valid_X, train_y, valid_y = train_test_split(X, y, test_size=10000)

xgb_default = XGBClassifier(objective='binary:logistic', n_estimators=250,
                            max_depth=6, reg_lambda=0, learning_rate=0.3,
                            subsample=1)
xgb_default.fit(train_X, train_y)

pred_default = xgb_default.predict_proba(valid_X)[:, 1]
error_default = abs(valid_y - pred_default) > 0.5
print('default: ', np.mean(error_default))
```

全データから無作為抽出した10,000レコードがテスト集合で、残りのレコードが訓練集合になる。ブースティングで訓練集合の誤差率は13.3 %しかない。しかし、テスト集合では35.3％というずっと大きな誤差率になる。これが過剰適合の結果だ。ブースティングは、訓練集合の変動性を非常にうまく説明するが、予測規則は新たなデータにあてはまらない。

ブースティングには、eta（またはlearning_rate）やsubsampleを含めて過剰適合を防ぐパラメータが複数ある（**「6.4.2　XGBoost」**参照）。別の方式が正則化で、モデルの複雑さに罰則を課すようコスト関数を修正する技法だ。決定木は、ジニ不純度得点（**「6.2.3　同質性または不純度の測定」**参照）のような基準コストを最小化して適合する。xgboostでは、モデルの複雑さを測る項をコスト関数に追加できる。

モデル正則化のパラメータがxgboostには2つある。alphaとlambdaで、それぞれマンハッタン距離（L1正則化）とユークリッド距離の平方（L2正則化）に対応する（**「6.1.2　距離指標」**参照）。これらのパラメータを増やすと、より複雑なモデルへの罰則が大きくなり、適合する木のサイズが小さくなる。例えば、lambdaを1,000にすると、どうなるか次のRのコードからわかる。

（R）

```
xgb_penalty <- xgboost(data=predictors[-test_idx,], label=label[-test_idx],
                       params=list(eta=.1, subsample=.63, lambda=1000),
                       objective='binary:logistic', nrounds=250, verbose=0)
pred_penalty <- predict(xgb_penalty, predictors[test_idx,])
error_penalty <- abs(label[test_idx] - pred_penalty) > 0.5
xgb_penalty$evaluation_log[250,]
mean(error_penalty)
iter train_error
1:  250     0.30966

[1] 0.3286
```

Pythonのscikit-learn APIでは、パラメータはreg_alphaとreg_lambdaになる。

（Python）

```
xgb_penalty = XGBClassifier(objective='binary:logistic', n_estimators=250,
                            max_depth=6, reg_lambda=1000, learning_rate=0.1,
                            subsample=0.63)
xgb_penalty.fit(train_X, train_y)
pred_penalty = xgb_penalty.predict_proba(valid_X)[:, 1]
error_penalty = abs(valid_y - pred_penalty) > 0.5
```

```
print('penalty: ', np.mean(error_penalty))
```

これだと訓練誤差はテスト集合の誤差よりわずかに小さいだけだ。

Rのメソッドpredictには、便利な引数ntreelimitがあり、予測に最初のi個の木だけを使う。これによって、より多くのモデルが含まれる場合に、サンプル内誤差とサンプル外誤差を直接比較できる。

(R)
```
error_default <- rep(0, 250)
error_penalty <- rep(0, 250)
for(i in 1:250){
  pred_def <- predict(xgb_default, predictors[test_idx,], ntreelimit=i)
  error_default[i] <- mean(abs(label[test_idx] - pred_def) >= 0.5)
  pred_pen <- predict(xgb_penalty, predictors[test_idx,], ntreelimit=i)
  error_penalty[i] <- mean(abs(label[test_idx] - pred_pen) >= 0.5)
}
```

Pythonではntree_limit引数でpredict_probaメソッドを呼び出す。

(Python)
```
results = []
for i in range(1, 250):
    train_default = xgb_default.predict_proba(train_X, ntree_limit=i)[:, 1]
    train_penalty = xgb_penalty.predict_proba(train_X, ntree_limit=i)[:, 1]
    pred_default = xgb_default.predict_proba(valid_X, ntree_limit=i)[:, 1]
    pred_penalty = xgb_penalty.predict_proba(valid_X, ntree_limit=i)[:, 1]
    results.append({
        'iterations': i,
        'default train': np.mean(abs(train_y - train_default) > 0.5),
        'penalty train': np.mean(abs(train_y - train_penalty) > 0.5),
        'default test': np.mean(abs(valid_y - pred_default) > 0.5),
        'penalty test': np.mean(abs(valid_y - pred_penalty) > 0.5),
    })

results = pd.DataFrame(results)
results.head()
```

モデルの出力では、要素xgb_default$evaluation_logに訓練集合の誤差を返す。これをサンプル外誤差と組み合わせて、誤差と反復回数をプロットできる。

（R）
```
errors <- rbind(xgb_default$evaluation_log,
                xgb_penalty$evaluation_log,
                ata.frame(iter=1:250, train_error=error_default),
                data.frame(iter=1:250, train_error=error_penalty))
errors$type <- rep(c('default train', 'penalty train',
                     'default test', 'penalty test'), rep(250, 4))
ggplot(errors, aes(x=iter, y=train_error, group=type)) +
  geom_line(aes(linetype=type, color=type))
```

折れ線グラフを作るためにはpandasのplotメソッドが使える。最初のプロットが返すaxisで、同じグラフ上に別の折れ線グラフを重ねることができる。これは多くのPythonのグラフパッケージがサポートする方式だ。

（Python）
```
ax = results.plot(x='iterations', y='default test')
results.plot(x='iterations', y='penalty test', ax=ax)
results.plot(x='iterations', y='default train', ax=ax)
results.plot(x='iterations', y='penalty train', ax=ax)
```

図6-10の結果は、デフォルトモデルが、訓練集合に対して着実に正確度を改善するが、テスト集合に対しては実際には悪くなることを示す。罰則付きモデルでは、このような振る舞いが見られない。

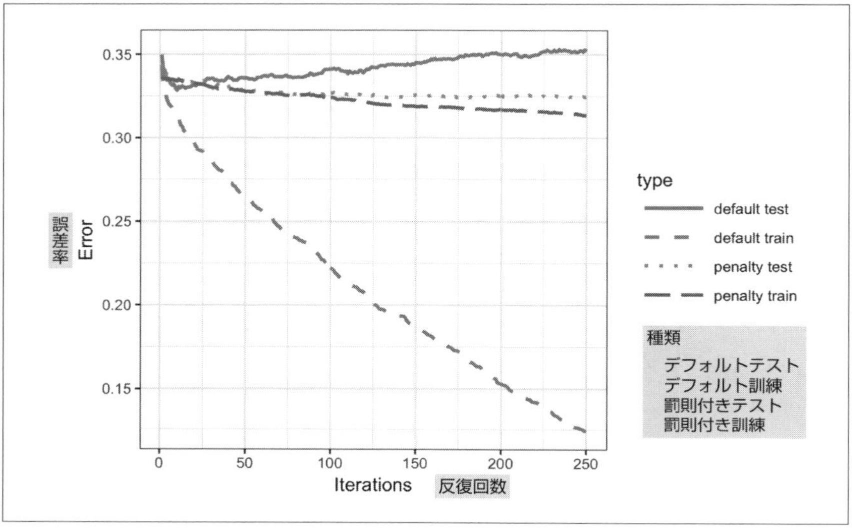

図6-10 デフォルトのXGBoostと罰則付きXGBoostの誤差率

Ridge回帰とLasso回帰

モデルの複雑さに罰則を課して過剰適合を防ぐのは、1970年代に遡る。最小二乗回帰は、平方残差和（RSS）を最小化する（**「4.1.3 最小二乗法」**参照）。**Ridge回帰**は、平方残差和に係数の個数とサイズに対する罰点を加えたものを最小化する。

$$\sum_{i=1}^{n}\left(Y_i - \hat{b}_0 - \hat{b}_1 X_i - \cdots - \hat{b}X_p\right)^2 + \lambda\left(\hat{b}_1^2 + \cdots + \hat{b}_p^2\right)$$

λの値が係数にどれだけ多くの罰点を与えるかを決定する。値を大きくするほど、データにモデルが過剰適合する度合いを減らせる。**Lasso回帰**も同様だが、罰則項にユークリッド距離ではなくマンハッタン距離を用いる。

$$\sum_{i=1}^{n}\left(Y_i - \hat{b}_0 - \hat{b}_1 X_i - \cdots - \hat{b}X_p\right)^2 + \alpha\left(|\hat{b}_1| + \cdots + |\hat{b}_p|\right)$$

ユークリッド距離の使用はL2正規化とも呼び、マンハッタン距離の使用はL1正規化と呼ぶ。`xgboost`パラメータ`lambda`（`reg_lambda`）と`alpha`（`reg_alpha`）も同じように働く。

6.4.4 ハイパーパラメータと交差検証

xgboostには、多数のハイパーパラメータがある（295ページの囲み**「XGBoostハイパーパラメータ」**の議論参照）。**「6.4.3　正則化：過剰適合を防ぐ」**で述べたように、うまく選択すれば、モデル適合が劇的に変わる。ハイパーパラメータの組み合わせ選択は幅広いが、どうすればよいだろうか。この課題に対する標準的な解は、**交差検証**を使うことだ（**「4.2.3　交差検証」**参照）。交差検証では、データをk個の異なるグループ（**分割**とも呼ばれる）にランダムに分割する。各分割で、モデルが分割にないデータで訓練され、分割にあるデータで評価される。これによって、サンプル外データについてのモデルの正確度が測定される。ハイパーパラメータの最適集合は、各分割の誤差の平均から計算された全体誤差が最小のモデルで与えられる。

この技法を説明するために、xgboostのパラメータ選択を行う。この例では、縮小パラメータeta（learning_rate：**「6.4.2　XGBoost」**参照）と木の最大深度max_depthという2つのパラメータを調べる。パラメータmax_depthは、木の根から葉節点への最大深度で、デフォルト値は6だ。これにより、過剰適合を制御する別の方式が得られる。深い木は、より複雑になりやすく、データに過剰適合する可能性がある。最初に、分割数とパラメータリストを設定する。Rでは次のようになる。

(R)
```
N <- nrow(loan_data)
fold_number <- sample(1:5, N, replace=TRUE)
params <- data.frame(eta = rep(c(.1, .5, .9), 3),
                     max_depth = rep(c(3, 6, 12), rep(3,3)))
```

先ほどのアルゴリズムを使って、5つの分割で各モデルと分割の誤差を計算する。

(R)
```
error <- matrix(0, nrow=9, ncol=5)
for(i in 1:nrow(params)){
  for(k in 1:5){
    fold_idx <- (1:N)[fold_number == k]
    xgb <- xgboost(data=predictors[-fold_idx,], label=label[-fold_idx],
               params=list(eta=params[i, 'eta'],
                           max_depth=params[i, 'max_depth']),
               objective='binary:logistic', nrounds=100, verbose=0)
    pred <- predict(xgb, predictors[fold_idx,])
    error[i, k] <- mean(abs(label[fold_idx] - pred) >= 0.5)
```

```
  }
}
```

次のPythonコードではハイパーパラメータのすべての組み合わせを作り、それぞれでモデルを適合して評価する。

(Python)

```
idx = np.random.choice(range(5), size=len(X), replace=True)
error = []
for eta, max_depth in product([0.1, 0.5, 0.9], [3, 6, 9]):  ❶
    xgb = XGBClassifier(objective='binary:logistic', n_estimators=250,
                        max_depth=max_depth, learning_rate=eta)
    cv_error = []
    for k in range(5):
        fold_idx = idx == k
        train_X = X.loc[~fold_idx]; train_y = y[~fold_idx]
        valid_X = X.loc[fold_idx]; valid_y = y[fold_idx]

        xgb.fit(train_X, train_y)
        pred = xgb.predict_proba(valid_X)[:, 1]
        cv_error.append(np.mean(abs(valid_y - pred) > 0.5))
    error.append({
        'eta': eta,
        'max_depth': max_depth,
        'avg_error': np.mean(cv_error)
    })
    print(error[-1])
errors = pd.DataFrame(error)
```

❶ Python標準ライブラリのitertools.product関数を使い、2つのハイパーパラメータのあらゆる可能な組み合わせを作る。

全部で45個のモデルを適合するので、これはかなりの時間をとる。誤差がモデル行列の行に、分割が列に格納される。関数rowMeansを使い、さまざまなパラメータ集合の誤差率を計算できる。

(R)

```
avg_error <- 100 * round(rowMeans(error), 4)
cbind(params, avg_error)
  eta max_depth avg_error
```

```
1 0.1          3     32.90
2 0.5          3     33.43
3 0.9          3     34.36
4 0.1          6     33.08
5 0.5          6     35.60
6 0.9          6     37.82
7 0.1         12     34.56
8 0.5         12     36.83
9 0.9         12     38.18
```

交差検証から、eta/learning_rateがより小さい、より浅い木を使うと、より正確な結果が得られることがわかる。これらのモデルの方が安定しているので、使うべき最良パラメータは、eta=0.1かつmax_depth=3（またはmax_depth=6でもよい）となる。

XGBoostハイパーパラメータ

xgboostのハイパーパラメータは、主として、過剰適合と正確度と計算量とのバランスをとるのに使われる。パラメータ全体の議論については、xgboostドキュメント（https://xgboost.readthedocs.io/en/latest/）を参照するとよい。

eta/learning_rate
: 0から1の間の縮小因子でブースティングアルゴリズムのαに適用される。デフォルトは0.3だが、ノイズのあるデータには、より小さな値を推奨する（例：0.1）。Pythonでは、デフォルト値は0.1。

nrounds/n_estimators
: ブースティングの回数。etaの値が小さいなら、アルゴリズムの学習が遅くなるので回数を増やすのが重要だ。過剰適合を防ぐパラメータが含まれている限りは、回数を増やしても問題にならない。

max_depth
: 木の最大深度（デフォルトは6）。非常に深い木でも適合するランダムフォレストとは対照的に、ブースティングは通常、浅い木で適合する。これは、ノイズのあるデータで生じる偽の複雑な交互作用を防ぐ利点がある。Pythonでは、デフォルト値は3。

`subsample`と`colsample_bytree`
非復元抽出でのレコードに対するサンプルの割合と木の適合に使うサンプルに対する予測変数の割合。これらのパラメータは、ランダムフォレストでのパラメータと同様に過剰適合を防ぐのに役立つ。デフォルト値は1.0。

`lambda/reg_lambda`と`alpha/reg_alpha`
過剰適合制御に役立つ正則化パラメータ（「**6.4.3　正則化：過剰適合を防ぐ**」参照）。Pythonのデフォルト値は`reg_lambda=1`と`reg_alpha=0`。Rでは両方ともデフォルト値は0。

基本事項47

- ブースティングは、大きな誤差を持つレコードに次の回で重みを増やすというモデル系列適合に基づいたアンサンブルモデルの1クラスだ。
- 確率勾配ブースティングは、最も一般的なブースティングで、性能が最良だ。木モデルを使うのが、確率勾配ブースティングの最も一般的な形式だ。
- XGBoostは、確率勾配ブースティングの広く使われる計算効率の良いソフトウェアパッケージだ。データサイエンスで使われる一般的なあらゆる言語で使うことができる。
- ブースティングは、データに過剰適合する危険性があり、これを防ぐためにハイパーパラメータを設定する必要がある。
- 正則化は、パラメータ（例：木のサイズ）に罰則項を含めて過剰適合を防ぐ方法の1つだ。
- 設定するパラメータ数が多いために、ブースティングでは特に交差検証が重要だ。

6.5　まとめ

本章では、データセット全体に適合する構造化されたモデル（例：線形回帰）で始めるのではなく、データから柔軟かつ局所的に「学ぶ」分類および予測手法を2つ述べた。k近傍法は、予測するレコードに似たレコードを探して、多数派のクラス（または平均値）を割り当てる単純なプロセスだ。予測変数のさまざまなカットオフ（分割）値を試すことで、木モデルは対話的に、クラスに関して同質性が増えるように、部分分割を続けていく。最も効率的な分割値が、分類または予測の経路、「規則」を形成する。木モデルは、非常に強力で広く使われており、他の手法よりも性能が優れることが多い。木モデルからは、木の予測能力を高めたさまざまなアンサンブル技法（ランダムフォレスト、ブースティング、バギング）が生まれた。

7章
教師なし学習

「教師なし学習」という用語は、ラベル付きデータ（関心のある成果が既知であるデータ）でモデルを訓練しないで、データから意味を抽出する統計手法を指す。4章から6章では、一連の予測変数から、応答を予測するモデル（規則集合）を構築することを目標とした。それは教師あり学習だ。それと対照的に、教師なし学習でもモデルを構築するが、応答変数と予測変数との区別を付けない。

教師なし学習には、他の目標もあり得る。場合によると、ラベル付き応答がない状態で予測規則を作るのに使われる。クラスタリングは、データの意味のあるグループを特定するのに使われる。例えば、Webのクリックと Webサイトのユーザの年齢分布データから、異なる種類のユーザをひとまとめにできる。そうすれば、Webサイトをユーザの種類ごとにパーソナライズすることができる。

他の場合としては、データの**次元を削減**して、変数集合を管理しやすくするのが目標のこともある。そうすれば、この縮約集合を回帰や分類のような予測モデルへの入力として使うことができる。例えば、製造プロセスを何千ものセンサーで監視していることがある。データを特徴量の小さな集合にまとめることで、何千ものセンサーのデータストリームをそのまま扱うよりも、プロセス障害を予測する、より強力で解釈しやすいモデルを構築することが可能となる。

最後に、教師なし学習は、大量の変数とレコードを処理しなければならない状況での探索的データ分析（1章参照）の拡張とみなすこともできる。目標は、データセットと互いに関係する変数をどう区別するかということに対する洞察を得ることだ。教師なし学習は、これらの変数を分析して関係を発見するのに役立つ。

教師なし学習と予測

教師なし学習は、回帰問題と分類問題の両方で、予測に重要な役割を果たす。場合によると、ラベル付きデータのない状態で、カテゴリを予測したいことがある。例えば、衛星の送ってくるデータから植生の種類を予測したいとする。モデルを訓練する応答変数がないので、クラスタリングによって、共通パターンを見つけて領域をカテゴリ分けする。

クラスタリングは、まったく新規の「コールドスタート問題」に対するツールとして特に重要だ。この種の問題では、新たな販促キャンペーンや新種のウィルスやスパムの検出のように、最初は、モデルを訓練する応答が存在しない。時間が経過してデータが集まれば、そのシステムについて学習を重ね、伝統的な予測モデルを構築できる。しかし、クラスタリングなら、データのセグメントを識別して、もっと早く学習過程を開始できる。

教師なし学習は、回帰や分類技法の構築要素としても重要だ。ビッグデータでは、データ全体で小さな部分問題がうまく表されていないと、訓練したモデルがその部分問題ではうまく動かない。クラスタリングを使うと、部分問題のラベルが識別できることがある。そうすれば、別のモデルを別の部分問題に適合できる。あるいは、部分問題をそれ自身の特徴量で表すことができて、その部分データを予測変数として明示的に識別するように全体モデルで位置付けることができる。

7.1 主成分分析[*1]

複数の変数が同時に変動（共変動）することがある。変動の一部では、他の変動と実際に重なっている（例：レストランの支払いとチップ）こともある。主成分分析（PCA：Principal Components Analysis）では、数量変数が共変動する方式を発見できる。

基本用語46：主成分分析

主成分（principal component）

予測変数の線形結合。

---

*1 原注：本章のこの節以降は、Datastats, LLC, Peter Bruce, Andrew Bruce and Peter Gedeck ©2020から許可を得て転載。

負荷量（loading）

予測変数を成分に変換する重み（関連語：重み）

スクリープロット（screeplot）

成分の変動プロット、分散そのものまたは分散寄与率で説明される成分の相対的重要性を示す。

PCAは、複数の数値予測変数を組み合わせて、元の集合の線形結合からなる、より小さい変数集合に変換する。より小さい変数集合、すなわち**主成分**が、変数完全集合のほとんどの変動を「説明」して、データの次元を減らす。主成分を形成するために使われた重みは、元の変数の新たな主成分への相対的寄与を明確にする。

PCAは、ピアソンが最初に提案した[Pearson-1901]。この教師なし学習に関するおそらく最初の論文で、ピアソンは、多くの問題において予測変数に変動があるのを認識して、PCAをその変動をモデル化する技法として提案している。PCAは、線形判別分析の教師なし版だともみなせる（**「5.2　判別分析」**参照）。

7.1.1　簡単な例

2変数X_1とX_2に、2主成分Z_i（$i = 1$または2）がある。

$$Z_i = w_{i,1} X_1 + w_{i,2} X_2$$

重み（$w_{i,1}$, $w_{i,2}$）は、成分負荷量と呼ばれる。これにより、元の変数を主成分に変換する。第1主成分Z_1は、変動全体を最も大きく説明する線形成分だ。第2主成分Z_2は、第1主成分に直交し、残りの変動を説明する（もし、別に成分があれば、それらは他と直交する）。

値そのものではなく、予測変数の平均からの偏差を基に主成分を計算することもよくある。

Rでは、`princomp`関数を使って主成分を計算する。次のコードは、シェブロン（CVX）とエクソンモービル（XOM）の株価収益の主成分分析を行う。

(R)
```
oil_px <- sp500_px[, c('CVX', 'XOM')]
pca <- princomp(oil_px)
pca$loadings

Loadings:
    Comp.1 Comp.2
CVX -0.747  0.665
XOM -0.665 -0.747

               Comp.1 Comp.2
SS loadings       1.0    1.0
Proportion Var    0.5    0.5
Cumulative Var    0.5    1.0
```

Pythonでは`scikit-learn`での実装`sklearn.decomposition.PCA`が使える。

(Python)
```
pcs = PCA(n_components=2)
pcs.fit(oil_px)
loadings = pd.DataFrame(pcs.components_, columns=oil_px.columns)
loadings
```

CVXとXOMの第1主成分の重みは、−0.747と−0.665で、第2主成分の重みは0.665と−0.747だ。これをどう解釈すればいいだろうか。第1主成分は、本質的にCVXとXOMの平均であり、この2つのエネルギー関連企業の相関を反映する。第2主成分は、CVXとXOMの株価変動を表す。

データの主成分をプロットすると役立つ。Rでは次のように可視化する。

(R)
```
loadings <- pca$loadings
ggplot(data=oil_px, aes(x=CVX, y=XOM)) +
  geom_point(alpha=.3) +
  stat_ellipse(type='norm', level=.99) +
  geom_abline(intercept = 0, slope = loadings[2,1]/loadings[1,1]) +
  geom_abline(intercept = 0, slope = loadings[2,2]/loadings[1,2])
```

Pythonでは、次のコードで可視化する。

(Python)
```
def abline(slope, intercept, ax):
    """Calculate coordinates of a line based on slope and intercept"""
    x_vals = np.array(ax.get_xlim())
    return (x_vals, intercept + slope * x_vals)

ax = oil_px.plot.scatter(x='XOM', y='CVX', alpha=0.3, figsize=(4, 4))
ax.set_xlim(-3, 3)
ax.set_ylim(-3, 3)
ax.plot(*abline(loadings.loc[0, 'CVX'] / loadings.loc[0, 'XOM'], 0, ax),
        '--', color='C1')
ax.plot(*abline(loadings.loc[1, 'CVX'] / loadings.loc[1, 'XOM'], 0, ax),
        '--', color='C1')
```

結果を**図7-1**に示す。

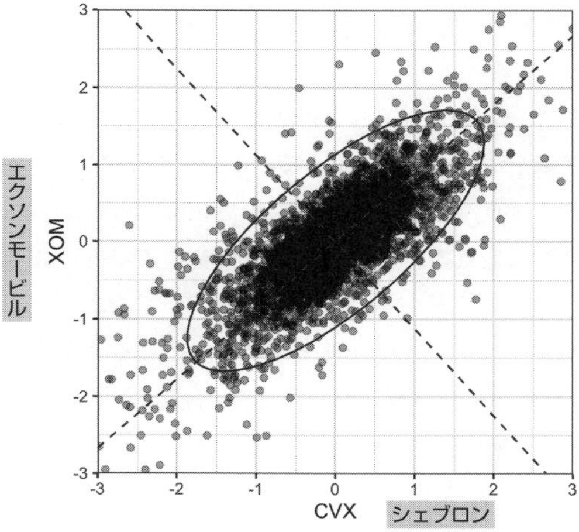

図7-1 シェブロン（CVX）とエクソンモービル（XOM）の株価収益の主成分

点線が2つの主成分の方向を示す。第1は楕円の長軸上、第2は短軸上だ。2つの株価収益の変動性の多数は、第1主成分で説明できることがわかる。これは、エネルギー株の価格がグループ全体で変化するので、納得できる。

第1主成分の重みは両方とも負だが、すべての重みの符号を反転しても主成分は変わらない。例えば、第1主成分に重み0.747と0.665を使っても、負の重みと等価で、原点と(1, 1)で定義される直線が原点と(−1, −1)で定義される直線と同じなので等しい。

7.1.2　主成分の計算

2変数からより多くの変数に対応するのは簡単だ。第1主成分では、線形結合に、追加した予測変数を加え、全予測変数の共分散の集まりを最適化する重みを第1主成分に割り当てる（**共分散**は統計用語。**「5.2.1　共分散行列」**参照）。主成分の計算は、古典的な統計手法で、データの相関行列または共分散行列に依存し、反復を使わず迅速に実行できる。既に述べたように、主成分分析は数量変数でだけ働き、カテゴリ変数には使えない。完全なプロセスは次のようになる。

1. 第1主成分の生成で、PCAは説明できる全変動のパーセントを最大化する予測変数の線形結合になる。
2. この線形結合が、最初の「新たな」予測変数Z_1になる。
3. PCAは同じ変数を使い、異なる重みで、このプロセスを繰り返して、第2の新予測変数Z_2を作る。重み付けは、Z_1とZ_2が無相関であるようになされる。
4. 元の変数X_iと同じ個数の新変数、すなわち成分Z_iが得られるまでプロセスを継続する。
5. ほとんどの分散を考慮するのに必要な数の成分となるように選ぶ。
6. これまでの結果で各成分の重み集合になる。最終ステップは、元の値に重みを適用して、元のデータを新たな主成分得点に変換する。この新得点が、予測変数の縮約集合として使われる。

7.1.3　主成分の解釈

主成分の性質から、データの構造についての情報が示される。主成分についての洞察を助ける標準的な可視化が2つほどある。そのような手法の1つが、主成分の相対重要度を可視化するスクリープロットだ（この名前はプロットが、石がゴロゴロしているガレ場の様子に似ていることによる。Y軸は固有値）。次のRのコードは、S&P500社のいくつかのトップ企業についてのものだ。

(R)
```
syms <- c( 'AAPL', 'MSFT', 'CSCO', 'INTC', 'CVX', 'XOM',
   'SLB', 'COP', 'JPM', 'WFC', 'USB', 'AXP', 'WMT', 'TGT', 'HD', 'COST')
top_sp <- sp500_px[row.names(sp500_px)>='2005-01-01', syms]
sp_pca <- princomp(top_sp)
screeplot(sp_pca)
```

Pythonのscikit-learnのプロット結果はexplained_variance_で得られる。それをpandasデータフレームに変換して棒グラフを出力する。

(Python)
```
syms = sorted(['AAPL', 'MSFT', 'CSCO', 'INTC', 'CVX', 'XOM', 'SLB', 'COP',
               'JPM', 'WFC', 'USB', 'AXP', 'WMT', 'TGT', 'HD', 'COST'])
top_sp = sp500_px.loc[sp500_px.index >= '2011-01-01', syms]

sp_pca = PCA()
sp_pca.fit(top_sp)

explained_variance = pd.DataFrame(sp_pca.explained_variance_)
ax = explained_variance.head(10).plot.bar(legend=False, figsize=(4, 4))
ax.set_xlabel('Component')
```

図7-2に示すように、第1主成分の変動は（しばしばそうなるが）非常に大きくなるが、他の主成分も有意だ。

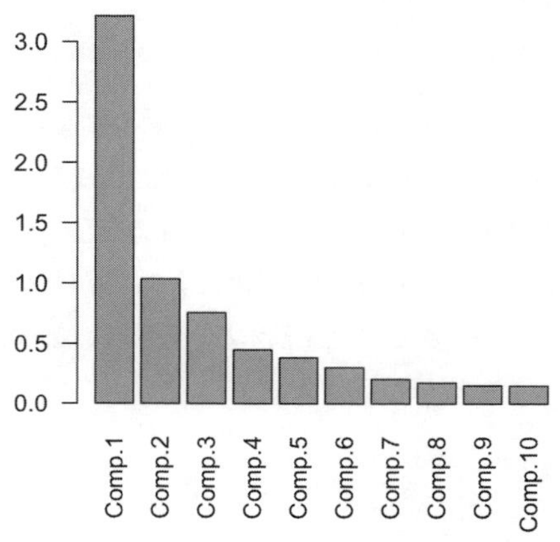

図7-2　S&P500のトップ株のPCAのスクリープロット

変動の大きさは、トップ株の主成分の重み（負荷量）をプロットすると、明らかである。Rでは、tidyrパッケージのgather関数をggplotとともに次のように使うと、**図7-3**のように表示される。

（R）
```
library(tidyr)
loadings <- sp_pca$loadings[,1:5]
loadings$Symbol <- row.names(loadings)
loadings <- gather(loadings, 'Component', 'Weight', -Symbol)
ggplot(loadings, aes(x=Symbol, y=Weight)) +
  geom_bar(stat='identity') +
  facet_grid(Component ~ ., scales='free_y')
```

Pythonで同じ可視化をするコードは次のようになる。

（Python）
```
loadings = pd.DataFrame(sp_pca.components_[0:5, :], columns=top_sp.columns)
maxPC = 1.01 * np.max(np.max(np.abs(loadings.loc[0:5, :])))

f, axes = plt.subplots(5, 1, figsize=(5, 5), sharex=True)
for i, ax in enumerate(axes):
    pc_loadings = loadings.loc[i, :]
    colors = ['C0' if l > 0 else 'C1' for l in pc_loadings]
    ax.axhline(color='#888888')
    pc_loadings.plot.bar(ax=ax, color=colors)
    ax.set_ylabel(f'PC{i+1}')
    ax.set_ylim(-maxPC, maxPC)
```

トップ5成分の負荷量を**図7-3**に示す。第1主成分の負荷量は同じ符号となる。これは、すべての列が共通の因子（この場合には、全株価の市場動向）を持つデータでは普通だ。第2成分は、他の株式と比較したエネルギー株の価格変動をとらえる。第3成分は、主としてアップルとコストコの変動を対照比較する。第4成分は、シュルンベルジェ（SLB）の変動を他のエネルギー株と対照比較する。最後に、第5成分は主として金融企業で占められる。

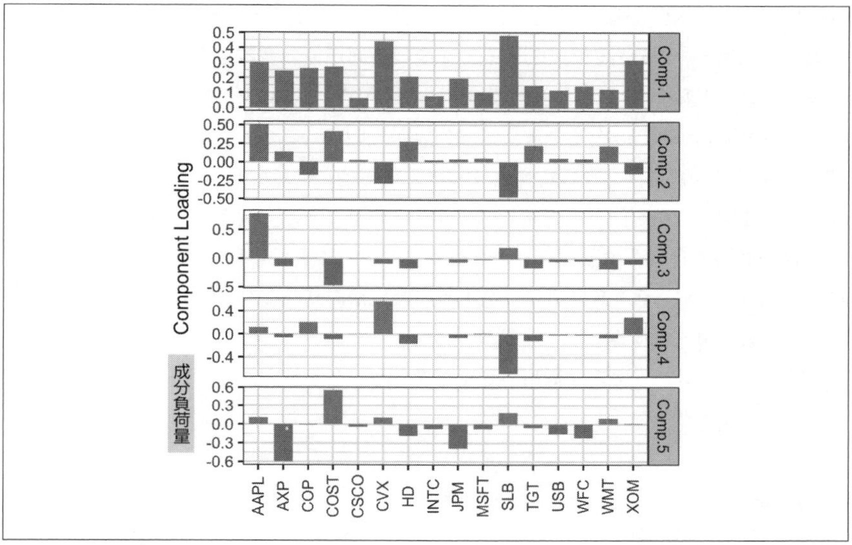

図7-3 株価収益のトップ5主成分の負荷量

いくつの成分を選ぶか

データの次元削減が目標なら、どれだけの主成分を選ぶか決定しなければならない。最もよく使われるのは、アドホックな規則を使って、変動の「ほとんど」を説明する成分を選ぶことだ。例えば、**図7-2**のようなスクリープロットを使って可視化して選択するとよい。代わりに、累積変動が閾値、例えば80 %を超えるトップの成分を選ぶこともできる。さらには、成分に直感的な解釈があるかどうかを負荷量を調べて決定できる。交差検証は、有意な成分の個数を選択するという、より形式的な手法を提供する（**「4.2.3 交差検証」**参照）。

7.1.4 コレスポンデンス分析

主成分分析はカテゴリデータに使えない。しかし、関連する技法として、**コレスポンデンス分析**がある。その目的は、カテゴリ間あるいはカテゴリ特徴量間の関連を見出して識別することだ。コレスポンデンス分析と主成分分析の類似点は、主にその仕組みにある。すなわち、次元スケーリングの行列代数だ。コレスポンデンス分析は、主として、低次元カテゴリデータを視覚的に分析するために用いられ、ビッグデータの準備段階で用いられる次元削減での主成分分析と同じようには用いられない。

コレスポンデンス分析の入力は、行が1変数、列が他の変数を表す2×2行列で、各セルがレコード数を表す。（行列計算を行った後の）出力は**バイプロット**、すなわちスケール付きの軸（とその次元でどれだけ分散が説明されるかというパーセント）の散布図になる。軸上の単位の意味は、元のデータに直感的には対応せず、散布図の主目的は、互いに関連する変数を図上の近接性で表示することにある。例えば、**図7-4**では、家事を夫婦が共同で行うか単独で行うかを縦軸に、主たる責任を負うのは妻か夫かを横軸に示す。コレスポンデンス分析には数十年の歴史があり、この例に示すように作業割り当ての判断に用いられる。

Rにはコレスポンデンス分析用のさまざまなパッケージがある。**図7-4**に示すものはcaパッケージを使った。

（R）
```
ca_analysis <- ca(housetasks)
plot(ca_analysis)
```

Pythonでは、`scikit-learn` APIを使ったコレスポンデンス分析実装パッケージ`prince`が使える。

（Python）
```
ca = prince.CA(n_components=2)
ca = ca.fit(housetasks)

ca.plot_coordinates(housetasks, figsize=(6, 6))
```

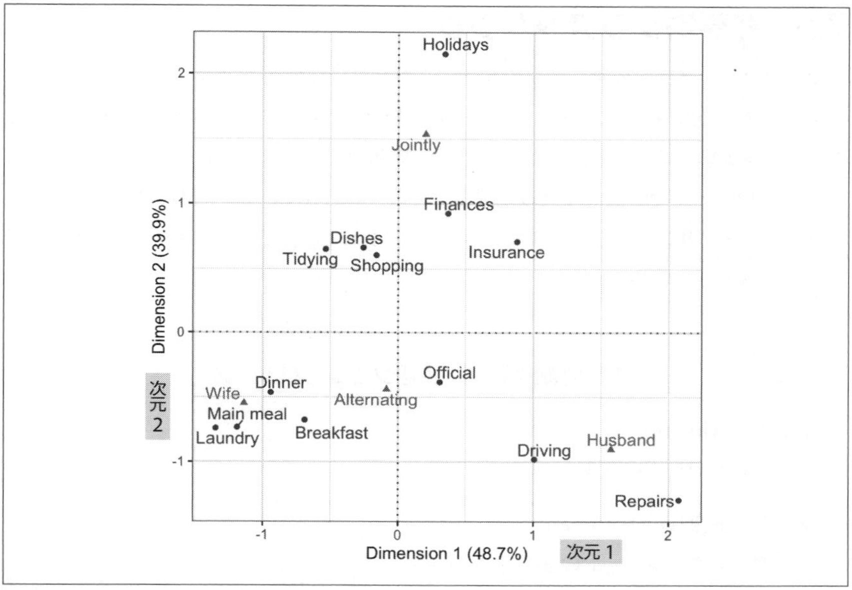

図7-4 家事データのコレスポンデンス分析の図示

基本事項48

- 主成分は、予測変数（数量データだけ）の線形結合だ。
- 成分間の相関を最小化するように計算すると、冗長度が減る。
- 限られた個数の成分で、普通は目的変数の分散（変動）のほとんどを説明する。
- 主成分の限られた集合を、元の（より多くの）予測変数の代わりに使え、次元を減らせる。
- カテゴリデータのためのよく似た技法は、コレスポンデンス分析だが、ビッグデータには役立たない。

7.1.5 さらに学ぶために

主成分について交差検証を使う詳細については、「Cross-validation of component models: A critical look at current methods」［Bro-2008］を参照する。

7.2 k平均クラスタリング

クラスタリングは、各グループのレコードが互いに類似するように、データをグループ分割する手法である。クラスタリングの目標は、データの有意で意味が納得できるグループを識別することだ。グループは、直接利用してより深く分析することも、予測回帰や分類モデルの特徴量または成果として渡すこともできる。k平均は、最初に開発されたクラスタリング手法だ。アルゴリズムが比較的簡単で、巨大データセットにもスケールするので一般的であり、いまだに広く使われている。

基本用語47：k平均クラスタリング

クラスタ（cluster）
　似たレコードのグループ。

クラスタ平均（cluster mean）
　クラスタのレコードの変数平均のベクトル。

k
　クラスタの個数

k平均は、各レコードのその属するクラスタの平均からの距離の平方和を最小化するよう、データをk個のクラスタに分割する。これは、**クラスタ内平方和**とか**クラスタ内SS**と呼ばれる。k平均は、クラスタが同じサイズになることを保証しないが、最良分割のクラスタを作る。

正規化

普通は、平均から差し引いて標準偏差で割ることで連続変数を正規化（標準化）する。そうでないと、大きなスケールの変数がクラスタプロセスで優勢になる（**「6.1.4　標準化（正規化、z値）」**参照）。

7.2.1 簡単な例

n個のレコードで2変数xとyだけのデータセットから始める。このデータを$k = 4$クラスタに分割したいとする。これは、各レコード(x_i, y_i)をいずれかのクラスタに割り当てることを意味する。クラスタcにn_cレコード割り当てることにすると、クラスタの中央$(\bar{x}_k, \bar{y}_k)$が、クラスタの点の平均になる。

$$\bar{x}_k = \frac{1}{n_k} \sum_{i \in \text{クラスタ}k} x_i$$

$$\bar{y}_k = \frac{1}{n_k} \sum_{i \in \text{クラスタ}k} y_i$$

クラスタ平均

多変数のレコードのクラスタリング（普通の場合）では、**クラスタ平均**とは1つの数値ではなく、変数の平均のベクトルを指す。

クラスタ内の平方和は次の式で求める。

$$\mathrm{SS}_k = \sum_{i \in \text{クラスタ}k} \left(x_i - \bar{x}_k\right)^2 + \left(y_i - \bar{y}_k\right)^2$$

k平均は、4クラスタすべてにわたるクラスタ内の平方和$SS_1 + SS_2 + SS_3 + SS_4$を最小化するレコード割り当てを見つける。

$$\sum_{k=1}^{4} \mathrm{SS}_k$$

クラスタリングの典型的な使用法は、データを自然な別々のクラスタに分けることだ。別の使用法は、グループが互いにできるだけ異なるように、期待した個数のグループにデータを分割することだ。

例えば、株式の日次収益を4つのグループに分けたいとする。k平均クラスタリングを使って、データの最良のグループ分けができる。株式の日次収益が、実質的に標準化されて報告されるので、データを正規化する必要がない。Rでは、kmeans関数を使ってk平均クラスタリングを行う。例えば、次のコードでは2変数、エクソンモービル（XOM）とシェブロン（CVX）の日次株価収益に基づいた4つのクラスタが求まる。

```
(R)
df <- sp500_px[row.names(sp500_px)>='2011-01-01', c('XOM', 'CVX')]
km <- kmeans(df, centers=4)
```

Pythonではscikit-learnのsklearn.cluster.KMeansクラスを使う。

(Python)
```
df = sp500_px.loc[sp500_px.index >= '2011-01-01', ['XOM', 'CVX']]
kmeans = KMeans(n_clusters=4).fit(df)
```

各レコードのクラスタ割り当ては、Rでは`cluster`成分で返される。

(R)
```
df$cluster <- factor(km$cluster)
head(df)
                  XOM        CVX cluster
2011-01-03 0.73680496  0.2406809       2
2011-01-04 0.16866845 -0.5845157       1
2011-01-05 0.02663055  0.4469854       2
2011-01-06 0.24855834 -0.9197513       1
2011-01-07 0.33732892  0.1805111       2
2011-01-10 0.00000000 -0.4641675       1
```

`scikit-learn`ではクラスタラベルは`labels_`フィールドで得られる。

(Python)
```
df['cluster'] = kmeans.labels_
df.head()
```

最初の6レコードは、クラスタ1かクラスタ2に割り当てられる。クラスタ平均も返される。Rでのコードを次に示す。

(R)
```
centers <- data.frame(cluster=factor(1:4), km$centers)
centers
  cluster        XOM        CVX
1       1 -0.3284864 -0.5669135
2       2  0.2410159  0.3342130
3       3 -1.1439800 -1.7502975
4       4  0.9568628  1.3708892
```

`scikit-learn`ではクラスタ中心は`cluster_centers_`フィールドで得られる。

(Python)
```
centers = pd.DataFrame(kmeans.cluster_centers_, columns=['XOM', 'CVX'])
centers
```

クラスタ1と3は、「下降」相場を、クラスタ2と4は、「上昇」相場を表す。

k平均アルゴリズムでは、開始データポイントをランダムに選ぶので、結果は実行ごとに、また、メソッドの実装によっても異なる。一般に、違いが大きすぎないかチェックすべきだ。

この例では、2つの変数だけを使うので、クラスタと平均の可視化は簡単だ。次はRのコードだ。

(R)
```
ggplot(data=df, aes(x=XOM, y=CVX, color=cluster, shape=cluster)) +
  geom_point(alpha=.3) +
  geom_point(data=centers,  aes(x=XOM, y=CVX), size=3, stroke=2)
```

PythonではSeabornの`scatterplot`関数がプロパティの色（hue）やスタイル（`style`）指定を容易にしている。

(Python)
```
fig, ax = plt.subplots(figsize=(4, 4))
ax = sns.scatterplot(x='XOM', y='CVX', hue='cluster', style='cluster',
                     ax=ax, data=df)
ax.set_xlim(-3, 3)
ax.set_ylim(-3, 3)
centers.plot.scatter(x='XOM', y='CVX', ax=ax, s=50, color='black')
```

図7-5の結果のプロットは、クラスタ割り当てとクラスタ平均を示す。k平均では、クラスタがきちんと分離されていなくても、レコードをクラスタに割り当てる（これは、レコードをグループごとに最適分割する必要がある場合には役立つ）ことに注意。

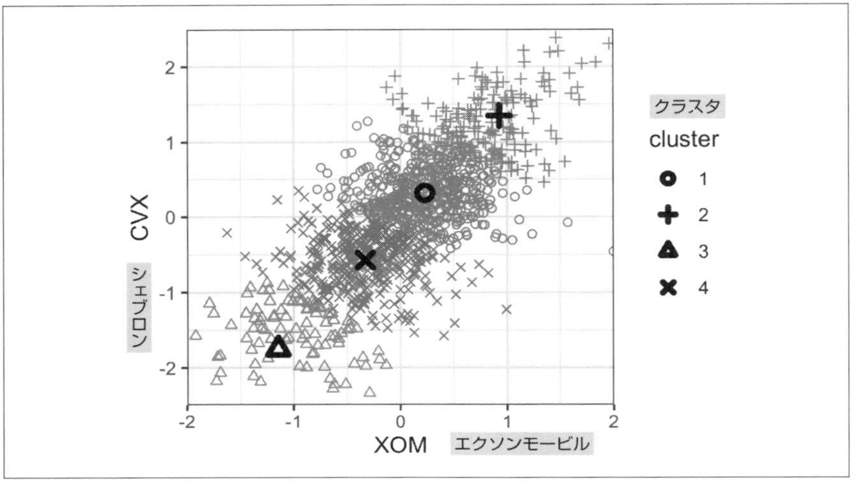

図7-5 シェブロンとエクソンモービルの株価データに適用したk平均クラスタ（クラスタ中心は黒色の記号でハイライトしている）

7.2.2 k平均アルゴリズム

一般に、k平均は、p個の変数$X_1, ..., X_p$があるデータセットに適用される。k平均の厳密な解は計算が非常に困難だが、ヒューリスティックアルゴリズムで局所最適解が効率的に計算できる。

アルゴリズムは、ユーザが指定したkとクラスタ平均の初期集合で始まり、次のステップを繰り返す。

1. 各レコードに、平方距離に基づいて最も近いクラスタ平均を割り当てる。
2. レコード割り当てに基づいて、新しいクラスタ平均を計算する。

アルゴリズムは、クラスタへのレコード割り当てが変わらなくなったとき収束する。

最初の反復では、クラスタ平均の初期集合を指定する必要がある。通常、各レコードをk個のクラスタのどれかにランダムに割り当て、クラスタの平均を見つけることでこれを行う。

このアルゴリズムは、最良可能解が得られることを保証しないので、アルゴリズムを初期化するさまざまなランダムサンプルを使って、アルゴリズムを数回実行することを推奨する。複数回反復するなら、k平均の結果は、最小のクラスタ内平方和の反復で得られる。

R関数kmeansのnstartパラメータで、ランダムに試す回数を指定できる。例えば、次のコードはk平均を実行して、10個の異なる開始クラスタ平均を使い5つのクラスタを見つける。

（R）
```
syms <- c( 'AAPL', 'MSFT', 'CSCO', 'INTC', 'CVX', 'XOM', 'SLB', 'COP',
           'JPM', 'WFC', 'USB', 'AXP', 'WMT', 'TGT', 'HD', 'COST')
df <- sp500_px[row.names(sp500_px) >= '2011-01-01', syms]
km <- kmeans(df, centers=5, nstart=10)
```

この関数は自動的に10個の異なる開始点から最良解を返す。引数iter.maxを使って、ランダムな開始ごとにアルゴリズムに許される最大反復回数を設定できる。

scikit-learnのアルゴリズムは、デフォルト（n_init）で10回繰り返す。引数max_iter（デフォルト値は300）を使って反復回数を制御できる。

（Python）
```
syms = sorted(['AAPL', 'MSFT', 'CSCO', 'INTC', 'CVX', 'XOM', 'SLB', 'COP',
               'JPM', 'WFC', 'USB', 'AXP', 'WMT', 'TGT', 'HD', 'COST'])
top_sp = sp500_px.loc[sp500_px.index >= '2011-01-01', syms]
kmeans = KMeans(n_clusters=5).fit(top_sp)
```

7.2.3　クラスタを解釈する

クラスタの解釈は、クラスタ分析の重要な部分だ。kmeansの出力で最も重要なのは、クラスタサイズとクラスタ平均の2つだ。先ほどの例については、結果のクラスタのサイズが次のRコマンドで得られる。

（R）
```
km$size
[1] 106 186 285 288 266
```

Pythonでは、標準ライブラリのcollections.Counterクラスがこの情報を得るために使える。実装の違いと、アルゴリズムの本質的なランダム性のために、結果は変動する。

（Python）
```
from collections import Counter
Counter(kmeans.labels_)
```

```
Counter({4: 302, 2: 272, 0: 288, 3: 158, 1: 111})
```

クラスタサイズは比較的バランスがとれている。不均衡クラスタは、離れた外れ値や残りのデータと大きく異なるレコードのグループによって生じるが、両方ともさらに調べる必要がある。

Rでは、クラスタ中心はgather関数ggplotを一緒に使ってプロットできる。

(R)
```
centers <- as.data.frame(t(centers))
names(centers) <- paste("Cluster", 1:5)
centers$Symbol <- row.names(centers)
centers <- gather(centers, 'Cluster', 'Mean', -Symbol)
centers$Color = centers$Mean > 0
ggplot(centers, aes(x=Symbol, y=Mean, fill=Color)) +
  geom_bar(stat='identity', position='identity', width=.75) +
  facet_grid(Cluster ~ ., scales='free_y')
```

PythonではPCAで使ったのと同じような可視化コードを使う。

(Python)
```
centers = pd.DataFrame(kmeans.cluster_centers_, columns=syms)

f, axes = plt.subplots(5, 1, figsize=(5, 5), sharex=True)
for i, ax in enumerate(axes):
    center = centers.loc[i, :]
    maxPC = 1.01 * np.max(np.max(np.abs(center)))
    colors = ['C0' if l > 0 else 'C1' for l in center]
    ax.axhline(color='#888888')
    center.plot.bar(ax=ax, color=colors)
    ax.set_ylabel(f'Cluster {i + 1}')
    ax.set_ylim(-maxPC, maxPC)
```

図7-6は結果のプロットで、各クラスタの性質が表されている。例えば、クラスタ4は下降相場、クラスタ5は上昇相場の日に相当する。クラスタ2は、消費関連株の上昇相場の日、クラスタ3はエネルギー株の下降相場の日で特徴付けられる。最後に、クラスタ1は、エネルギー株が上昇で消費関連株が下降の日をとらえている。

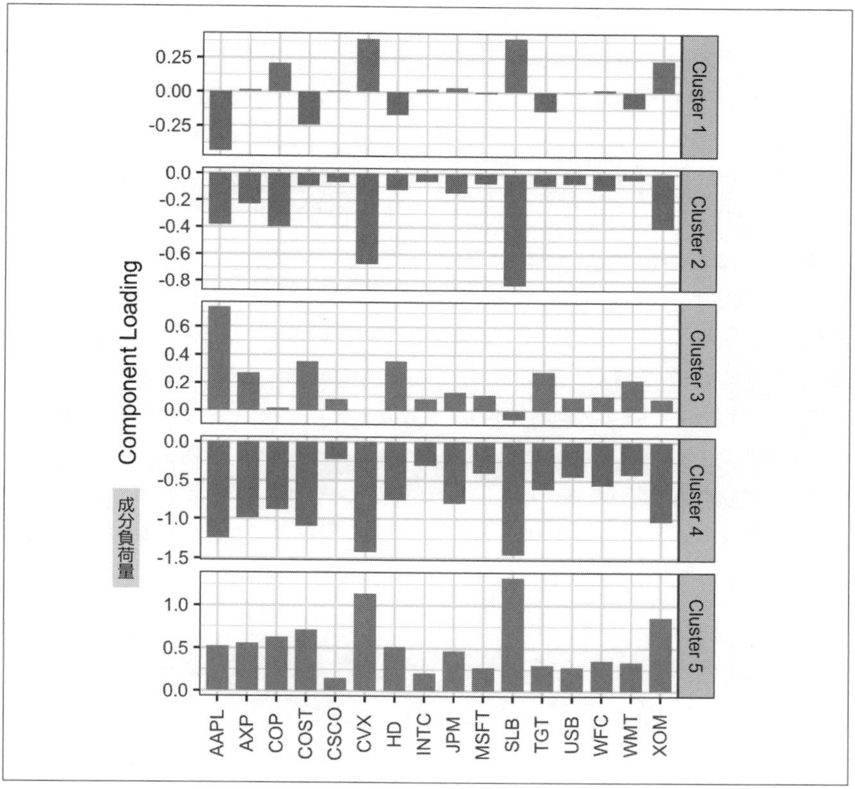

図7-6 各クラスタの変数の平均（クラスタ平均）

クラスタ分析対PCA

ラスタ平均のプロットは、主成分分析（PCA）で負荷量を調べるのと考え方が似ている（**「7.1.3 主成分の解釈」**参照）。主な相違点は、PCAと異なり、クラスタ平均の符号にはPCAと異なり、意味があることだ。PCAは、変動の主たる方向を見出すが、クラスタ分析は、互いに近接した位置にあるレコードのグループを見つける。

7.2.4 クラスタの個数を選ぶ

k平均アルゴリズムでは、クラスタの個数kを指定する必要がある。場合によっては、クラスタの個数は、その用途から決まることもある。例えば、販売部隊を管理する企業で、顧客への電話営業時の焦点に絞った「ペルソナ」に顧客をクラスタ化をしたいとする。そのような場合、管理上の配慮により、顧客セグメントの望ましい個数が決まる。例えば、2つでは、顧客の分類として役に立たず、8つでは、管理するのに多すぎることもある。

実際的または管理上の配慮でクラスタの個数が決まらない場合は、統計的な方式をとることもできる。「最良の」クラスタ数を求める標準的な手法は存在しない。

「エルボー法」と呼ばれる一般的なアプローチでは、クラスタ集合がデータの分散を「最大」に説明するのがいつかを特定する。この集合を超えて新たなクラスタを追加しても分散の説明への寄与はわずかしか増加しない。エルボーは説明できる累積分散の傾きが平らになる点を指す。人の腕の肘(elbow)に似た形になるので、この名がある。

図7-7は、2から15までの範囲のクラスタ数のデフォルトデータで説明される変動の累積パーセントを示す。この例では、どこがエルボーだろうか。説明される変動の増分が緩やかにしか減らないので、エルボーの候補がはっきりしない。これは、きちんと定義されたクラスタのないデータでは、普通のことだ。おそらくこれはエルボー法の欠点だが、データの性質は示されている。

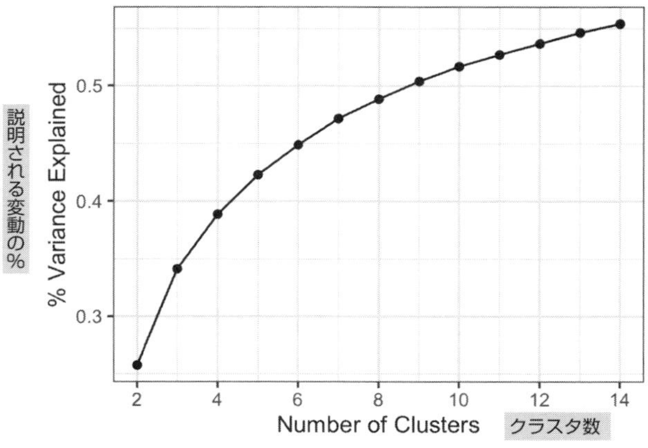

図7-7 株式データへのエルボー法適用

Rでは、kmeans関数にエルボー法を適用するコマンドがないが、次に示すようにkmeansの出力に対して簡単にエルボーを計算できる。

(R)
```
pct_var <- data.frame(pct_var = 0,
                      num_clusters = 2:14)
totalss <- kmeans(df, centers=14, nstart=50, iter.max=100)$totss
for (i in 2:14) {
  kmCluster <- kmeans(df, centers=i, nstart=50, iter.max=100)
  pct_var[i-1, 'pct_var'] <- kmCluster$betweenss / totalss
}
```

PythonのKMeansの結果では、プロパティinertia_で、この情報が得られる。pandasデータフレームに変換してからplotメソッドでグラフを作る。

(Python)
```
inertia = []
for n_clusters in range(2, 14):
    kmeans = KMeans(n_clusters=n_clusters, random_state=0).fit(top_sp)
    inertia.append(kmeans.inertia_ / n_clusters)

inertias = pd.DataFrame({'n_clusters': range(2, 14), 'inertia': inertia})
ax = inertias.plot(x='n_clusters', y='inertia')
plt.xlabel('Number of clusters(k)')
plt.ylabel('Average Within-Cluster Squared Distances')
plt.ylim((0, 1.1 * inertias.inertia.max()))
ax.legend().set_visible(False)
```

クラスタをいくつ保持すべきか判断する場合、最も重要なテストは、新たなデータに対してクラスタが複製される可能性がどれだけあるかだろう。クラスタは解釈できるか、データの一般特性に関係するのか、あるいは、特定の事例を反映するだけかだ。部分的には、交差検証を使って評価できる（**「4.2.3　交差検証」**参照）。

一般に、いくつクラスタを作るべきか信頼できる規則は存在しない。

統計的または情報理論に基づいたクラスタ数を決定する、より形式的な方法が複数存在する。例えば、Robert Tibshirani、Guenther Walther、Trevor Hastieは、エルボーを見つけるのに統計理論の「ギャップ」統計量に基づいた手法（https://web.stanford.edu/~hastie/Papers/gap.pdf）を提案している。ほとんどのソフトウェアでは、理論的な方式はおそらく必要でなく、適切ですらないこともあるだろう。

基本事項49

- 望ましいクラスタの個数kはユーザが選ぶ。
- アルゴリズムでは、クラスタ割り当てに変更がなくなるまで、レコードを反復的に最も近いクラスタ平均に割り当てる。
- 通常、kの選択では実際的に考えて決める。クラスタの最適な個数は統計的に決定できない。

7.3 階層クラスタリング

階層クラスタリングは、k平均に比べて、大きく異なるクラスタを作る。階層クラスタリングでは、クラスタの個数を変えた場合の効果を可視化できる。外れ値や異常なグループやレコードを検出する敏感度も高い。さらに直感的に図で表現でき、クラスタの解釈も容易となる。

基本用語48：階層クラスタリング

デンドログラム（dendrogram）

レコードとそれが属すクラスタ階層の可視化表現。系統樹ともいう。

距離（distance）

あるレコードが別のレコードとどれほど離れているかの尺度。

非類似度（dissimilarity）

あるクラスタが別のクラスタとどれほど離れているかの尺度。

階層クラスタリングの柔軟性を実現するには、コストがかかるため、何百万というレコードの巨大データセットにはうまくスケールできない。1万レコード程度の普通のサイズのデータですら、階層クラスタリングには、かなりの計算資源が必要となる。実際、階層クラスタリングのほとんどのソフトウェアでは、比較的小さなデータセットに焦点を絞っている。

7.3.1 簡単な例

階層クラスタリングは、nレコードp変数のデータセットを扱う場合、次の2つの構成要素に基づく。

- 2つのレコードiとjの間の距離を測る距離指標$d_{i,j}$
- クラスタのメンバー間の距離$d_{i,j}$に基づいた、2クラスタAとBとの相違を測る非類似度の尺度$D_{A,B}$

数量データを含む応用では、最も重要な選択は非類似度の尺度だ。階層クラスタリングは、各レコードをそれ自体クラスタと設定するところから始めて、類似度が最も小さいクラスタを反復的に結合する。

Rでは、hclust関数を使って階層クラスタリングを行う。kmeansに対するhclustの一番大きな相違は、データそのものではなく、点ごとの距離$d_{i,j}$を入力とすることだ。これらは、dist関数を使って計算できる。例えば、次のコードは、一群の企業の株価収益に階層クラスタリングを適用する。

(R)
```
syms1 <- c('GOOGL', 'AMZN', 'AAPL', 'MSFT', 'CSCO', 'INTC', 'CVX', 'XOM', 'SLB',
           'COP', 'JPM', 'WFC', 'USB', 'AXP', 'WMT', 'TGT', 'HD', 'COST')
# 転置する:企業をクラスタ化するには、株式を行に並べる必要がある
df <- t(sp500_px[row.names(sp500_px) >= '2011-01-01', syms1])
d <- dist(df)
hcl <- hclust(d)
```

クラスタリングアルゴリズムは、データフレームのレコード(行)をクラスタ化する。企業をクラスタ化したいので、データフレームを転置(t)して、株式を行に、日付を列にする必要がある。

PythonではSciPyパッケージにscipy.cluster.hierarchyモジュールがあって、階層クラスタリングのさまざまな手法を提供する。次のコードではlinkage関数のcompleteメソッドを使う。

(Python)
```
syms1 = ['AAPL', 'AMZN', 'AXP', 'COP', 'COST', 'CSCO', 'CVX', 'GOOGL', 'HD',
         'INTC', 'JPM', 'MSFT', 'SLB', 'TGT', 'USB', 'WFC', 'WMT', 'XOM']
df = sp500_px.loc[sp500_px.index >= '2011-01-01', syms1].transpose()

Z = linkage(df, method='complete')
```

7.3.2 デンドログラム

階層クラスタリングは、**デンドログラム**と呼ばれる木の形で自然に表示される。この英語名dendrogramは、ギリシャ語のdendro（木）とgramma（図）に由来する。Rでは、`plot`コマンドで簡単に作ることができる。

（R）
```
plot(hcl)
```

Pythonでは`linkage`の`dendrogram`メソッドを使ってプロットする。

（Python）
```
fig, ax = plt.subplots(figsize=(5, 5))
dendrogram(Z, labels=df.index, ax=ax, color_threshold=0)
plt.xticks(rotation=90)
ax.set_ylabel('distance')
```

結果を**図7-8**に示す（日付ではなく類似した企業をプロットしていることに注意すること）。木の葉はレコードに対応する。木の枝の長さは、対応クラスタ間の相違度を示す。GoogleとAmazonの株価収益は互いに異なるだけでなく、他の株式とも大いに異なる。石油株（SLB、CVX、XOM、COP）はクラスタを構成し、Apple（AAPL）はそれ自体でクラスタになる。他の株式は互いに似ている。

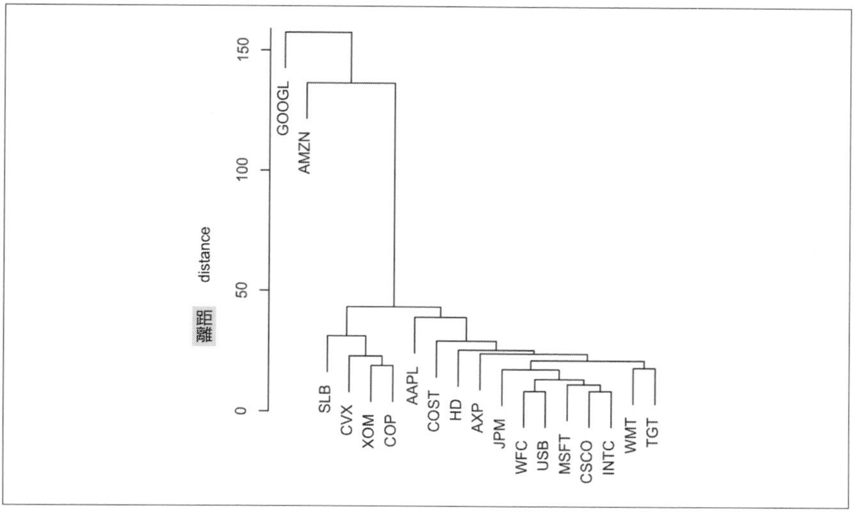

図7-8　株式のデンドログラム

k平均とは対照的に、前もってクラスタの個数を指定する必要はない。Rでは、クラスタの個数を抽出するには`cutree`関数を使うことができる。

（R）

```
cutree(hcl, k=4)
GOOGL  AMZN  AAPL  MSFT  CSCO  INTC   CVX   XOM   SLB   COP   JPM   WFC
    1     2     3     3     3     3     4     4     4     4     3     3
  USB   AXP   WMT   TGT    HD  COST
    3     3     3     3     3     3
```

Pythonでは`fcluster`関数を使い、同じことができる。

（Python）

```
memb = fcluster(Z, 4, criterion='maxclust')
memb = pd.Series(memb, index=df.index)
for key, item in memb.groupby(memb):
    print(f"{key} : {', '.join(item.index)}")
```

抽出クラスタ数は4に設定され、GoogleとAmazonはそれだけのクラスタになる。石油株はすべて別のクラスタになる。残りの株式は、4番目のクラスタになる。

7.3.3 凝集アルゴリズム

階層クラスタリングの主なアルゴリズムは、反復的に類似クラスタを併合する**凝集**アルゴリズムだ。凝集アルゴリズムは、1レコードクラスタを形成するレコードから開始して、順次、より大きなクラスタになる。第1ステップでは、レコードのすべての対距離を計算する。

レコードの各対$(x_1, x_2, ..., x_p)$と$(y_1, y_2, ..., y_p)$について、2レコード間の距離$d_{x,y}$を距離指標（「**6.1.2 距離指標**」参照）を使って計算する。例えば、ユークリッド距離を使うと次のようになる。

$$d(x, y) = \sqrt{(x_1 - y_1)^2 + (x_2 - y_2)^2 + \cdots + (x_p - y_p)^2}$$

クラスタ間の距離を考える。レコード集合$A = (a_1, a_2, ..., a_m)$と$B = (b_1, b_2, ..., b_q)$が異なる2クラスタAとBを考える。クラスタ間の非類似度$D(A, B)$をAのメンバーとBのメンバーとの距離を用いて測定する。

非類似度の尺度の1つが**完全リンク法**によるもので、AとBとのレコード間のすべての対距離の最大値となる。

$$\text{全体}\, i, j \,\text{について}\, D(A, B) = \max d\left(a_i, b_j\right)$$

これは、非類似度をすべての対間の最大差と定義する。

凝集アルゴリズムの主なステップは次のようになる。

1. データの各レコードをそれぞれクラスタとするクラスタの初期集合を作る。
2. クラスタ k, ℓ のすべての対の非類似度 $D(C_k, C_\ell)$ を計算する。
3. $D(C_k, C_\ell)$ で測った非類似度が最も小さい2クラスタ C_k と C_ℓ を併合する。
4. 複数のクラスタが残っていれば、ステップ2に戻る。そうでなければ完了。

7.3.4 非類似度の尺度

非類似度の尺度には、**完全リンク**、**単リンク**、**平均リンク**、**最小分散**の4つが普通は用いられる。これら（および他の尺度）はすべて、`hclust`と`linkage`を含めてほとんどの階層クラスタリングソフトウェアでサポートされている。既に定義した完全リンク法は、類似したメンバーのクラスタを作る傾向がある。単リンク法は、2つのクラスタのレコード間の最小距離による。

$$\text{全体}\, i, j \,\text{について}\, D(A, B) = \min d\left(a_i, b_j\right)$$

これは「貪欲」手法で、かなり異なった要素を含むクラスタを作る。平均リンク法は、すべての対の平均であり、単リンク法と完全リンク法の中間的な方法になる。最後に、最小分散法は、ウォード法とも呼ばれるが、クラスタ内の平方和を最小化するのでk平均とよく似ている（**「7.2 k平均クラスタリング」**参照）。

図7-9は、エクソンモービルとシェブロンの株式収益に4つの尺度を用いて階層クラスタリングを適用したものだ。各尺度で、4つのクラスタが保持されている。

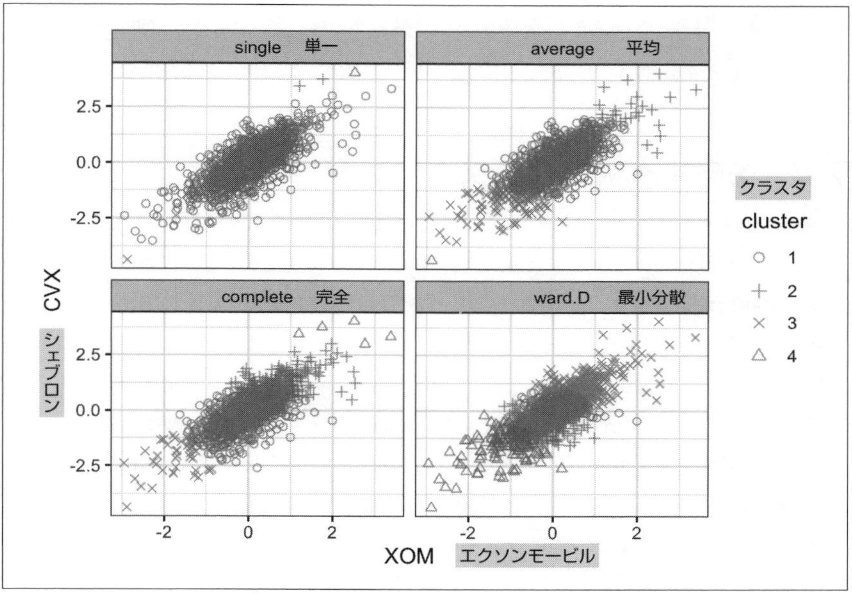

図7-9 株式データに非類似度尺度を適用した比較

結果は、驚くほど異なる。単リンク尺度は、ほとんどすべての点を1つのクラスタに割り当てる。最小分散法（RではWard.DやWord.D2、Pythonではwardを使う）を除けば、すべての尺度は少なくとも1つのクラスタに収まり、外れ点はわずかだ。最小分散法は、k平均クラスタに最もよく似ている。**図7-5**と比較してみよう。

基本事項50

- 階層クラスタリングは、すべてのレコードがそれ自体でクラスタというところから始める。
- 順次、近くのクラスタを併合して、最後には全レコードが1つのクラスタになるようにする（凝集アルゴリズム）。
- 凝集履歴を保持してプロットし、ユーザが（前もってクラスタ数を指定せず）さまざまな段階でクラスタの個数と構造を可視化できるようにする。

- クラスタ間距離はさまざまな方法で計算でき、すべて全レコード間距離集合に依存する。

7.4 モデルベースクラスタリング

階層クラスタリングやk平均法のようなクラスタリング手法は主として、ヒューリスティックに基づき、データで直接測る（確率モデルを含まない）互いに近いメンバーのクラスタ検出に依存する。この20年間、モデルベースクラスタリング手法の開発に努力が傾けられてきた。ワシントン大学のエイドリアン・ラフタリや他の研究者が理論とソフトウェアの両面で大いに貢献した。モデルベースクラスタリングは統計理論に基づき、クラスタの性質と個数を決定する、より厳格な方法を提供する。例えば、互いに似てはいるが必ずしも距離が近いわけではないグループ（例：収益の変動幅が大きいテクノロジー株）と、似ているだけでなく距離も近いグループ（例：変動が少ない公共事業関連株）があるような場合に役立つ。

7.4.1 多変量正規分布

モデルベースクラスタリングでは、**多変量正規分布**が最も広く使われている。正規分布をp個の変数$X_1, X_2, ..., X_p$に拡張したものだ。多変量正規分布は、平均値の集合$\mu = \mu_1, \mu_2, ..., \mu_p$と共分散行列$\Sigma$で定義する。共分散行列は、変量が互いにどのように相関するかの尺度だ（共分散についての詳細は「**5.2.1 共分散行列**」参照）。共分散行列Σは、p個の分散$\sigma_1^2, \sigma_2^2, ..., \sigma_p^2$と$i \neq j$の全変数対の共分散$\sigma_{i,j}$からなる。変数を行と列にとって、次のような行列になる。

$$\Sigma = \begin{bmatrix} \sigma_1^2 & \sigma_{1,2} & \cdots & \sigma_{1,p} \\ \sigma_{2,1} & \sigma_2^2 & \cdots & \sigma_{2,p} \\ \vdots & \vdots & \ddots & \vdots \\ \sigma_{p,1} & \sigma_{p,2}^2 & \cdots & \sigma_p^2 \end{bmatrix}$$

共分散行列は左上から右下の対角線に関して対称的だ。$\sigma_{i,j} = \sigma_{j,i}$なので$(p \times (p-1))/2$個の共分散項しかない。全体で、共分散行列には$(p \times (p-1))/2 + p$個のパラメータがある。分布の式は次のようになる。

$$(X_1, X_2, \cdots, X_p) \sim N_p(\mu, \Sigma)$$

これは、変数がすべて正規分布に従うことを表す記法であり、分布全体は、変数平均のベクトルと共分散行列で完全に説明される。

図7-10は、2変数XとYの多変量正規分布の確率等高線を示す（例えば、0.5確率等高線は分布の50％を含む）。

平均は、$\mu_x = 0.5$と$\mu_y = -0.5$であり、共分散行列は次の通り。

$$\Sigma = \begin{bmatrix} 1 & 1 \\ 1 & 2 \end{bmatrix}$$

共分散σ_{xy}が正なので、XとYは正の相関となる。

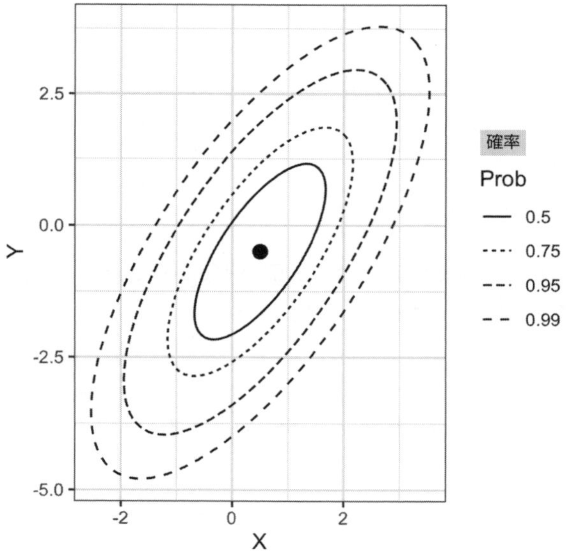

図7-10　2次元正規分布の確率等高線

7.4.2　正規分布の混合

モデルベースクラスタリングの核となるアイデアは、Kをクラスタの個数として、各レコードがK多変量分布の1つだと想定することだ。各分布の平均μと共分散行列Σはそれぞれ異なる。例えば、2変数XとYの場合、各行(X_i, Y_i)がK個の多変量正規分布$N(\mu_1, \Sigma_1), N(\mu_2, \Sigma_2), ..., N(\mu_K, \Sigma_K)$の1つからサンプルをとってモデル化される。

Rには、クリス・フレーリーとエイドリアン・ラフタリが開発したmclustと呼ばれる非常に機能が豊富なパッケージがある。このパッケージで、k平均や階層クラスタリングで既に分析した株価収益データにモデルベースクラスタリングを適用できる。

(R)
```
library(mclust)
df <- sp500_px[row.names(sp500_px) >= '2011-01-01', c('XOM', 'CVX')]
mcl <- Mclust(df)
summary(mcl)
Mclust VEE (ellipsoidal, equal shape and orientation) model with 2
components:


 log.likelihood    n df       BIC       ICL
      -2255.134 1131  9 -4573.546 -5076.856

Clustering table:
  1   2
963 168
```

scikit-learnではsklearn.mixture.GaussianMixtureクラスがモデルベースクラスタリングのために用意されている。

(Python)
```
df = sp500_px.loc[sp500_px.index >= '2011-01-01', ['XOM', 'CVX']]
mclust = GaussianMixture(n_components=2).fit(df)
mclust.bic(df)
```

このコードを実行すると、他の手続きに比べて計算にかなり長い時間がかかることに気付くだろう。Rの関数predictでクラスタ割り当てを抽出し、クラスタを可視化できる。

(R)
```
cluster <- factor(predict(mcl)$classification)
ggplot(data=df, aes(x=XOM, y=CVX, color=cluster, shape=cluster)) +
  geom_point(alpha=.8)
```

対応するPythonコードは次の通り。

(Python)
```
fig, ax = plt.subplots(figsize=(4, 4))
colors = [f'C{c}' for c in mclust.predict(df)]
df.plot.scatter(x='XOM', y='CVX', c=colors, alpha=0.5, ax=ax)
ax.set_xlim(-3, 3)
ax.set_ylim(-3, 3)
```

結果のプロットを**図7-11**に示す。クラスタは2つあり、1つはデータの中央部、もう1つは外側だ。これは、もっとコンパクトなクラスタが求められた、k平均を使ったクラスタ（**図7-5**）や階層クラスタリング（**図7-9**）と大きく異なる。

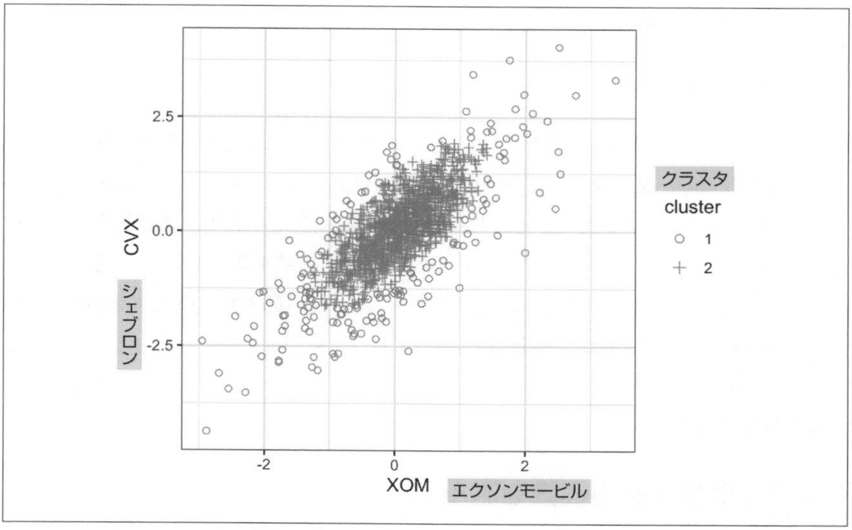

図7-11 mclustを使って株価収益データから求められる2つのクラスタ

summary関数を使って正規分布へのパラメータを抽出できる。

(R)
```
summary(mcl, parameters=TRUE)$mean
          [,1]        [,2]
XOM 0.05783847 -0.04374944
CVX 0.07363239 -0.21175715
summary(mcl, parameters=TRUE)$variance
, , 1
          XOM       CVX
```

```
XOM 0.3002049 0.3060989
CVX 0.3060989 0.5496727
, , 2

          XOM      CVX
XOM 1.046318 1.066860
CVX 1.066860 1.915799
```

Pythonでは、結果のプロパティ means_ と covariances_ からこの情報を得る。

```
(Python)
print('Mean')
print(mclust.means_)
print('Covariances')
print(mclust.covariances_)
```

分布は同じような平均と相関を持つが、第2分布がはるかに大きい分散と共分散を持つ。アルゴリズムが乱数を用いているので、結果は実行ごとにわずかに異なる。

mclustのクラスタには驚くかもしれないが、実際に、この手法の統計的性質を示しているのだ。モデルベースクラスタリングの目標は多変量正規分布の最良適合を求めることだ。株式データは正規分布に見える形をしている（**図7-10**の等高線参照）。しかし、実際には、株式収益は、正規分布と言うよりは、裾がより長い分布をしている。これを扱うために、mclustは分布を多数のデータに適合させるのだが、第2分布はより大きな分散に適合する。

7.4.3 クラスタの個数を選ぶ

k平均や階層クラスタリングと異なり、mclustはクラスタの個数（この場合は2）を自動的に選択する。**ベイズ情報量基盤**（BIC：Bayesian Information Criteria）が最大値となるクラスタ数を選ぶことでそれができる（BICはAICと似ている。「**4.2.4 モデル選択と段階的回帰**」参照）。BICは最適モデル選択においてモデルのパラメータ数を使って罰則を課す。モデルベースクラスタリングでは、より多くのクラスタを追加すれば、モデルにパラメータが追加されることで常に適合が改善する。

ほとんどの場合、BICは通常最小となる。mclustパッケージの作者は、BICの符号を反転してプロットの解釈を簡単にしている。

mclustは、14の異なる成分が増加するモデルに適合し、自動的に最適モデルを選ぶ。mclustの関数を用いて、これらのモデルのBIC得点をプロットできる。

(R)
```
plot(mcl, what='BIC', ask=FALSE)
```

クラスタ数、すなわち、異なる多変量正規モデル（成分）の個数をx軸に示す（**図7-12**参照）。

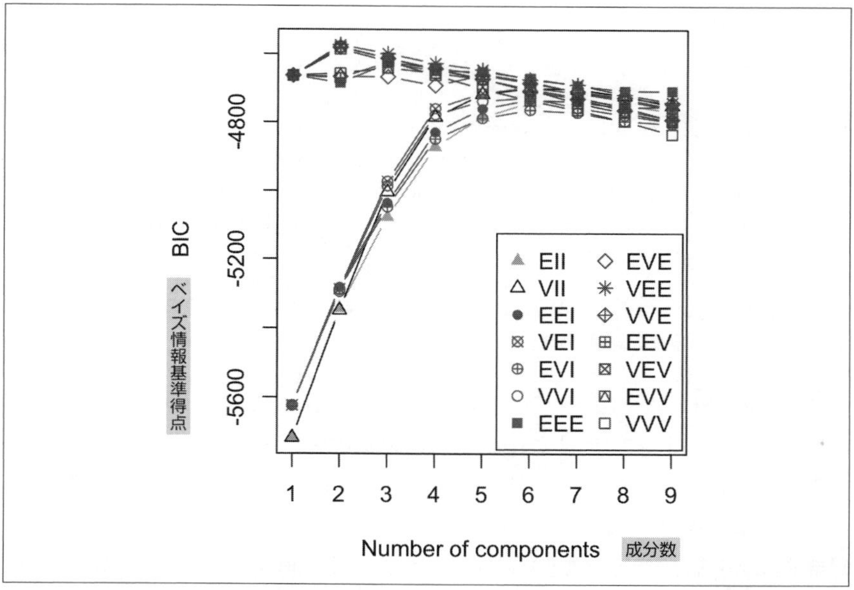

図7-12　株式収益データの14のモデルの成分数に対するBIC得点

GaussianMixture実装では対照的に、さまざまな組み合わせを試さない。次に示すように、Pythonを使って複数の組み合わせを実行するのは簡単だ。この実装は通常通りBICを定義する。よって、計算されたBIC得点は正で、最小化する必要がある。

(Python)
```
results = []
covariance_types = ['full', 'tied', 'diag', 'spherical']
for n_components in range(1, 9):
    for covariance_type in covariance_types:
        mclust = GaussianMixture(n_components=n_components, warm_start=True,
```

```
                                        covariance_type=covariance_type) ❶
        mclust.fit(df)
        results.append({
            'bic': mclust.bic(df),
            'n_components': n_components,
            'covariance_type': covariance_type,
        })

results = pd.DataFrame(results)

colors = ['C0', 'C1', 'C2', 'C3']
styles = ['C0-','C1:','C0-.', 'C1--']

fig, ax = plt.subplots(figsize=(4, 4))
for i, covariance_type in enumerate(covariance_types):
    subset = results.loc[results.covariance_type == covariance_type, :]
    subset.plot(x='n_components', y='bic', ax=ax, label=covariance_type,
                kind='line', style=styles[i])
```

❶ warm_start引数により、前の適合による情報を再利用して計算する。これにより、収束の速度が向上する。

このプロットは、k平均でクラスタ数を選ぶために使われたエルボープロット（**図7-7**参照）と似ているが、プロットされている値が変動説明のパーセントではなくBICであることが異なる。大きな違いは、線が1つではなく、mclustでは14の異なる線だということだ。これはmclustがクラスタサイズごとに14の異なるモデルを適合させていて、最終的に最良適合モデルを選んでいるからだ。GaussianMixture実装は個数が少ない方式なので、線は4本だけだ。

なぜ、mclustは多変量正規分布の最良集合を決定するためにそんなに多くのモデルを適合させるのだろうか。それは、モデル適合に共分散行列Σをパラメータ化するさまざまな方法があるからだ。ほとんどの場合、モデルの詳細について心配する必要はなく、mclustが選んだモデルを使えば済む。この例では、BICによれば、3つの異なるモデル（VEE、VEV、VVE）が2成分で最適適合となる。

モデルベースクラスタリングは、さまざまな研究が急速に進んでおり、本節では、この分野の一部しか紹介できない。実際、mclustのヘルプファイル（https://cran.r-project.org/web/packages/mclust/mclust.pdf）は現在

169ページある。モデルベースクラスタリングの詳細を確認するのは、データサイエンティストが直面するほとんどの問題より手間がかかるだろう。

モデルベースクラスタリング技法には限界がある。この手法を使うには、データに対するモデルの存在を仮定する必要があり、クラスタの結果はこの仮定に大きく依存する。計算は、階層クラスタリングよりも手間がかかり、巨大データにスケールするのが困難だ。しかも他の手法に比べると、はるかに高度であり、使いづらい。

基本事項51

- クラスタは、さまざまな確率分布を持つさまざまなデータ収集プロセスで得られると仮定する。
- さまざまな多数の（普通は正規）分布を想定して、さまざまなモデルが適合させる。
- この手法は、あまり多くのパラメータ（すなわち、過剰適合）を使わず、データによく適合するモデル（および、関連する個数のクラスタ）を選択する。

7.4.4 さらに学ぶために

モデルベースクラスタリングの詳細については、`mclust`ドキュメント（https://www.stat.washington.edu/research/reports/2012/tr597.pdf）と`GaussianMixture`ドキュメント（https://scikit-learn.org/stable/modules/mixture.html）を参照するとよい。

7.5 スケーリングとカテゴリ変数

教師なし学習では一般に、データが適切にスケールされる必要がある。これは、スケーリングが重要でない回帰や分類の多くの手法とは異なる（例外はk近傍法、**「6.1 k近傍法」**参照）。

> **基本用語49：データのスケーリング**
>
> **スケーリング（scaling）**
>
> 通常、複数の変数が同じスケールに収まるように、データを縮小したり拡張したりすること。
>
> **正規化（normalization）**
>
> スケーリングの一種。平均値を引いて標準偏差で割る（関連語：標準化）
>
> **Gower距離（Gower's distance）**
>
> 数量データとカテゴリデータの混合データに適用され、全変数を0から1までの範囲に収めるスケーリングアルゴリズム。

例えば、個人ローンデータでは、変数がさまざまな単位を持ち、大きさの幅が変動する。比較的小さな値を持つ変数（例：勤務年数）もあれば、非常に大きな値を持つ変数（例：ドル表示のローン金額）もある。データがスケーリングされていなければ、PCA、k平均法、その他クラスタ手法において、大きな値を持つ変数が優勢になり、小さな値の変数が無視される。

カテゴリデータは、クラスタリング手続きによっては特別な問題を引き起こす。k近傍法でのように、順序なしファクタ変数は一般にone-hotエンコーダ（**「6.1.3 one-hotエンコーダ」**参照）を使って一連の二値（0/1）変数に変換される。他のデータからの異なるスケールの二値変数があるということだけでなく、二値変数には2つしか値がないということが、PCAやk平均法では問題となる。

7.5.1 変数のスケーリング

異なる単位とスケールの変数は、クラスタリング手続き適用前に、適切に正規化する必要がある。例えば、ローン返済不能のデータを正規化せずに、kmeansを適用すると次のようになる。

（R）
```
defaults <- loan_data[loan_data$outcome=='default',]
df <- defaults[, c('loan_amnt', 'annual_inc', 'revol_bal', 'open_acc',
                   'dti', 'revol_util')]
km <- kmeans(df, centers=4, nstart=10)
```

```
centers <- data.frame(size=km$size, km$centers)
round(centers, digits=2)

   size loan_amnt annual_inc revol_bal open_acc   dti revol_util
1    52  22570.19  489783.40  85161.35    13.33  6.91      59.65
2  1192  21856.38  165473.54  38935.88    12.61 13.48      63.67
3 13902  10606.48   42500.30  10280.52     9.59 17.71      58.11
4  7525  18282.25   83458.11  19653.82    11.66 16.77      62.27
```

対応するPythonコードは次の通り。

（Python）
```
defaults = loan_data.loc[loan_data['outcome'] == 'default',]
columns = ['loan_amnt', 'annual_inc', 'revol_bal', 'open_acc',
           'dti', 'revol_util']

df = defaults[columns]
kmeans = KMeans(n_clusters=4, random_state=1).fit(df)
counts = Counter(kmeans.labels_)

centers = pd.DataFrame(kmeans.cluster_centers_, columns=columns)
centers['size'] = [counts[i] for i in range(4)]
centers
```

変数annual_incとrevol_balがクラスタで優勢で、クラスタのサイズが大きく異なる。クラスタ1には、比較的高収入でリボルビングクレジットの大きい52人だけだ。

変数スケーリングでは、平均値を差し引いて標準偏差で割ってz値に変換することが良く行われる。これは標準化または正規化（z値の使用については**「6.1.4　標準化（正規化、z値）」**参照）と呼ばれる。

$$z = \frac{x - \bar{x}}{s}$$

正規化データにkmeansを適用するとどうなるだろうか。

（R）
```
df0 <- scale(df)
km0 <- kmeans(df0, centers=4, nstart=10)
centers0 <- scale(km0$centers, center=FALSE,
                  scale=1 / attr(df0, 'scaled:scale'))
```

```
centers0 <- scale(centers0, center=-attr(df0, 'scaled:center'),
scale=FALSE)
centers0 <- data.frame(size=km0$size, centers0)
round(centers0, digits=2)

  size loan_amnt annual_inc revol_bal open_acc   dti revol_util
1 7355  10467.65   51134.87  11523.31     7.48 15.78      77.73
2 5309  10363.43   53523.09   6038.26     8.68 11.32      30.70
3 3713  25894.07  116185.91  32797.67    12.41 16.22      66.14
4 6294  13361.61   55596.65  16375.27    14.25 24.23      59.61
```

Pythonではscikit-learnのStandardScalerが使える。inverse_transformメソッドでクラスタ中心を元のスケールに変換できる。

(Python)
```
scaler = preprocessing.StandardScaler()
df0 = scaler.fit_transform(df * 1.0)

kmeans = KMeans(n_clusters=4, random_state=1).fit(df0)
counts = Counter(kmeans.labels_)

centers = pd.DataFrame(scaler.inverse_transform(kmeans.cluster_centers_),
                       columns=columns)
centers['size'] = [counts[i] for i in range(4)]
centers
```

クラスタサイズのバランスがとれてannual_incとrevol_balが優勢にはならず、もっと興味深い構造をクラスタが示す。このコードでは、中心が元の単位に再スケールされている。スケールを戻さないと、結果値はz値のままであり、解釈が難しくなる。

> スケーリングはPCAでも重要だ。z値の使用は、主成分計算で共分散行列の代わりに相関行列(**「1.7 相関」**参照)を使うことに等しい。PCAを計算するソフトウェアには通常、相関行列を使うオプションがある(Rでは、princomp関数にcor引数がある)。

7.5.2 優勢な変数

変数が同じスケールで相対的な重要度を正確に反映していても(例:株価動向)、変数をスケールし直すと役立つことがある。

「7.1.3 主成分の解釈」での分析にAlphabet（GOOGL）とAmazon（AMZN）を追加するとしよう。Rでは次のようにする。

```
(R)
syms <- c('GOOGL', 'AMZN', 'AAPL', 'MSFT', 'CSCO', 'INTC', 'CVX', 'XOM',
          'SLB', 'COP', 'JPM', 'WFC', 'USB', 'AXP', 'WMT', 'TGT', 'HD', 'COST')
top_sp1 <- sp500_px[row.names(sp500_px) >= '2005-01-01', syms]
sp_pca1 <- princomp(top_sp1)
screeplot(sp_pca1)
```

Pythonでは、次のようにスクリープロットを作る。

```
(Python)
syms = ['GOOGL', 'AMZN', 'AAPL', 'MSFT', 'CSCO', 'INTC', 'CVX', 'XOM',
        'SLB', 'COP', 'JPM', 'WFC', 'USB', 'AXP', 'WMT', 'TGT', 'HD', 'COST']
top_sp1 = sp500_px.loc[sp500_px.index >= '2005-01-01', syms]

sp_pca1 = PCA()
sp_pca1.fit(top_sp1)

explained_variance = pd.DataFrame(sp_pca1.explained_variance_)
ax = explained_variance.head(10).plot.bar(legend=False, figsize=(4, 4))
ax.set_xlabel('Component')
```

スクリープロットは、トップ主成分の変動を示す。この場合、**図7-13**のスクリープロットは、第1および第2成分の変動が他よりはるかに大きいことを示す。これは、1ないし2変数の負荷が優勢なことを示すことが多い。実際にそうなっている。

```
(R)
round(sp_pca1$loadings[,1:2], 3)
      Comp.1 Comp.2
GOOGL  0.781  0.609
AMZN   0.593 -0.792
AAPL   0.078  0.004
MSFT   0.029  0.002
CSCO   0.017 -0.001
INTC   0.020 -0.001
CVX    0.068 -0.021
XOM    0.053 -0.005
...
```

対応するPythonコードは次の通り。

（Python）
```
loadings = pd.DataFrame(sp_pca1.components_[0:2, :],
                        columns=top_sp1.columns)
loadings.transpose()
```

最初の2つの主成分では、ほぼ完全にGOOGLとAMZNが優勢である。GOOGLとAMZNの株価変動が変動性の大勢を占めているからだ。

この状況を処理するには、変数をスケールし直す（**「7.5.1　変数のスケーリング」**参照）か、分析から優勢な変数を取り除いて、それらを別途処理するかだ。「正しい」とされている方法はなく、処理はアプリケーションに依存する。

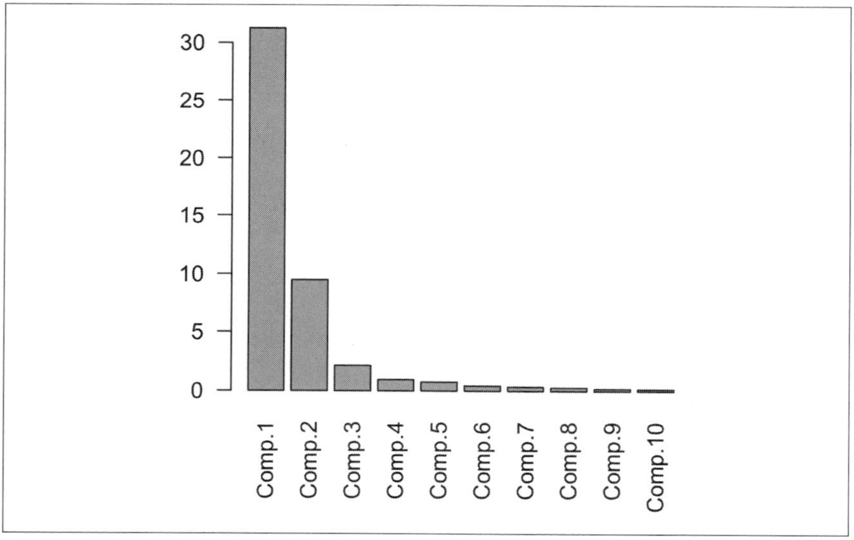

図7-13　GOOGLとAMZNを含めたS&P500のトップ株式のPCAによるスクリープロット

7.5.3　カテゴリデータとGower距離

カテゴリデータの場合、（順序ファクタなら）順位付けによるか、一連の二値（ダミー）変数でエンコーディングするかして、数量データに変換する必要がある。データが連続変数と二値変数の混合なら、通常は、変数をスケールして同じ範囲になるようにする（**「7.5.1　変数のスケーリング」**参照）。よく使われるのが、**Gower距離**だ。

Gower距離の基本アイデアは、データの種類に応じて、各変数にさまざまな距離指標を適用するものだ。

- 数量変数と順序ファクタについては、距離を2レコード間の差の絶対値（マンハッタン距離）で計算する。
- カテゴリ変数については、2レコードのカテゴリが違っていれば距離を1、同じなら距離を0とする。

Gower距離は次のように計算する。

1. 各レコードの変数s i と j のすべての対について距離 $d_{i,j}$ を計算する。
2. 各対の距離 $d_{i,j}$ を最小が0、最大が1になるようスケールする。
3. 単純平均または加重平均を用いて、変数間で対ごとにスケールした距離を加え、距離行列を作る。

Gower距離を説明するために、ローンデータから数行をRで次のように選ぶ。

```
(R)
x <- loan_data[1:5, c('dti', 'payment_inc_ratio', 'home_', 'purpose_')]
x
# A tibble: 5 × 4
    dti payment_inc_ratio   home            purpose
  <dbl>             <dbl> <fctr>             <fctr>
1  1.00           2.39320   RENT                car
2  5.55           4.57170    OWN     small_business
3 18.08           9.71600   RENT              other
4 10.08          12.21520   RENT debt_consolidation
5  7.06           3.90888   RENT              other
```

Gower距離を計算するには、Rのclusterパッケージのdaisy関数が使える。

```
(R)
library(cluster)
daisy(x, metric='gower')
Dissimilarities :
          1         2         3         4
2 0.6220479
3 0.6863877 0.8143398
4 0.6329040 0.7608561 0.4307083
```

```
5 0.3772789 0.5389727 0.3091088 0.5056250

Metric :  mixed ;  Types = I, I, N, N
Number of objects : 5
```

本書執筆時点において、Gower距離はPython標準パッケージにはない。しかしscikit-learnに含めるための活動が行われている（https://github.com/scikit-learn/scikit-learn/issues/5884参照）。実装がリリースされたら添付のソースコードを改定する予定だ。

すべての距離が0と1の間となっている。最大距離のレコード対は2と3である。どちらもhomeやpurposeで値が異なり、dti（収入対借り入れ）やpayment_inc_ratioレベルが大きく異なる。レコード対3と5は、homeやpurposeで値が同じなので最小距離だ。

階層クラスタリング（**「7.3　階層クラスタリング」**参照）のためには、daisyで計算したGower距離行列をhclustに渡せばよい。

(R)
```
df <- defaults[sample(nrow(defaults), 250),
               c('dti', 'payment_inc_ratio', 'home', 'purpose')]
d = daisy(df, metric='gower')
hcl <- hclust(d)
dnd <- as.dendrogram(hcl)
plot(dnd, leaflab='none')
```

結果のデンドログラムを**図7-14**に示す。x軸では個別レコードを判別できないが、0.5でデンドログラムを切って、部分木のレコードを次のコードで調べることができる。

(R)
```
dnd_cut <- cut(dnd, h=0.5)
df[labels(dnd_cut$lower[[1]]),]
        dti payment_inc_ratio home_           purpose_
44532 21.22           8.37694   OWN debt_consolidation
39826 22.59           6.22827   OWN debt_consolidation
13282 31.00           9.64200   OWN debt_consolidation
31510 26.21          11.94380   OWN debt_consolidation
6693  26.96           9.45600   OWN debt_consolidation
7356  25.81           9.39257   OWN debt_consolidation
9278  21.00          14.71850   OWN debt_consolidation
```

```
13520 29.00            18.86670   OWN debt_consolidation
14668 25.75            17.53440   OWN debt_consolidation
19975 22.70            17.12170   OWN debt_consolidation
23492 22.68            18.50250   OWN debt_consolidation
```

この部分木は、ローンの目的が「借金集約」のレコードからなる。すべての部分木で厳密な分離ができているわけではないが、これは、カテゴリ変数がクラスタごとにグループ分けされる傾向があることを示す。

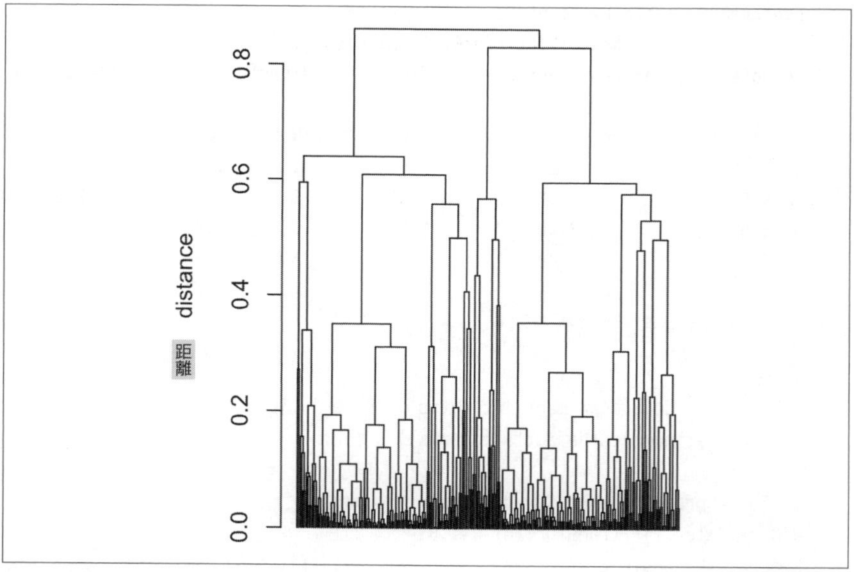

図7-14 混合変数型のローン返済不能データのサンプルにhclustを適用したデンドログラム

7.5.4 混合データクラスタリングの問題

連続変数には、k平均とPCAが最も適している。より小さなデータセットでは、Gower距離の階層クラスタリングを使う方が良い。原則的に二値データやカテゴリデータにk平均を使って構わない。通常は、「one-hotエンコーダ」表現(**「6.1.3　one-hotエンコーダ」**参照)を使って、カテゴリデータを数値に変換する。しかし、実際には、二値データにk平均やPCAを使うと、困難に直面することがある。

標準z値を使えば、二値変数がクラスタの定義で強い影響力を持ってしまう。それは、

0/1変数が2つの値しかとらず、k平均が、単一クラスタで全レコードに0か1を割り当てて小さなクラスタ内平方和を得るからだ。例えば、Rでファクタ変数homeとpub_rec_zeroを含んだローン返済不能データにkmeansを適用すると次のようになる。

(R)
```
df <- model.matrix(~ -1 + dti + payment_inc_ratio + home_ + pub_rec_zero,
                   data=defaults)
df0 <- scale(df)
km0 <- kmeans(df0, centers=4, nstart=10)
centers0 <- scale(km0$centers, center=FALSE,
                  scale=1/attr(df0, 'scaled:scale'))
round(scale(centers0, center=-attr(df0, 'scaled:center'), scale=FALSE), 2)

    dti payment_inc_ratio home_MORTGAGE home_OWN home_RENT pub_rec_zero
1 17.20              9.27          0.00        1      0.00         0.92
2 16.99              9.11          0.00        0      1.00         1.00
3 16.50              8.06          0.52        0      0.48         0.00
4 17.46              8.42          1.00        0      0.00         1.00
```

対応するPythonコードは次の通り。

(Python)
```
columns = ['dti', 'payment_inc_ratio', 'home_', 'pub_rec_zero']
df = pd.get_dummies(defaults[columns])

scaler = preprocessing.StandardScaler()
df0 = scaler.fit_transform(df * 1.0)
kmeans = KMeans(n_clusters=4, random_state=1).fit(df0)
centers = pd.DataFrame(scaler.inverse_transform(kmeans.cluster_centers_),
                       columns=df.columns)
centers
```

トップの4クラスタは、本質的には、さまざまなレベルのファクタ変数の代理だ。このような振る舞いを避けるには、二値変数を他の変数よりも変動が小さくなるようスケールすればよい。あるいは、非常に大きなデータセットでは、特別なカテゴリ値に着目して、データの異なる部分集合にクラスタリングを適用する。例えば、抵当（借入金）がある人、持ち家の人、賃貸の人それぞれのローンを別個にクラスタリングすることができる。

基本事項52

- 異なるスケールで測定したデータは、同じようなスケールに変換して、アルゴリズムへの影響がそれらのスケールで決まらないようにする必要がある。
- よく使われるスケーリング手法は、正規化（標準化）で、平均値を引いて標準偏差で割る。
- 別の手法としてGower距離があり、全変数を0から1までの範囲にスケールし直す（これは、数値とカテゴリの混合データによく使われる）。

7.6 まとめ

数量データの次元削減の主なツールは、主成分分析かk平均クラスタリングだ。どちらも、意味のあるデータ縮約を保証するためには、適切なデータのスケールであることを注意する必要がある。

高度に構造化したデータのクラスタリングで、クラスタがよく分離されていれば、どの手法もすべて同じような結果になるが、手法ごとに利点が異なる。k平均は非常に大きなデータにも適用できて理解しやすい。階層クラスタリングは、数値とカテゴリの混合データに適用できて、直感的な表示（デンドログラム）ができる。モデルベースクラスタリングは、統計理論に基づいており、ヒューリスティックな手法ではなく、より厳格な方式となる。しかし、超巨大データでの主流はk平均法だ。

ローンデータや株式データのようなノイズのあるデータ（データサイエンティストが直面する多くのデータ）では、選択はさらに困難だ。k平均、階層クラスタリング、モデルベースクラスタリングのどれも大きく異なる解を示す。データサイエンティストとしてはどうするべきだろうか。残念ながら、簡単な選択方式は存在しない。究極的に、データサイズとソフトウェアの目的に応じて、適当な手法を使うしかない。

参考文献

[Agrawal-2012] Agrawal, Shipra and Goyal, Navin "Analysis of Thompson Sampling for the Multi-armed Bandit Problem" Proceedings of the 25th Annual Conference on Learning Theory, JMLR Workshop and Conference Proceedings 23:39.1-39.26, 2012. http://proceedings.mlr.press/v23/agrawal12/agrawal12.pdf

[Baumer-2017] Baumer, Benjamin, Daniel Kaplan, and Nicholas Horton. *Modern Data Science with R*. Boca Raton, Fla.: Chapman & Hall/CRC Press, 2017.

[Becker-1996] Becker, R., Cleveland, W, Shyu, M., and Kaluzny, S. "A Tour of Trellis Graphics". http://citeseerx.ist.psu.edu/viewdoc/download?doi=10.1.1.551.1202&rep=rep1&type=pdf

[bokeh-2014] Bokeh Development Team. "Bokeh: Python library for interactive visualization". https://bokeh.pydata.org.

[Bro-2008] Bro, Rasmus , Kjeldahl, K., Smilde, A.K., and Kiers, Henk A. L. "Cross-validation of component models: A critical look at current methods" , *Analytical and Bioanalytical Chemistry*, 390, no. 5, 2008. https://oreil.ly/yVryf

[Bruce-2014] Bruce, P. *Introductory Statistics and Analytics: A Resampling Perspective*, Wiley, 2014

[Chawla-2002] Chawla, N. V., Bowyer, K. W., Hall, L. O., and Philip Kegelmeyer, W. "SMOTE: Synthetic Minority Over-sampling Technique" , Journal of Artifcial Intelligence Research 16 (2002): 321–357. https://arxiv.org/pdf/1106.1813.pdf

[Cobb-2008] Cobb, G. *Introduction to Design and Analysis of Experiments*, Wiley, 2008

[Deng-2011] Deng, Henry, and Hadley Wickham. "Density Estimation in R." September 2011. http://vita.had.co.nz/papers/density-estimation.pdf

［Donoho-2015］ Donoho, David. "50 Years of Data Science." September 18, 2015. http://courses.csail.mit.edu/18.337/2015/docs/50YearsDataScience.pdf.

［Duong-2001］ Duong, Tarn. "An Introduction to Kernel Density Estimation." 2001. http://www.mvstat.net/tduong/research/seminars/seminar-2001-05.pdf.

［Edington-2007］ Edgington, Eugene and Onghena, Patrick *Randomization Tests, 4th ed.* Chapman Hall, 2007.

［Efron-1993］ Efron, Bradley and Tibshirani, Robert. *An Introduction to the Bootstrap.* Chapman Hall, 1993.

［Few-2007］ Few, Stephen. "Save the Pies for Dessert." *Visual Business Intelligence Newsletter.* Perceptual Edge. August 2007. https://oreil.ly/_iGAL.

［Fielding-2016］ Nigel G. Fielding, Raymond M. Lee, and Blank, Grant (edit) *Sage Handbook of Online Research Methods, 2nd ed.* SAGE Publications, 2016

［Fisher-1925］ Fisher, Ronald A. *Statistical Methods for Research Workers.* Oliver & Boyd, 1925. 1970年に14版発刊。邦題『研究者のための統計的方法』遠藤他訳、森北出版、1970

［Freedman-2007］ Freedman, David, Pisani, Robert and Purves, Roger. *Statistics. 4th ed.* New York: W. W. Norton, 2007.

［Galton-1886］ Galton, F. "Regression towards mediocrity in Hereditary stature." *The Journal of the Anthropological Institute of Great Britain and Ireland*, 15:246-273. JSTOR 2841583. http://galton.org/essays/1880-1889/galton-1886-jaigi-regression-stature.pdfからも入手できる。

［Gosset-1908］ Gosset, W. S. "The Probable Error of a Mean" *Biometrika.* 6 (1): 1–25. March 1908. https://www.york.ac.uk/depts/maths/histstat/student.pdfからも入手できる。

［Hall-2003］ Hall, Peter "A Short Prehistory of the Bootstrap". May 2003 issue of *Statistical Science* (vol. 18, no. 2), https://projecteuclid.org/download/pdf_1/euclid.ss/1063994970

［Hastie-2009］ Hastie, T., Tibshirani, R., and Friedman, J. *Elements of Statistical Learning, 2nd ed.* Springer, 2009. 邦題『統計的学習の基礎：データマイニング・推論・予測』井尻他訳、共立出版、2014

［Hilbe-2015］ Hilbe, J. *Practical Guide to Logistic Regression*, Chapman and Hall/CRC, 2015

［Hilbe-2017］ Hilbe, J. Logistic *Regression Models, 2nd ed.* Chapman and Hall/CRC, 2017

［Hintze-1998］ Hintze, Jerry L., and Ray D. Nelson. "Violin Plots: A Box Plot–Density Trace Synergism." *The American Statistician* 52, no. 2 (May 1998): 181–84.

[Hosmer-2013] Hosmer, D., Lemeshow, S., and Sturdivant, R. *Applied Logistic Regression, 3rd ed.* Wiley, 2013. 邦題『データ解析のためのロジスティック回帰モデル』、早川他訳、共立出版、2017

[Hyndman-Fan-1996] Hyndman, Rob J., and Yanan Fan. "Sample Quantiles in Statistical Packages." *American Statistician* 50, no. 4 (1996): 361–65.

[James-2013] James, G., Witten, D., Hastie, T., and Tibshirani, R. *An Introduction to Statistical Learning: with Applications in R*. Springer, 2013

[Krishnamoorthy-2016] Krishnamoorthy, K. *Handbook of Statistical Distributions with Applications, 2nd ed.* CRC Press, 2016

[Legendre] Legendre, Adrien-Marie. *Nouvelle méthodes pour la détermination des orbites des comètes*. Paris: F. Didot, 1805. https://babel.hathitrust.org/cgi/pt?id=nyp.33433069112559&view=1up&seq=9.

[Lock-2016] Lock, R. H., Lock, P. F., Morgan, K. L. Lock, E. F., and Lock, D. F. *Statistics: Unlocking the Power of Data*, 2nd Ed. Wiley, 2016

[Mlodinow-2008] Mlodinow, L. *The Drunkard's Walk*, Vintage Books, 2008. 邦題『たまたま日常に潜む「偶然」を科学する』田中三彦訳、ダイヤモンド社、2009

[Moore-2010] Moore, D. S. *The Basic Practice of Statistics*, Palgrave Macmillan, 2010

[NIST-Handbook-2012] "Measures of Skewness and Kurtosis." In *NIST/SEMATECH e-Handbook of Statistical Methods*. 2012. https://www.itl.nist.gov/div898/handbook/eda/section3/eda35b.htm.

[Pannucci-2010] Pannucci, Christopher J. and Wilkins, Edwin G. "Identifying and Avoiding Bias in Research" *Plastic and Reconstructive Surgery*, 126(2):619-625, Augest 2010

[Pearson-1901] Pearson, K. "On Lines and Planes of Closest Fit to Systems of Points in Space" Philosophical Magazine 2 (11): 559–572 (1901). http://pca.narod.ru/pearson1901.pdf

[Provost-2013] Provost, F., and Fawcett, T., *Data Science for Business: What You Need to Know about Data Mining and Data-Analytic Thinking*, O'Reilly Media, 2013. 邦題『戦略的データサイエンス入門：ビジネスに活かすコンセプトとテクニック』古畠他訳、オライリー・ジャパン、2014

[R-base-2015] R Core Team. "R: A Language and Environment for Statistical Computing." R Foundation for Statistical Computing. 2015. https://www.r-project.org.

[Ryan-2007] Ryan, T. *Modern Engineering Statistics*, Wiley, 2007.

[Ryan-2013] Ryan, T. *Sample Size Determination and Power*, Wiley, 2013.

[Salsburg-2001] Salsburg, David. *The Lady Tasting Tea: How Statistics Revolutionized Science in the Twentieth Century*, New York: W. H. Freeman, 2001. 邦題『統計学を拓いた異才たち：経験則から科学へ進展した一世紀』竹内他訳、日本経済新聞出版、2010

[Sarkar-2008] Sarkar, D. *Lattice: Multivariate Data Visualization with R*, Springer, 2008. ISBN 978-0-387-75968-5. http://lmdvr.r-forge.r-project.org. 邦題『Rグラフィックス自由自在』石田他訳、丸善出版、2012

[Shmueli-2010] Shmueli, Galit "To Explain or to Predict" *Statistical Science*. Volume 25, Number 3 (2010), 289-310. https://projecteuclid.org/euclid.ss/1294167961

[Shmueli-2018] Shmueli, Galit and Lichtendahl, Kenneth. *Practical Time Series Forecasting with R : A Hands-On Guide, 2nd Ed.* Axelrod Schnall, 2018.

[Shmueli-2020] Shmueli, G. Bruce, P., and Patel, N. *Data Mining for Business Analytics*, Wiley, 2010-2020. With JMP Pro, in R (with Yahav, I., Lichtendahl, K.), in Python (with Gedeck, P.), with XLMinerの4冊が他に出ている。

[Simon-1969] Simon, Julian L. *Basic Research Methods in Social Science*, Random House, 1969.

[Stigler-2008] Stigler, Stephen. "Fisher and the 5% Level," Chance 21, no. 4 (2008): 12.

[Suroweicki-2005] Suroweicki, James. *The Wisdom of Crowds*, Anchor Books, 2005. 邦題『「みんなの意見」は案外正しい』小高尚子訳、角川文庫、2009では著者あとがき、注釈が未訳。

[Taleb-2010] Taleb, Nassim. *The Black Swan*, 2nd Ed. Random House, 2010. 2001年発刊の初版の邦題は『ブラックスワン上・下』望月衛訳、ダイヤモンド社、2009、改訂版は『強さと脆さ』望月衛訳、ダイヤモンド社、2010

[Tukey-1962] Tukey, John W. "The Future of Data Analysis." *The Annals of Mathematical Statistics* 33, no. 1 (1962): 1–67. https://oreil.ly/qrYNW.

[Tukey-1977] Tukey, John W. *Exploratory Data Analysis*. Reading, Mass.: Addison-Wesley, 1977.

[Tukey-1987] Tukey, John W. *The Collected Works of John W. Tukey*. Vol. 4, *Philosophy and Principles of Data Analysis*: 1965–1986, edited by Lyle V. Jones. Boca Raton, Fla.: Chapman & Hall/CRC Press, 1987.

[Venables-1994] Venables, W.N. and Ripley, B.D. *Modern applied statistics with S, 4th ed.*, Springer-Verlag, 2002. 第2版の*Modern Applied Statistics with S-Plus, 2nd ed.*の邦題は『S-PLUSによる統計解析第2版』、伊藤他訳、丸善出版、2012

[Waskom-2015] Waskom, M. Seaborn: statistical data visualization (2015). https://seaborn.pydata.org.

[Westfall-1993] Westfall, P., and Young, S. *Resampling-Based Multiple Testing*, Wiley, 1993.

[White-2012] White, J. M. *Bandit Algorithms*. O'Reilly, 2012. 邦題『バンディットアルゴリズムによる最適化手法』福嶋他訳、オライリー・ジャパン、2013

[Whitten-2017] Whitten, I. Frank, E., and Hall, M. *Data Mining: Practical Machine Learning Tools and Techniques, 4th ed.* Morgan Kaufmann, 2017.

[Wickham-2009] Wickham, H. *ggplot2: Elegant Graphics for Data Analysis*, Springer, 2009. ISBN: 978-0-387-98140-6. https://ggplot2-book.org/ 邦題『グラフィックスのためのRプログラミング：ggplot2入門』石田他訳、丸善出版、2012

[Zhang-2007] Zhang, Qi, and Wang, Wei. "A Fast Algorithm for Approximate Quantiles in High Speed Data Streams." *19th International Conference on Scientific and Statistical Database Management* (SSDBM 2007). Piscataway, NJ: IEEE, 2007. http://web.cs.ucla.edu/~weiwang/paper/SSDBM07_2.pdfからも入手できる。

索引

Z

あ行

か行

さ行

た行

な行

は行

ま行

ら行

わ行

●著者紹介

Peter Bruce（ピーター・ブルース）

Statistics.comという統計の教育機関を設立。現在は約100コースの教育プログラムを提供している。そのうち約3分の1がデータサイエンティストを対象としたもの。プロのデータサイエンティストを養成するためのインストラクターとして優秀な開発者を募集し、また、プロのデータサイエンティストに訴えるマーケティング戦略を練る過程において、この分野のマーケットにおける幅広い視点と自身の専門知識の両方を広げた。

Andrew Bruce（アンドリュー・ブルース）

学術機関、政府、ビジネスなど幅広い領域において統計とデータサイエンスの分野で30年以上の経験を持つ。ワシントン大学で統計学の博士号を取得。査読付き論文誌に多数の論文が採択されている。また、金融機関からインターネットのスタートアップまで、さまざまな業界が直面するさまざまな問題に対する統計ベースのソリューションを開発し、データサイエンスの実践の深い理解を促している。

Peter Gedeck（ピーター・ゲデック）

Collaborative Drug Discovery社のシニアデータサイエンティスト。創薬の生物学的および物理化学的特性を予測する機械学習アルゴリズムの開発が専門。『Data Mining for Business Analytics』の共著者。ドイツのエアランゲン=ニュルンベルク大学で化学の博士号を取得。ドイツのハーゲン通信大学で数学を学んだ。

●訳者紹介

黒川 利明（くろかわ としあき）

1972年、東京大学教養学部基礎科学科卒。東芝㈱、新世代コンピュータ技術開発機構、日本IBM、㈱CSK（現SCSK㈱）、金沢工業大学を経て、2013年よりデザイン思考教育研究所主宰。
過去に文部科学省科学技術政策研究所客員研究官として、ICT人材育成やビッグデータ、クラウド・コンピューティングに関わり、現在、IEEE SOFTWARE Advisory Boardメンバー、規格開発エキスパート、町田市介護予防サポーター、次世代サポーター、カルノ㈱データサイエンティスト、ICES創立メンバーとして、データサイエンティスト教育、デザイン思考教育、地域学習支援活動、量子コンピューティングなどに関わる。
著書に、『Scratchで学ぶビジュアルプログラミング—教えられる大人になる—』（朝倉書店）、『Service Design and Delivery—How Design Thinking Can Innovate Business and Add Value to Society』（Business Expert Press）、『クラウド技術とクラウドインフラ』（共立出版）、『情報システム学入門』（牧野書店）、『ソフトウェア入門』（岩波書店）、『渕一博—その人とコンピュータサイエンス』（近代科学社）など。訳書に『Effective Python 第2版—Pythonプログラムを改良する90項目』、『Pythonによるファイナンス第2版—データ駆動型アプローチに向けて』、『Python計算機科学新教本』、『PythonによるWebスクレイピング第2版』、『Modern C++チャレンジ』、『問題解決のPythonプログラミング』、『Rではじめるデータサイエンス』、『Effective Debugging』、『Optimized C++』、『Cクイックリファレンス第2版』、『Pythonからはじめる数学入門』、『Think Bayes』（オライリー・ジャパン）、復刻改装版『数学の限界』、『知の限界』（エスアイビーアクセス）、『事例とベストプラクティス Python機械学習』、『pandasクックブック』（朝倉書店）、『メタ・マス！』（白揚社）、『セクシーな数学』（岩波書店）、『コンピュータは考える』（培風館）など。共訳書に『アルゴリズムクイックリファレンス第2版』、『Think Stats 第2版』、『統計クイックリファレンス第2版』、『入門データ構造とアルゴリズム』、『プログラミングC# 第7版』（オライリー・ジャパン）、『情報検索の基礎』、『Google PageRankの数理』（共立出版）など。

●技術監修者紹介

大橋 真也（おおはし しんや）

千葉大学理学部数学科卒業、千葉大学大学院教育学研究科修士課程修了
千葉県公立高等学校教諭
大学非常勤講師、Apple Distinguished Educator、Wolfram Education Group、日本数式処理学会、CIEC（コンピュータ利用教育学会）
現在、千葉県立千葉中学校・千葉高等学校 数学科 教諭
著書に『入門Mathematica 決定版』（東京電機大学出版局）、『ひと目でわかる最新情報モラル』（日経BP）などが、訳書に『Rクイックリファレンス』、監訳書に『Head First データ解析』、『アート・オブ・Rプログラミング』、『RStudioではじめるRプログラミング入門』、『Rによるテキストマイニング』、『Rクックブック第2版』、技術監修書に『Rではじめるデータサイエンス』（以上すべてオライリー・ジャパン）がある。

●査読協力

石田 基広（いしだ もとひろ）

1962年　東京生まれ
1989年　東京都立大学大学院修了
現在　徳島大学デザイン型AI教育研究センター教授
　　　データオアシス株式会社 COO
著書に『Rによるテキストマイニング入門』（森北出版、2017年）ほか

川島 浩誉（かわしま ひろたか）

博士（工学）（早大）
早稲田大学助手、東京工業大学 研究員、文部科学省 科学技術・学術政策研究所（NISTEP）研究員を経て、現在は株式会社電通コンサルティング エキスパート（データアナリティクス）。専門は科学計量学、科学技術政策研究および人間行動の計量分析

鈴木 駿（すずき はやお）

電気通信大学 情報理工学研究科 総合情報学専攻 博士前期課程修了。修士（工学）。
現在は株式会社アイリッジにてスマートフォンアプリのバックエンドサーバーの開発を行っている。
Twitter：@CardinalXaro　　Blog：https://xaro.hatenablog.jp/

藤村 行俊（ふじむら ゆきとし）

カバー説明

表紙の動物はイワガニ（学名Pachygrapsus crassipes）で、北米、中米、韓国、日本の太平洋沿岸地域の岩の隙間や潮だまりで姿を見ることができる。陸生であるが、他のカニと同様にエラ呼吸をするため、定期的にエラを海水に浸す。エラが乾くと呼吸ができないからだ。イワガニは茶色の甲殻に緑色の横筋が印象的なことから、アメリカでは「lined shore crab」（縞のある海岸のカニ）と呼ばれている。赤いハサミと紫色の脚にも縞模様やまだらの模様がついている。通常は3.5センチほどの大きさまで成長するが、メスのほうが少し小さい。イワガニの目は眼柄と呼ばれる棒状の柔らかい組織の先についていて、回転させて視野を広げることができる。

イワガニは雑食性で、主に藻類を食べるが、軟体動物、昆虫、菌類、死んだ魚、他のカニ類も食べる。イワガニは成長の過程で何度も脱皮する。脱皮には何時間もかかり、さらに脱皮直後の体は柔らかく天敵に襲われる危険がとても高いため、体が固くなるまでは身を隠す必要がある。

データサイエンスのための統計学入門 第2版
― 予測、分類、統計モデリング、統計的機械学習とR/Pythonプログラミング

2020年11月6日　初版第1刷発行
2021年8月16日　初版第2刷発行

著　者　Peter Bruce（ピーター・ブルース）
Andrew Bruce（アンドリュー・ブルース）
Peter Gedeck（ピーター・ゲデック）
訳　者　黒川 利明（くろかわ としあき）
技術監修者　大橋 真也（おおはし しんや）
発行人　ティム・オライリー
制　作　ビーンズ・ネットワークス
印刷・製本　株式会社平河工業社
発行所　株式会社オライリー・ジャパン
〒160-0002 東京都新宿区四谷坂町12番22号
Tel (03)3356-5227
Fax (03)3356-5263
電子メール　japan@oreilly.co.jp
発売元　株式会社オーム社
〒101-8460 東京都千代田区神田錦町3-1
Tel (03)3233-0641（代表）
Fax (03)3233-3440

Printed in Japan（ISBN978-4-87311-926-7）
乱丁本、落丁本はお取り替え致します。